Research on the Maritime Geopolitical Effect

A Historical Analysis of
the Success or Failure of Major Countries in
Building Maritime Power

国家社会科学基金重点项目

海洋地缘政治效应研究

主要国家海洋强国成败的历史分析

庄从勇 等著

社会科学文献出版社
SOCIAL SCIENCES ACADEMIC PRESS (CHINA)

$\mathbf{C}$目录ontents

导言　海洋地缘政治效应基本理论研究 ……………………… 1

　一　海洋强国必然产生海洋地缘政治效应 ……………… 1

　二　海洋地缘政治效应的基本含义 ……………………… 3

　三　海洋地缘政治效应的主要类型 ……………………… 7

　四　海洋地缘政治效应的作用机制 ……………………… 15

第一章　美国海洋强国地缘政治效应研究 ………………… 21

　第一节　美国海洋强国的战略演进 …………………… 21

　　一　起步（1890～1900年）：建成海洋强国雏形 ………… 22

　　二　发展（1901～1921年）：建成区域性海洋强国 ……… 29

　　三　崛起（1922～1945年）：建成全球性海洋强国 ……… 33

　第二节　美国海洋强国地缘政治效应的表现形式 ………… 37

　　一　外向驱动效应：持续增大 ………………………… 37

　　二　机会窗口效应：多次出现 ………………………… 43

　　三　陆海互利效应：贯穿始终 ………………………… 46

　　四　对手聚合效应：短暂微弱 ………………………… 49

　第三节　美国海洋强国地缘政治效应的形成原因 ………… 53

　　一　"内涵式扩张"思维最大限度地缓解地缘政治矛盾 ……… 53

二　"控制美洲、运筹两洋"的外交策略逐步塑造有利地缘战略
环境 ……………………………………………………………… 56

三　"灵活的危机管控模式"确保掌握地缘政治竞争主动权 ……… 58

四　"建立海上力量优势"快速提高对海洋空间控制能力 ……… 59

五　"稳妥处置与守成海洋强国的矛盾"有效降低海洋扩张地缘
政治风险 ……………………………………………………… 60

第二章　英国海洋强国地缘政治效应研究 ……………………… 63

第一节　英国海洋强国的战略演进 ……………………………… 63

一　海上拓展阶段（1558～1648 年） ………………………… 64

二　海上扩张阶段（1648～1688 年） ………………………… 70

三　海上争霸阶段（1688～1815 年） ………………………… 73

第二节　英国海洋强国地缘政治效应的表现形式 ……………… 78

一　外向驱动效应：商品需求、航运需求、军事需求多轮牵引 … 79

二　机会窗口效应：权力真空、内部稳定、欧洲内乱相互叠加 … 84

三　陆海互利效应：舍陆拓海、遏陆争海、占陆制海统筹协调 … 89

四　对手聚合效应：法西联盟、武装中立联盟有限阻挠 ……… 94

第三节　英国海洋强国地缘政治效应的形成原因 ……………… 98

一　充分利用濒海岛国的地缘环境 ……………………………… 98

二　积极推行以商业贸易为主导的地缘经济模式 …………… 101

三　坚定奉行以均势理论为指导的地缘外交政策 …………… 105

四　根据国家利益需要灵活处理地缘政治矛盾 ……………… 108

五　高度重视建设强大海军 …………………………………… 113

第三章　俄罗斯海洋强国地缘政治效应研究 ………………… 118

第一节　俄罗斯海洋强国的战略演进 ………………………… 118

一　萌芽——俄罗斯的海洋梦 ………………………………… 119

二　起帆——彼得一世的海上崛起 …………………………… 124

三　巅峰——叶卡捷琳娜二世的海上黄金时代 ……………… 128

第二节　俄罗斯海洋强国地缘政治效应的表现形式 …………… 131

一　外向驱动效应：英国战略需求客观助推俄罗斯海上崛起 …… 132

二　机会窗口效应：欧洲乱局持续动荡 ……………………… 136

三　陆海互利效应："两只手"支撑俄罗斯发展 …………… 138

四　对手聚合效应：敌对联盟多变、松散、短暂 ………… 139

第三节　俄罗斯海洋强国地缘政治效应的形成原因 …………… 141

一　适时调整战略方向，持续增强外向驱动效应 ………… 142

二　广泛使用联盟策略，确保掌握地缘政治竞争的主动权 …… 144

三　审时度势，主动作为，积极利用、塑造和延续有利的
　　地缘战略环境 …………………………………………… 145

四　精心协调与欧洲大国的外交策略，缓解地缘政治
　　主要矛盾 ………………………………………………… 148

五　注重陆海军种、战略方向的联动配合 ………………… 151

第四章　日本海洋强国地缘政治效应研究 ……………………… 152

第一节　日本海洋强国的战略演进 ……………………………… 152

一　走上发展海军、侵略亚洲之路（1853~1894 年） ……… 152

二　向成为东亚海洋霸主的方向迈进（1895~1921 年） …… 161

三　走向全面扩张和战败（1922~1945 年） ……………… 171

第二节　日本海洋强国地缘政治效应的表现形式 …………… 178

一　机会窗口效应：持续较久 ……………………………… 178

二　对手聚合效应：不断增强 ……………………………… 181

三　陆海同害效应：终难避免 ……………………………… 184

四　资源黑洞效应：始避终现 ……………………………… 186

第三节　日本海洋强国地缘政治效应的形成原因 …………… 188

一　对地缘政治机遇十分敏感并善于把握 ………………… 188

二　能够统一筹划、理性消除负面地缘政治效应 ………… 190

三　无节制扩张不断强化对手聚合效应 ……………………………… 192

四　战略目标不断扩大导致资源黑洞效应 …………………………… 193

五　陆海双向扩张引发陆海同害效应 ………………………………… 194

第五章　法国海洋强国地缘政治效应研究 …………………………… 196

第一节　法国海洋强国的战略演进 ……………………………………… 196

一　捍卫自身海洋安全阶段 …………………………………………… 197

二　争夺世界海洋霸权阶段 …………………………………………… 198

三　争取欧陆海洋强国地位阶段 ……………………………………… 212

第二节　法国海洋强国地缘政治效应的表现形式 …………………… 213

一　机会窗口效应：反复出现但稍纵即逝 ………………………… 213

二　以陆制海效应：必然出现但未被掌控 ………………………… 214

三　外向驱动效应：天然存在但未能长期影响 …………………… 215

四　陆海互援效应：发挥作用但不够明显 ………………………… 217

五　资源黑洞效应：间或出现但影响深远 ………………………… 218

第三节　法国海洋强国地缘政治效应的形成原因 …………………… 219

一　独有陆海兼备特征带来了向陆强于向海的地缘政治效应
　　应对倾向 ………………………………………………………… 219

二　依靠陆地的发展模式决定了先陆后海的地缘政治效应
　　应对范式 ………………………………………………………… 220

三　变幻动荡的国际国内形势逼出由海向陆地缘政治效应
　　应对策略 ………………………………………………………… 221

第六章　德国海洋强国地缘政治效应研究 …………………………… 223

第一节　德国海洋强国的战略演进 ……………………………………… 224

一　以陆为主、依陆谋海阶段（1871～1890 年） …………… 224

二　由陆向海、战略转型阶段（1890～1896 年） …………… 227

三　陆海失调、走向失败阶段（1896～1914 年） …………… 230

第二节　德国海洋强国地缘政治效应的表现形式 ……………… 233

　　一　机会窗口效应：高开低走 ………………………………… 234

　　二　对手聚合效应：先弱后强 ………………………………… 240

　　三　陆压海缩效应：迅速增大 ………………………………… 249

　　四　资源黑洞效应：强烈发作 ………………………………… 252

第三节　德国海洋强国地缘政治效应的形成原因 ……………… 255

　　一　没有依据外部地缘环境确立恰当的海洋强国建设目标 ……… 256

　　二　未能把握全局找出改善不利地缘政治环境的有效方案 …… 262

　　三　急功近利的思想使德国在战略上非常缺乏自我克制力 ……… 266

结语　海洋地缘政治视角下主要国家海洋强国成败的历史分析 ……… 271

　　一　努力形成并保持外向驱动效应，加速建设海洋强国进程 ……… 271

　　二　善于把握延长机会窗口效应，提高建设海洋强国效率 ……… 274

　　三　努力化解对手聚合效应，减少建设海洋强国外部阻力 ……… 278

　　四　避免出现资源黑洞效应，防止建设海洋强国误入陷阱 ……… 281

　　五　稳妥应对守成海洋强国是规避不利效应、利用有利效应的

　　　　关键 ………………………………………………………… 283

　　六　陆海复合型大国要规避陆压海缩效应，扩大陆海同利

　　　　效应 ………………………………………………………… 285

参考文献 …………………………………………………………… 289

后　记 ……………………………………………………………… 300

导言　海洋地缘政治效应基本理论研究

在汉语语境中，"海洋强国"既可以作为名词使用，也可以作为动词叙述。作为名词使用时，"海洋强国"是指在海洋方向具有强大实力的国家。传统意义上的海洋强国，主要指那些具有强大海洋控制能力的国家。随着人类社会的进步和科学技术的发展，海洋强国的内涵大大拓展，那些在开发海洋、利用海洋、保护海洋等方面具有强大实力的国家也属于海洋强国。作为动词使用时，"海洋强国"是"建设海洋强国"简略用语，是指通过实施各种战略举措使国家海洋综合实力不断发展壮大的行动过程。

所谓效应，在自然科学领域是指物理的或者化学的作用所产生的效果，如热传导效应、光电效应等，而在社会领域则是指某种事物的发生、发展所引起的反应和效果[①]。作为系统性社会行为，建设海洋强国具有目标敏感性、过程长期性和影响广泛性的明显特点，由此会不会产生相应的效应？如果能够产生，其内涵与类型如何界定？其作用机制又是什么？对这些问题的认识不仅是对主要国家海洋强国历史经验教训研究的深化，也是丰富完善建设海洋强国基本理论的必然要求。

一　海洋强国必然产生海洋地缘政治效应

从自然科学和社会生活领域的多种效应来看，某类效应的形成通常必须具备三个基本条件，即"效应源"、"作用媒介"和"效果累积时间"。其中，"效应源"是引发效应的源头，也是效应产生的初始条件；"作用媒介"是效应作用的环境和依托，如"热传导效应"需要依托铜、铁等

---

① 《现代汉语词典》，商务印书馆，2005，第1504页。

金属介质才能形成并持续作用；"效果累积时间"是"效应源"持续作用并能形成效果的必需反应时间。

作为一种特殊的社会现象，建设海洋强国行为具备了形成效应的以上三个基本条件。

首先，建设海洋强国是重大的地缘政治行为，将会对相关地缘政治行为体产生相应的影响。众所周知，一个国家提出建设海洋强国战略构想并付诸实施，其根本目的是依托海洋使自己强大起来。而一个即将强大或者已经具有明显崛起趋势国家的出现，将不可避免地引发地缘政治利益的调整变化、权力的转移分配以及安全秩序的变化，从而引起相关地缘政治行为体的关注、猜疑、担忧等不同反应，对原有地缘政治格局产生影响。从这一现实表现来看，建设海洋强国行为必然成为地缘政治效应产生的"源头"。

其次，建设海洋强国的各类行动主要在海洋空间实施，而海洋空间是地缘政治行为体接受和反馈各种地缘政治反应的平台与载体。国家无论是控制海洋还是开发海洋，都在海洋空间行动。海洋总面积占地球表面面积的71%，将世界各国连接在一起。海洋的公共性、连通性使得所有的海洋活动都难以隐蔽，无法自成一体，备受各方关注。面对建设海洋强国的行动，相关地缘政治行为体必然根据海洋空间利益调整来判断自己的利益变化，并借助海洋空间传递对建设海洋强国行动支持或者反对的意愿和反应，使得地缘政治反应在建设海洋强国主体与相关地缘政治行为体之间形成互动，进而促进各类地缘政治效应形成。

最后，建设海洋强国是一个长期的过程，为各类反应持续发挥作用并累积效果留有充分的时间。建设海洋强国通常经历起步、发展和实现目标等主要战略阶段，是一项系统工程，存在不可回避也无法回避的战略性周期。特别是当建设海洋强国引发复杂尖锐的地缘政治反应、面临巨大的地缘政治压力时，其更不可能一蹴而就，往往需要经历一个较长的过程。比如，美国建设海洋强国从1890年开始算起，就大致经历了起步、发展和崛起等主要阶段，历时近60年。

通过以上理论分析可以看出，建设海洋强国具备形成效应的基本条件。那么在现实国际政治关系中，建设海洋强国究竟会不会产生相应的效应呢？答案是肯定的！迄今为止，提出海洋强国构想并付诸实施的主要国家有西班牙、葡萄牙、英国、德国、法国、俄罗斯、日本以及美国等。从这些国家建设海洋强国的实践来看，无论其走向成功还是归于失败，都出现了相应的、与海洋空间密切关联的地缘政治效应。这些地缘政治效应，不以人的意志为转移，是一种客观存在的必然状态。

二　海洋地缘政治效应的基本含义

理解建设海洋强国的海洋地缘政治效应的含义，必须弄清楚地缘、地缘关系、地缘政治、地缘战略等相关概念的联系与区别。

关于"地缘"一词，相关权威书籍并未对其做出明确解释。我国学者张江河通过对西方 geo - politics、geo - economy、geo - culture 等单词的研究，认为"地缘"是这些单词前缀"geo -"的意译，是"特定土地或空间位置与相应人类共同体的政治、经济和文化间的因果关系或'缘分'"[①]。沈伟烈主编的《地缘政治学概论》中，认为地缘"实则是指地理的因果关系、地理的边际关系和地理的战略关系"，"地缘既有地理的内涵，又是地理的延伸"[②]。以上研究都以地理和人类作为对象，阐释了"地缘"是基于自然地理而形成的人类之间的一种关系。

关于地缘关系，国内学术界普遍认为其主要指国家间关系，是"以地理位置、综合国力和距离等要素为基础所产生的国家之间的地缘政治、地缘经济、地缘军事、地缘文化等关系"[③]。可见，国家间地缘关系是由国家所处的自然地理要素所决定的，地理区位、幅员形状、自然条件、综合国力、社会状况和地缘利益等要素都对国家间关系产生相应影响。

关于地缘政治，国内外学术界对其含义的解释不尽相同。瑞典学者契

---

① 张江河：《对地缘政治三大常混问题的辨析》，《东南亚研究》2009年第4期。
② 沈伟烈主编《地缘政治学概论》，国防大学出版社，2005，第4页。
③ 程广中：《地缘战略论》，国防大学出版社，1999，第13页。

伦（Rudolf Kjellen）最早提出地缘政治概念，他认为地缘政治是"把国家作为地理的有机体或一个空间现象加以认识的科学"①。显然，契伦所说的"地缘政治"实际上是指"地缘政治学"，是指研究地理与政治相互作用规律及其指导规律的学科，是一种广义的地缘政治。目前，国内外学术界倾向于认为，地缘政治并非指单一的地缘政治学，也指现实存在的地缘政治，是"以地理为基础的现实政治"②。尽管如此，学术界在地理作用于政治的方式上的认识也不尽相同。一种观点认为，地缘政治就是争夺空间的政治，如俄罗斯学者瓦列里·列昂尼多维奇·彼得罗夫认为，"地缘政治作为一种现象，其主要内容是争夺对空间（陆地、海洋、空中和宇宙、精神文化、经济、金融、信息、虚拟等等空间）的控制和支配权力"③；另一种观点认为，地缘政治不仅体现为对地理空间的争夺，而且体现为对地理空间的合作利用，地缘政治是"政治行为体通过对地理环境的控制和利用来实现以权力、利益、安全为核心的特定权利，并借助地理环境展开相互竞争与协调的过程及其形成的空间关系"④。显然，现代地缘政治理论与传统地缘政治理论相比发生了很大的变化，空间争夺虽然仍然存在，今后也难以避免，但空间合作利用也成为可能，这使得人们对地缘政治概念的认识更全面、更准确。综合来看，现代地缘政治是指国家或者政治集团基于地缘关系和地缘法则，为获得利益、权力与安全而进行的斗争或者合作。

关于地缘战略，国内学术界在认识上并无分歧。一般认为，地缘战略是基于地缘关系及其作用法则谋划国家战略利益的方略。地缘战略与地缘政治有联系，也有区别，地缘政治是国家或者政治集团利用地缘进行斗争或者合作的总体决策，而地缘战略则是利用地缘谋取战略利益的一种策略。地缘战略依据地缘政治而定，但地缘战略需要明确一段时期内的战略

① 转引自梁守德、方连庆主编《国际社会与文化》，北京大学出版社，1997，第325页。
② 陆俊元：《地缘政治的本质与规律》，时事出版社，2005，第64页。
③ 〔俄〕瓦列里·列昂尼多维奇·彼得罗夫：《俄罗斯地缘政治——复兴还是灭亡》，于宝林、杨冰皓译，中国社会科学出版社，2008，第13页。
④ 陆俊元：《地缘政治的本质与规律》，时事出版社，2005，第86~87页。

目标、战略方针和战略手段。显然，地缘战略更为具体，更强调为获取特定战略利益而对地缘政治的谋略运用。中国古代的"远交近攻""合纵连横"属于地缘战略的范畴。19世纪末期，美国海军战略理论家阿尔弗雷德·塞耶·马汉基于美国向海洋扩张的地缘政治需要，提出"海权论"，建议美国政府夺占夏威夷、关岛等战略要地以控制太平洋，通过开凿巴拿马运河进而实现美国海上力量两洋快速驰援等，属于典型的海洋地缘战略。

什么是建设海洋强国的海洋地缘政治效应？参照人们对自然科学和其他社会领域关于"效应"一词的描述，在理解地缘、地缘关系、地缘政治、地缘战略相关概念含义的基础上，可以认为建设海洋强国的海洋地缘政治效应是地缘政治的一种因果现象，是指"国家或者政治集团因为谋划海洋战略利益与其他具有海洋地缘关系的国家或者政治集团之间进行地缘政治竞争与合作而形成的持续状态与结果"。

以上定义包括了三个方面的含义。一是明确了建设海洋强国的海洋地缘政治效应的作用主体。建设海洋强国的海洋地缘政治效应主要在具有海洋地缘关系的国家或者政治集团之间产生。对于国家或者地缘政治集团来说，这种海洋地缘关系在地理上可能是近海相邻，也可能是远海相连，在战略利益上可能存在矛盾，也可能和谐共处，抑或两者兼而有之。需要指出的是，近海相邻或者远海相连的国家并不都是建设海洋强国的地缘政治效应的作用主体。只有当它们去追求地缘政治利益并形成地缘政治关系时，其才能称得上是地缘政治效应的作用主体。

二是明确了建设海洋强国的海洋地缘政治效应的产生条件，即地缘政治竞争或者合作。没有国家或者政治集团之间的地缘政治竞争或者合作，同样不可能产生地缘政治效应。

三是明确了建设海洋强国的海洋地缘政治效应的表现形式。其可能是地缘政治竞争与合作持续作用形成的"一种持续态势"，也可能是"一种结果"。

为了更好地理解建设海洋强国形成的海洋地缘政治效应，需要对其形成原理进行分析。建设海洋强国的海洋地缘政治效应的形成主要包括地缘政治立场态度、地缘政治行动举措以及地缘政治互动效果等主要环节（见图1）。

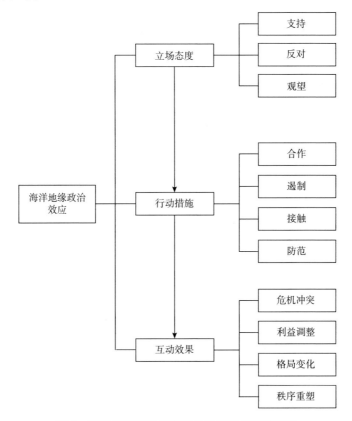

图1　建设海洋强国的海洋地缘政治效应的形成

一是地缘政治立场态度。面对建设海洋强国的政治、经济、军事、外交等地缘政治行动，利益相关的地缘政治行为体必然在认识态度上做出鲜明立场反应。由于对海洋地缘战略利益可能引起调整变化的不同认识与判断，这种反应通常包括支持、反对或者观望等，这是建设海洋强国的海洋地缘政治效应的初始表现，也是最为直观的表现。

二是地缘政治行动措施。面对建设海洋强国的地缘政治行动，利益相关地缘政治行为体不仅会做出立场态度上的不同反应，而且会采取相应的地缘政治行动措施以维护获取海洋地缘战略利益。这些行动措施通常包括合作、遏制、接触、防范等。合作是对建设海洋强国行动的承认与支持，遏制是对建设海洋强国行动的反对与阻挠，接触、防范反映了相关地缘政治行为体对建设海洋强国意图存在不同程度的怀疑与担忧。这些行动措施都是建设海洋强国的海洋地缘政治效应在地缘政治行为体互动层面的表现。

三是地缘政治互动效果。海洋地缘政治行为体围绕海洋地缘战略利益的相互竞争或者合作不断持续，必然导致原有地缘政治态势和格局出现新的变化，其可能的结果包括诱发危机冲突与战争、地缘战略利益重新调整、地缘政治格局重新组合、海洋安全秩序重塑等。诱发危机冲突与战争表明建设海洋强国过程中矛盾的升级与激化；地缘战略利益重新调整是建设海洋强国主体与相关地缘政治行为体的地缘战略利益的再分配，可能是"零和"，也可能是"双赢"；地缘政治格局重新组合是相关地缘政治行为体对建设海洋强国做出反应、采取行动之后的"选边站队"；海洋安全秩序重塑是建设海洋强国主体运用新的海洋安全规则、机制以维持海洋安全平衡态势，是建设海洋强国主体追求的理想结局。

三　海洋地缘政治效应的主要类型

在国家建设海洋强国过程中，不同的地缘政治行为体有着不同的地缘政治认识态度和地缘政治行动措施，由此会产生不同的地缘政治累积效果。建设海洋强国过程实际上是地缘政治竞争与合作相互交织、共同作用的过程，将会同时出现多类地缘政治效应。

按照不同的参照标准，建设海洋强国海洋地缘政治效应可以有不同的分类。比如，按照引发地缘政治效应的行动的不同类型，可将其分为地缘军事行动引发的地缘政治效应、地缘经济行动引发的地缘政治效应、地缘环境保护行动引发的地缘政治效应等。按照地缘政治效应影响结局的不同性质，可以分为有利地缘政治效应和不利地缘政治效应两大类别。其中，有利地缘政治效应，是指建设海洋强国的行动能够得到相关地缘政治行为体正面的、积极的反应，形成有利的地缘政治态势，产生巨大的地缘战略利益，促进建设海洋强国战略目标的实现；不利地缘政治效应，是指建设海洋强国的行动导致相关地缘政治行为体的反对、遏制，形成巨大的地缘政治阻力，产生不利的态势和结局，导致建设海洋强国进程陷于停滞甚至失败。

从地缘政治效应有利和不利性质影响结局角度来看，建设海洋强国的海洋地缘政治效应有多种表现，但以下六种类型较为普遍。

一是外向驱动效应。外向驱动效应，是指建设海洋强国的行为获得了外部需求或者外部力量的支持，形成可持续发展的有利态势，促进海洋强国战略目标实现。海洋强国战略目标不同，其利益拓展方式不尽相同，但都能够在一定程度上产生外向驱动效应。西方列强的海外扩张给殖民地人民带来深重灾难，因而其建设海洋强国外向驱动效应往往在地缘经济领域形成，主要来自与其开展贸易的地缘政治行为体。比如，16世纪中期至19世纪中期，英国在海外扩张过程中就形成了一定的外向驱动效应。英国历史学家约翰·罗伯特·西利认为，"海外扩张"是"伊丽莎白王朝以来促进英国发展的真正动力"[①]。对外贸易在英国建设海洋强国中扮演着关键角色。"英国向海洋发展最大的动机就是追逐利润，它追逐利润的方式是拓展商业和贸易。"[②] 基于海军、殖民地、海外贸易三者的良性互动，英国形成了生产原材料来源优势、商品质量和价格优势、贸易市场垄断和运输市场垄断优势。除了拥有稳步扩大的海外殖民地为英国提供稳定广阔的贸易市场之外，海外许多国家对英国的原料商品和转口服务都存在硬性需求和路径依赖，部分欧陆国家还有寻求奉行"均势主义"的英国提供安全保障的现实动机。这些都为英国建设海洋强国提供了持续的外部动力，推动着英国贸易市场的不断拓展和贸易活动的不断扩张，最终促进海上实力不断增强。美国在建设海洋强国的过程中，则在一定程度上改变了早期西方列强大肆兼并海外土地、扩张殖民地的做法，将海外扩张的重点放在

---

① 〔美〕罗纳德·芬德利、凯文·奥罗克：《强权与富足》，华建光译，中信出版社，2012，第256页。

② 胡杰：《海洋战略与不列颠帝国的兴衰》，社会科学文献出版社，2012，第389页。

贸易和影响力的"内涵式扩张"上①，一定程度上缓和了与原有列强的矛盾，避免了激烈对抗，同时也使得英、法、德等国与美国海上贸易不断增长，从而为美国经济向海洋转型提供了动力。

在某些特定情况下，建设海洋强国的地缘军事行动也可以获得外向驱动效应。比如，19世纪末20世纪初，英国作为全球海洋霸权国，其海军发展坚持"双强标准"，即其实力要始终保持超越第二、第三两强海军力量总和。在这样的背景下，美国、德国海军的发展均受到英国的关注与警觉。但美国一直避免与英国正面冲突，采取有效措施消除英国的疑虑，导致英国并未像遏制德国发展海军那样阻挠美国发展海军。特别是在第一次、第二次世界大战期间，英国迫切期望美国参战，甚至提出向美国租借舰艇②，为美国快速发展海军提供了有利的外部环境与动力。

总之，建设海洋强国，意味着国家利益向海外发展。当利益发展与其他地缘政治行为体的利益需求相契合时，必然会得到广泛的支持，能够持续、有序地拓展海外市场，扩大海外贸易与生产，也能够持续、快速地发展与运用海军力量，形成促进海外利益发展的外在需求和动力，使建设海洋强国处于一种可持续的、良性的发展态势。

从形成原理看，外向驱动效应在立场态度环节体现为相关地缘政治行为体对建设海洋强国的认同、支持或欢迎；在行动措施环节体现为相关地缘政治行为体能够局部或者全面地参与到建设海洋强国的行动中来，积极主动地参与合作或者配合各类行动，对建设海洋强国的各类军事行动也持正面支持态度；在互动效果环节则体现为海洋地缘政治格局朝着有利于建设海洋强国的方向发展，国家的海洋经济利益不断拓展，海洋安全利益得到有力保障，最终促进海洋强国战略目标的实现。

二是机会窗口效应。机会窗口效应，是指建设海洋强国过程中必然会出现若干较为有利的时机窗口，把握和利用这些时机窗口，将会更加顺

---

① 徐弃郁：《帝国定型——美国的1890—1900》，广西师范大学出版社，2014，第179页。
② 熊志勇等：《美国的崛起和问鼎之路——美国应对挑战的分析》，时事出版社，2013，第338页。

利、更加快速地达成局部或者全局的建设海洋强国战略目标；反之，如果错失机会，则会贻误战机，导致建设海洋强国战略目标难以实现。机会窗口通常在与地缘政治对手竞争博弈过程中短暂出现，而其效应影响则长期持续。比如，美国在建设海洋强国过程中，曾有两个阶段比较明显的机会窗口。

第一个阶段是19世纪末期至20世纪初期。这一时期，由于英国在非洲进行布尔战争，在欧洲亦同时面临德国的挑战，因而无力应对美国在美洲和太平洋的崛起，美国能够无阻力地向海洋发展。1895～1897年，英美曾因委内瑞拉边界问题发生激烈的对抗，两国关系迅速恶化，几乎走到战争边缘①。然而，这一危机最后并未转变为冲突和战争。面对美国的强硬姿态，英国首先做出了让步，同意成立"边界仲裁委员会"来解决争端。这个提议得到美国的积极响应，自此两国关系逐渐缓和②。后续美国一系列重大地缘政治行动，如吞并菲律宾和夏威夷、修建巴拿马运河等行动，英国均予以积极配合。

第二个阶段是第二次世界大战期间。第一次世界大战结束后，美国经济实力进一步增强，而且英法两国成为美国的债务国。美国总统威尔逊以此为考虑，提出战后停战谈判的"十四点计划"，企图通过建立国际联盟，取代英国成为世界霸主。然而，由于其影响力还不足以支持其实现主导世界的企图，美国这一计划遭到英法等国的强烈反对，最后归于失败③。第二次世界大战爆发后不到两年，英法等欧洲主要国家就陷入战争泥潭，消耗巨大，面对德国的疯狂进攻，岌岌可危。在此情况下，英法等国要求美国参战，并与美国共同制定了《大西洋宪章》，同意由美国领导同盟国。通过第二次世界大战，美国迅速提升政治、军事、经济实力，战略影响力不断提升，最终发展成为全球性海洋强国。

---

① 熊志勇等：《美国的崛起和问鼎之路——美国应对挑战的分析》，时事出版社，2013，第102～104页。
② 熊志勇等：《美国的崛起和问鼎之路——美国应对挑战的分析》，时事出版社，2013，第104～105页。
③ 〔美〕艾伦·布林克利：《美国史（1492—1997）》（下册），邵旭东译，海南出版社，2014，第661～665页。

　　建设海洋强国之所以必然会出现机会窗口效应，主要是因为建设海洋强国行动可能改变原有地缘政治利益格局，导致原有的地缘政治关系在战略竞争中出现分化组合。事实上，即使实力强大的地缘政治对手，也难以在所有领域对新兴海洋国家进行战略遏制。此外，外部地缘政治格局的变化也会对相关地缘政治行为体特别是地缘政治对手的地缘战略产生深刻影响。当地缘政治对手实力逐步减弱，或者面临更多的掣肘时，其必然被迫将主要精力用于应对主要威胁，相应减少对新兴海洋国家的关注与投入，导致一些有利时机和有利环境的出现。

　　从形成原理看，机会窗口效应在立场态度环节体现为地缘政治行为体从反对到支持的转变。由于担心建设海洋强国行动损害自身利益，相关地缘政治行为体必然疑虑、担忧，进而持反对态度，这成为引发彼此之间危机的直接动因。但随着地缘政治态势的变化，对方会改变原有的反对态度，转而支持建设海洋强国。在行动措施环节则体现为双方政治、军事、经济的相互让步，甚至互信合作。在互动效果环节体现为利益调整、格局变化和秩序重塑等地缘政治态势朝着有利于建设海洋强国的方向发展。

　　三是陆海互利效应。陆海互利效应，是指建设海洋强国过程中，出现了陆上地缘政治态势与海洋地缘政治态势相得益彰、相互促进的有利局面。由于建设海洋强国的不断推进，国家在海洋方向的战略影响力不断上升，使其更加容易解决陆上面临的各类地缘政治问题，减轻来自陆上的压力。而陆上方向的安全稳定使其可以集中资源和精力推进海洋强国建设顺利实施。英国在建设海洋强国过程中，通过采取"舍陆逐海、遏陆争海、据点控海"等策略，准确定位岛国地位，减少向海发展内耗，遏制欧陆强国，削弱其向海发展竞争力，并注重夺取海外基地要点，控制向海发展命脉，形成了"遏陆"与"控海"效益互补的陆海互利效应。19世纪中后期，美国通过领土兼并和购买等方式将其边界拓展至西太平洋，成为陆海复合型大国，但此时美国在美洲大陆仍然面临与英国、西班牙等老牌殖民帝国争夺势力范围的矛盾，同时国内还因南北战争刚刚结束而存有政局不稳的忧患。然而，随着美国在海洋方向取得对西班牙战争的胜利，美国海洋战略影响力迅速提升，使其在美洲推行"门罗主义"更有底气，同时国内政局也进一步稳定，出现了陆海互利效应。

陆海互利效应的出现，是建设海洋强国在陆海两个方向同时具有综合地缘政治优势的体现。对于陆海复合型国家来说，在海洋方向增加新的优势，无疑使得陆上优势的分量进一步加大，为其解决陆上问题、拓展陆上方向战略利益增加筹码。对于海洋型国家来说，如果能够在大陆方向拥有一定的影响力，则其地缘政治态势也会相应改善。如此螺旋式上升，陆海互利态势逐步放大，必然形成建设海洋强国的巨大动力效应。

从形成原理看，陆海互利效应在立场态度环节体现为陆上、海上方向相关地缘政治行为体对建设海洋强国的认同与支持。某些情况下，即使存在一定的利益冲突，这些陆上或者海上方向地缘政治行为体总体上也仍然能够对建设海洋强国持正面、积极的态度。在行动措施环节体现为相关地缘政治行为体或者以经济融合的方式参与建设海洋强国，或者以外交示好、军事合作的举措配合建设海洋强国。在互动效果环节体现为陆上地缘政治格局呈现和平稳定、互利合作态势，而海洋地缘政治格局则呈现阻力趋缓、利益不断向远海拓展的局面。

四是对手聚合效应。对手聚合效应，是指建设海洋强国过程中，一些地缘政治对手出于争夺地缘政治利益的目的相互聚合，逐渐扩大规模，最终形成抵制、反对建设海洋强国的地缘政治联盟或者阵营。德国在建设海洋强国过程中，就面临英国、法国、俄罗斯等对手的聚合效应[1]。1890年俾斯麦下台后，德国外交以与英国结盟为目标改走"新路线"，拒绝与俄国续签《再保险条约》，导致俄法结成反德同盟。"新路线"失败后，德国在1893—1896年积极推动建立"大陆联盟"，希望借此来逼迫英国向德国靠拢。但"克鲁格电报"事件引发了英德间的对立情绪[2]，也标志着

---

[1]　徐弃郁：《脆弱的崛起——大战略与德意志帝国的命运》，新华出版社，2011，第230页。

[2]　徐弃郁：《脆弱的崛起——大战略与德意志帝国的命运》，新华出版社，2011，第146~149页。

"大陆联盟"政策的失败。从 1897 年初开始，陷入困境的德国着力推行"世界政策"，以发展海军力量作为实现这一政策的支柱，将矛头直指英国，致使英德矛盾激化，英国选择与俄、法和解并与之结成反德同盟。一战爆发后，美日出于自身利益的考虑也加入协约国阵营，从而形成当时世界主要强国联合围攻德国的局面。美国在拓展中国市场时，也曾先后面临俄日、英日等对手的聚合效应①。

对手聚合效应在建设海洋强国过程中是一种经常出现的效应。由于建设海洋强国必然会影响甚至削弱一些国家的地缘政治利益，这些国家出于维护自身利益的需要，一方面必将采取相应行动实施反制遏制，另一方面也会基于形势发展加强与相关地缘政治行为体的联合，最大限度地形成遏制建设海洋强国的地缘政治联盟。

从形成原理看，对手聚合效应在立场态度环节体现为相关地缘政治行为体对建设海洋强国的反对；在行动措施环节体现为相关地缘政治行为体的防范与遏制；在互动效果环节体现为建设海洋强国的地缘政治环境恶化，与相关地缘政治行为体发生危机、冲突甚至战争的可能性增大，甚至导致建设海洋强国战略归于失败。

五是资源黑洞效应。资源黑洞效应，是指建设海洋强国过程中因为地缘政治竞争需要在某些项目建设中投入巨大而深陷其中，形成难以调整计划的"骑虎难下"的局面，出现建设海洋强国全局受阻甚至被迫放弃战略目标的结果。比如，19 世纪末 20 世纪初，德国在建设海洋强国的过程中，提出了"大海军"建设计划，并相继通过了第一次、第二次海军法案，力图建设一支实力强大的、主要用于远洋作战的"大海军"②。此举引发了英国的恐慌，导致英德之间开展海军军备竞赛。为了在海军军备竞赛中赢得主动，德国不惜投入巨资建设"无畏级战列舰"，导致两国开始恶性竞赛，使德国陷入巨大的财政赤字。通过军备竞赛，德国海军实力虽然从

① 王玮：《美国对亚太政策的演变 1776—1995》，山东人民出版社，1995，第 114 页。

② 徐弃郁：《脆弱的崛起——大战略与德意志帝国的命运》，新华出版社，2011，第 234 页。

1900 年的世界第五位上升到 1914 年的世界第二位，但这支庞大的海军并未在第一次世界大战中发挥显著作用，相反，成为英国封锁的对象①。太平洋战争中，日本为了赢得对美国的海上优势，无视航空母舰新型作战力量的巨大威力，仍然坚持"大炮巨舰"思维，在 1941～1943 年调拨大量资源建造两艘"大和"级大型战列舰。"虽然日本依赖物资进口，但海军却不去保护自己的商船队，在发展护航系统、反潜技术、护航航母以及反潜舰群方面都十分落后。"② 大批量的战列舰建造不仅耗费了巨资，而且也难以在实战中发挥应有的作用，这成为日本在太平洋战争中失败的重要原因之一。

资源黑洞效应的出现，往往源于建设海洋强国的战略决策失误。面对复杂的海洋安全形势，建设海洋强国的目标与道路面临多种选择。目标过大或者方向错误，必然导致投入过大，最终使建设海洋强国成为沉重的经济负担。而地缘对手的诱导往往也会促使战略决策失误，导致资金投向出现偏移，最终消耗巨大而无以为继。

从形成原理来看，与对手聚合效应相同，资源黑洞效应在立场态度环节亦体现为相关地缘政治行为体的反对；在行动措施环节则体现为相关地缘政治行为体的竞争或者遏制；在互动效果环节体现为地缘政治格局朝着不利方向发展，建设海洋强国战略企图受挫甚至最终失败。

六是陆压海缩效应。陆压海缩效应，是指陆海复合型国家在建设海洋强国过程中，当陆上方向面临安全和发展的压力与挑战时，难以集中精力、资源去应对来自海洋国家的挑衅，必然要在海洋方向实施战略收缩。德国是典型的陆海复合型国家。在 19 世纪末期建设海洋强国过程中，德国本土始终面临俄法同盟的军事威胁。为了应对随时可能出现的东、西两线作战，德国一刻也没有放松陆军建设，即便是在大海军建设的高潮时期，德国也不得不将相当一部分资源用于发展陆军，以应对陆

---

① 徐弃郁：《脆弱的崛起——大战略与德意志帝国的命运》，新华出版社，2011，第 275 页。
② 〔美〕保罗·肯尼迪：《大国的兴衰》，蒋葆英译，中国经济出版社，1989，第 439 页。

上方向的危险态势。随着陆上安全形势日益紧张，陆军挤占海军资源的问题也日益突出。[①] 俄法结盟后，威廉二世虽然想尽办法积极向外扩张，但一直没有取得显著的成效。一战结束后，德国失去了其建设海洋强国的所有成果。法国也是陆海复合型国家，建设海洋强国同样始终面临陆压海缩效应，其一旦在海洋方向稍有起色，英国便实施"大陆均势"，使法国陆上安全吃紧而自顾不暇。

陆压海缩效应的形成，源于陆海复合型国家在陆上、海上方向同时面临安全问题。由于国家的资源有限，其往往难以在陆、海两个方向同时展开。地缘政治对手往往会在陆上方向制造事端，造成地缘政治动荡，形成陆上地缘安全压力。当陆上地缘安全压力增大时，建设海洋强国的战略决策者必然权衡利弊，首先关照陆上安全问题，海洋方向投入必然相应收缩。

从形成原理看，陆压海缩效应在立场态度环节体现为地缘政治对手对建设海洋强国的反对；在行动措施环节体现为陆上、海上两个方向地缘政治对手的制衡与均势；在互动效果环节体现为建设海洋强国战略目标受挫，陆、海两个方向地缘政治态势同时恶化甚至出现危机冲突。

四　海洋地缘政治效应的作用机制

建设海洋强国的海洋地缘政治效应作用机制，是指地缘政治效应产生、发展及消失过程中的主客观因素、内外因素、不同矛盾因素相互作用的规律表现与机制运行原理。建设海洋强国的海洋地缘政治效应的作用机制，与海洋的公共性、连通性和易阻隔性等自然特征紧密相连，体现了海洋战略利益、海洋战略决策、海洋战略行动与海洋地缘政治的相互作用及其发展的内在关联与相互影响。

第一，地缘政治效应客观存在，但是否能发挥作用取决于主观作为。

如同自然界客观存在热传导等效应一样，建设海洋强国过程中，必然

[①]　徐弃郁：《脆弱的崛起——大战略与德意志帝国的命运》，新华出版社，2011，第272页。

存在相应的地缘政治效应，这是不以人的意志为转移的。然而，与热传导等效应发挥作用依靠一定条件一样，建设海洋强国的地缘政治效应也不会自动产生并发挥作用，它作用的方式、程度及持续时间均取决于建设海洋强国主体与相关地缘政治行为体的主观指导。

首先，建设海洋强国的海洋地缘政治效应的产生及形成是主观作为的结果。建设海洋强国过程中无论产生有利还是不利的地缘政治效应，都是主观作为的结果。所不同的是，建设海洋强国产生有利的地缘政治效应需要建设海洋强国主体在主观指导上积极运筹，而建设海洋强国不利的地缘政治效应则来源于地缘政治对手的主观策略推动。如前所述，为了形成外向驱动效应与陆海互利效应，建设海洋强国主体需要克服"控海圈洋"的传统地缘政治思维，创新建设海洋强国的方式方法，妥善经营与相关地缘政治行为体的关系，推进建设海洋强国策略实施，构建有利的地缘政治态势。为了形成机会窗口效应，需要透过纷繁复杂的地缘政治态势，把握机遇，果断施策，尤其是在处于不利态势情况下，要善于找准对手弱项与破绽，积极扭转局势，变被动为主动。从另一方面来看，建设海洋强国过程中之所以形成不利效应，也都是由地缘政治对手主观作为所导致。对手聚合效应源自地缘政治对手基于对建设海洋强国的战略担忧、猜疑而实施的统一思想与彼此联动。资源黑洞效应尽管是通过建设海洋强国主体之"手"实现，但其背后体现了地缘政治对手政策方针的牵引甚至有针对性的战略诱导。陆压海缩效应的产生与作用，在很大程度上也是因为地缘政治对手利用陆海复合型国家的地缘特征实施了"大陆均势"政策。

其次，建设海洋强国的海洋地缘政治效应的保持与中止也是主观作为的结果。建设海洋强国过程中，建设海洋强国主体总是希望延长有利的地缘政治效应，缩短不利的地缘政治效应，而地缘政治对手的企图与目标则相反。为了最大限度地延长有利效应、缩短不利效应，建设海洋强国主体必须统筹政治、经济、军事、外交等多个领域，加强与地缘政治对手的沟通交流，尽量减少阻力，避免决策失误，保持有利态势。反之，地缘政治对手为了巩固对手聚合效应、扩大资源黑洞效应、保持陆压海缩效应，也必须设法破坏建设海洋强国的有利局面，采取设圈下套、围堵遏制等措施，打乱建设海洋强国步骤，迟滞建设海洋强国的进程。

总体来看，建设海洋强国的海洋地缘政治效应是否会发挥作用、如何发挥作用依赖于建设海洋强国主体与相关地缘政治行为体特别是地缘政治对手的共同作用。这一作用机制表明，建设海洋强国的海洋地缘政治效应可以避免、可以利用，这为战略指导者灵活调控与充分利用各类地缘政治效应提供了理论依据。

第二，海洋地缘政治矛盾是地缘政治效应发挥作用的根本原因。

尽管建设海洋强国各类地缘政治效应的产生与发挥作用依赖主观作为，但其根本原因还在于海洋地缘政治矛盾。所有海洋地缘政治效应的孕育产生、发展扩大以及减弱中止，都是由海洋地缘政治矛盾决定的。

首先，海洋地缘政治矛盾的有无决定地缘政治效应的类型和性质。建设海洋强国必然在一定程度上调整和改变原有地缘战略利益格局。相关地缘政治行为体主要依据地缘战略利益格局的变化来定位与建设海洋强国主体之间的关系。在大多数情况下，相关地缘政治行为体甚至是基于对地缘战略利益调整变化的预期判断来做出对建设海洋强国的现实反应。当地缘战略利益调整变化没有导致彼此间地缘政治矛盾或者所产生矛盾较小时，断然不会产生不利效应。当地缘战略利益调整朝有利方向发展，相关地缘政治行为体能够从中获利，便会引发外向驱动效应。然而，国家利益向海外拓展，难以与所有地缘政治行为体在所有方面实现利益契合。面对原有地缘战略利益格局的改变，周边国家则会产生相应的安全压力，由此必然引发相关地缘政治行为体的猜疑、担忧甚至恐惧，形成诸多矛盾，成为产生对手聚合、资源黑洞以及陆压海缩等不利效应的直接原因。

其次，海洋地缘政治矛盾的属性决定地缘政治效应的强弱。建设海洋强国可能诱发的地缘政治矛盾涉及地缘安全、地缘经济、地缘主导权以及岛屿归属、海域划界等海洋权益纠纷等。这些地缘政治矛盾中，海洋地缘安全矛盾是主要矛盾，海洋地缘经济矛盾是重要矛盾，而海洋地缘主导权以及岛屿归属、海域划界等海洋权益纠纷等是特殊利益矛盾。

建设海洋强国诱发地缘政治矛盾的属性不同,对地缘政治效应的作用程度也不同,导致地缘政治效应有不同程度的表现。由于海洋具有公共性与连通性,因而在以上矛盾中,相关地缘政治行为体最为关注的是海洋地缘安全。建设海洋强国过程中各项举措成为相关地缘政治行为体高度关注的内容。特别是在没有建立充分信任的情况下,海上军事力量的发展极易成为引发外交纠纷的重要议题。一旦认为地缘安全面临威胁,相关地缘政治行为体将采取相应的对策,包括开展地缘军备竞赛、实施地缘军事威慑行动、营造地缘敌对态势、触发危机和军事冲突,从而提高不利地缘政治效应的程度。相比之下,海洋地缘经济矛盾没有海洋地缘安全矛盾那么突出和尖锐,因而由海洋经济矛盾所形成的不利地缘政治效应通常较为温和。但由于海洋经济矛盾贯穿建设海洋强国全过程,并且所有海洋地缘矛盾的实质都是海洋经济矛盾,因而由此形成的不利地缘政治效应往往持续较长时间,呈现逐步增强的特征。海洋地缘主导权以及岛屿归属、海域划界等海洋权益纠纷等特殊矛盾虽然只在特定对象之间发生,但在某些时刻这类矛盾表现比较突出,往往会起到强化不利地缘政治效应的作用。

最后,地缘政治矛盾的缓和与激化促进地缘政治效应的减弱与扩散。地缘政治矛盾是建设海洋强国地缘政治效应作用的内在动力。在地缘政治矛盾无法全面消除的情况下,地缘政治矛盾缓和,则不利效应减弱、有利效应扩散,而地缘政治矛盾激化,则有利效应减弱、不利效应扩散。在地缘政治矛盾中,地缘安全矛盾的缓和与激化对地缘政治效应的减弱与扩散影响最为明显,但相关史实案例表明这类矛盾易于激化、较难缓和。对于地缘政治行为体来说,在排除海洋地缘安全威胁后,其最为关注的就是海洋地缘经济矛盾。海洋地缘经济矛盾是可以调和的。在海洋地缘矛盾的让步式互动中,通过解决海洋地缘经济矛盾可以减弱不利效应,抵制黑洞效应,调节与其他地缘对手的关系,改变地缘政治效应的发展进程。

第三,守成海洋强国对地缘政治效应发挥作用具有助力性影响。

守成海洋强国是指现实存在的海洋强国,主要是指那些能够对全球海洋施加影响并实施控制的海洋大国。建设海洋强国过程中,新兴国家不可避免地与守成海洋强国进行协调合作或者发生冲突和战争。无论是作为直接矛盾的当事方，还是作为间接矛盾的第三方，守成海洋强国都对建设海洋强国的地缘政治效应作用产生助力性影响。

首先，守成海洋强国是不利地缘政治效应发挥作用的背后推手。守成海洋强国在海洋事务中具有绝对优势和长期影响，并从中获得巨大战略利益。为了维护其既得的海洋战略利益甚至是海洋霸权，守成海洋强国往往对建设海洋强国的新兴国家采取排斥和遏制态度。历史上英国、德国、法国、俄罗斯、美国等在建设海洋强国过程中，都受到当时守成海洋强国的遏制。

由于守成海洋强国与新兴国家相比拥有更多的战略资源与手段，因而它的地缘政治态度与行动不仅影响着双方的关系，而且影响着其他地缘政治行为体的态度与行动，促进不利地缘政治效应的形成与发挥作用。比如，守成海洋强国为了保持其海洋主导地位，必定会充分利用建设海洋强国引发的各类地缘政治矛盾，通过拉帮结派、强化同盟、均势制衡等行动，构建起遏制海洋强国建设的联盟，为对手聚合效应助力，为陆压海缩效应制造动力。从历史来看，所有不利的地缘政治效应背后都有守成海洋强国的影子。

其次，守成海洋强国一旦放弃遏制新兴国家，将会助推有利的地缘政治效应的形成。出于维护既得利益与现有海洋秩序考虑，守成海洋强国不可能为建设海洋强国主动提供任何帮助。但面对建设海洋强国的新兴国家，守成海洋强国也有力不从心的时候，它可能因为多头作战导致实力不济，可能因为思想保守而因循守旧，也可能因为战略失误而走向衰落。当守成海洋强国在不得已的情况下向建设海洋强国的新兴国家让步妥协时，必然会促进机会窗口效应发挥作用。如果守成海洋强国转变态度支持建设海洋强国，那么不仅不利的地缘政治效应会逐步消失，而且因为其所具有的传统影响力，外向驱动效应、陆海互利效应会迅速放大。在美国建设海洋强国过程中，作为守成海洋强国的英国的态度经历了从反对与遏制到协调合作直至无可奈何而求援的转变，这不仅弱化了各类不利的地缘政治效应，而且客观上助推了对美国有利的地缘政治效应的产生，形成对美国建设海洋强国极为有利的地缘政治格局。

第四，海洋地缘政治效应与其他空间地缘政治效应相互联动。

海洋空间不是独立的地缘政治空间，海洋空间与陆地、全球中心权力空间以及空中、网络等新型地缘政治空间紧密相连，由此导致建设海洋强国的地缘政治效应与其他空间的地缘政治效应相互联动。

首先，陆上地缘政治效应与海洋地缘政治效应相互联动。对于陆海复合型国家来说，在陆上方向出现有利的地缘政治效应，那么海洋强国的地缘政治效应更多地表现为有利的效应。在陆上方向出现不利的地缘政治效应，则海洋方向也难以形成有利的地缘政治效应。

其次，全球中心权力空间效应与海洋地缘政治效应相互联动。中心权力空间地缘政治效应通常体现为守成海洋强国与其他地缘政治行为体之间的效应。守成海洋强国为了应对中心权力空间的地缘政治效应，往往要分散一部分精力，导致其难以集中力量处置与新兴国家之间的海洋地缘政治效应。如 19 世纪末期，英国作为守成海洋强国，同时面临新兴国家德国和美国的挑战。在无力同时遏制德国和美国建设海洋强国的情况下，英国将主要精力放在西欧和大西洋这个全球中心权力空间上，重点应对德国的崛起，对美国则采取了认同与合作的策略，使得美国在处理与英国的地缘政治效应时处于较为有利的态势[①]。

最后，新型空间地缘政治效应与海洋地缘政治效应相互联动。新型空间是指人类利用新技术拓展的活动空间，包括高空、太空、深海、网络、心理认知空间等。从总体上看，新型空间地缘政治效应具有弱化海洋地缘政治效应的作用。比如，在第二次世界大战中，随着作战飞机的广泛使用，对高空的争夺利用在很大程度上削弱了海洋平面的地缘政治功能。

---

① 封永平：《大国崛起困境的超越：认同建构与变迁》，中国社会科学出版社，2009，第169 页。

第一章　美国海洋强国地缘政治效应研究

美国的前身是英国在北美建立的 13 个殖民地。1775 年至 1783 年，北美殖民地民众联合起来进行反抗英国殖民统治的独立战争。1783 年 9 月 3 日，英美签订《巴黎和约》，英国正式承认美国独立。美国刚成立时，国土狭小，北起英属加拿大边境，西至密西西比河，南到佛罗里达边界，面积只有 89 万余平方公里。从 19 世纪初开始，美国开始了从东向西、横跨北美大陆的"西进运动"，通过兼并、购买、侵占等方式，迅速将其疆域向西、向南拓展。到 19 世纪中晚期，美国的领土已经比建国时扩张了 10 倍，领土范围从东部大西洋沿岸，向西延伸，横跨美洲大陆，直达加利福尼亚、俄勒冈等西部海岸，覆盖了除加拿大、墨西哥之外的整个北美大陆，成为拥有 45 个州、7000 多万人口的名副其实的大国[①]。至此，美国不仅成为一个陆上大国，也成为既濒临大西洋也面向太平洋的海洋大国。

第一节　美国海洋强国的战略演进

早期美国人大多是由欧洲通过大西洋移民而来，与海洋有着难以割舍的情结。当陆地疆域向西拓展至太平洋时，美国人很快找到了未来发展的方向，就是把美国建设成为一个海洋强国。19 世纪末期，美国开始向海洋扩张。通过发展海外贸易、拓展海外市场、建设海上军事力量、应对海上威胁挑战以及参与第一次、第二次世界大战，美国综合国力逐步提升，最终发展成为一个海洋霸权国家。美国建设海洋强国经历了起步、发展和崛起三个主要阶段。

---

① 唐晋主编《大国崛起》，人民出版社，2006，第 408 页。

一　起步（1890～1900 年）：建成海洋强国雏形

美国建设海洋强国具体从何时开始，从目前的资料来看，还没有找到十分明确的纲领或宣言，但美国学者艾伦·布林克利在其《美国史（1492—1997）》中这样写道："美国的帝国野心早在 1890 年代末期之前就初露端倪，1898 年美西战争更将这种野心转化成公开的扩张主义。战争改变了美国和世界各国的关系，使美国变成了一个庞大的海上帝国。"①所以，可以认为 19 世纪末期的十年是美国建设海洋强国的起步阶段。

美国在 19 世纪末期提出建设海洋强国的构想并付诸实施，有其深刻的历史背景，这是美国政治经济军事发展的必然选择。

首先，美国工业化水平与综合实力迅速增强为建设海洋强国提供了物质基础。建设海洋强国是一个国家综合实力发展到一定阶段的战略需求。19 世纪末期的美国，工业化水平迅速提升，综合实力快速发展。内战结束后，影响美国发展的国内政治、经济、社会矛盾得到很好的解决，特别是奴隶制障碍的扫除更是促进了美国资本主义经济的发展。19 世纪 70 年代，工业产值比 60 年代增长了 82%，80 年代又比 70 年代增长了 112%，农业的产值也在同期翻了一番多。

对于 19 世纪的美国人来说，火车和铁路象征着进步，也是衡量社会发展的重要标志，因而备受重视。19 世纪后期，美国的铁路铺设总长度迅速增加：1860 年 3 万英里，1870 年 5.2 万英里，1880 年 9.3 万英里，1890 年 16.3 万英里，1900 年 19.3 万英里。铁路的发展带来了农村、工厂和城镇建设的突飞猛进。

此外，随着机械制造业、石油工业、交通业和通信业等关键领域的快速发展，美国很快在全国范围内建立起了完整的现代工业体系，并形成了较好的区域布局。1890 年，美国的工业产值已经跃居世界第一。美国的

---

① 〔美〕艾伦·布林克利：《美国史（1492—1997）》（上册），邵旭东译，海南出版社，2014，第 584 页。

钢产量在 19 世纪末期也迅速提高：1875 年不足 40 万吨；1880 年则为 130 万吨，与英国并列世界第一；1890 年为 430 万吨，超过位居第二的英国约 20%；1900 年则达到 1000 万吨，超过位居第二的德国近 50%[1]。

美国工业化水平的提高与综合实力的迅速增强不仅使美国对海外扩张提出要求，也提供了海外扩张所需要的基本物质条件。

其次，经济社会危机端倪初现迫使美国开始将目光转向海外市场。随着美国工业化水平的不断提高，其生产社会化也不断加强，生产规模相应扩大，但美国国内需求无法消化过多产能，导致经济危机的发生。从 1873 年到 1893 年，美国发生了三次大规模的危机。其中，1893 年 5 月爆发的危机最为严重。"完成横跨大陆铁路线的两大巨型铁路公司——北太平洋铁路公司和联合太平洋铁路公司先后宣布破产"，"象征'美国天才'的发明家托马斯·爱迪生被迫解雇其公司近 70% 的员工"，"至 1893 年底，美国破产银行达 624 家，119 个城市中失业人口达 300 万人"[2]。不仅如此，经济危机还开始引发严重的社会政治危机。工人运动迅速发展，各种罢工和骚乱开始向全国蔓延，军警与民众的冲突流血事件不断发生。显然，此时的美国面临着严重的生产与市场的内在矛盾，一些部门和产品对国外市场的依赖逐渐增强，尽快扩大国外市场已经成为美国解决经济社会危机必然的选择。

再次，海外扩张思潮的兴起为建设海洋强国提供了舆论支持。为了解决美国面临的经济和社会危机，同时回答美国将来向什么方向发展的问题，19 世纪中、末期美国的海权思维十分活跃，观点层出不穷，有代表性的观点有两种。

一种观点是太平洋贸易霸权论。太平洋贸易霸权论的代表人物是威廉·西沃德。西沃德曾任林肯政府和约翰逊政府的国务卿。西沃德认为世界历史霸权不断向西转移，19 世纪末，争夺世界霸权主要将发生在太平

---

① 〔英〕A. J. P. 泰勒：《争夺欧洲霸权的斗争 1848—1918》，沈苏儒译，商务印书馆，1987，第 13 页。

② 徐弃郁：《帝国定型——美国的 1890—1900》，广西师范大学出版社，2014，第 4 页。

洋上，太平洋注定要成为"今后世界最大的历史舞台"，"美国必须控制海洋帝国，只有它才是真正的帝国"①。按照西沃德的构想，美国获得太平洋贸易霸权的主要方法不是扩大美国的疆界，而是跨过太平洋直抵亚洲，美国人只有控制了亚洲市场，才能成为"比迄今为止的任何国家都更加伟大"的国家。西沃德建立太平洋帝国的梦想以及控制亚洲市场的规划对美国向海外扩张产生了重要影响。在他的决策下，1867年3月，美国以720万美元从俄罗斯买下了阿拉斯加及其附近的阿留申群岛，1867年8月占领了中途岛，从而为美国在太平洋获得商业和海上霸权奠定了基础②。

　　另一种观点是海权论。海权论的创立者是阿尔弗雷德·塞耶·马汉，其主要观点是强大海军、控制海洋、发展贸易。马汉认为海军是国家政策的工具，是为国家海上扩张和海上争霸服务的主要工具。他指出，"国家的强盛、繁荣、庄严和安全是强大的海军从事占领和各种征伐的副产品"③，"决定政策得到完美执行的最关键因素是军事力量……而海军在力量的运用中起着不可缺少的作用"④，"没有海军的强大，在海外使用其他力量就无从谈起。而且，海军具备根据需要在世界任何要求它发挥作用的地方出现的能力"⑤。此外，海军能够不战而胜，"拥有并运用武装力量并不一定意味着战争。人们可以而且实际上常常在不引发战事的情况下，恰如其分地运用这种力量，且越是得心应手，越能和平地达成目的。手无寸铁根本不能保证和平"⑥。

　　与此同时，美国还出现了其他一些主张海外扩张主义的理论家，如历史学家约翰·费斯克提出新"天定命运论"、弗雷德里克·杰克逊·特纳提出"边疆学说"等。这些思想都从不同的角度阐述美国向海洋扩张的必要性与必然性，对美国政府制定海洋强国战略起到了推动作用。

① 李庆余：《美国外交史——从独立战争至2004年》，山东画报出版社，2008，第45页。
② 王玮、戴超武：《美国外交思想史1775—2005年》，人民出版社，2007，第89页。
③ 〔美〕罗伯特·西格：《马汉》，刘学成等译，解放军出版社，1989，第194页。
④ 〔美〕马汉：《海权论》，萧伟中、梅然译，中国言实出版社，1997，第159页。
⑤ 〔美〕马汉：《海权论》，萧伟中、梅然译，中国言实出版社，1997，第159页。
⑥ 〔美〕马汉：《海权论》，萧伟中、梅然译，中国言实出版社，1997，第185页。

最后，海上力量弱小也是美国建设海洋强国的重要考量。美国建国以来，主要关注陆地安全，很少有人认为"美国是一个海洋国家，美国的安全与繁荣有赖于对海路的控制"①，因此海军的发展并未受到重视。19世纪80年代以前，美国海军基本上以近岸活动为主。美国内战爆发时，美国联邦海军可以投入战斗的舰艇仅有42艘，主要用于对南部海岸实行封锁。内战期间，美国海军一度迅速发展，舰艇规模达到700艘。战后，由于缺乏任务，加之经费不足，海军成为裁减的对象，舰艇数量急剧减少，至1880年仅剩48艘。"1889年的时候，海军规模比美国大的国家有11个"②，美国海军实力甚至排在智利之后。从海军武器装备来看，配备的舰船也以风帆舰船为主，不具备长期在远洋活动的能力。这样一支弱小的海军，难以支持国家向海洋扩张。

基于以上战略背景，美国建设海洋强国从一开始就将战略目标聚焦于以扩展海外贸易为主要目标的海洋扩张，并围绕这一目标采取了一系列战略举措。

一是开拓海外贸易市场。与所有资本主义国家的发展轨迹相同，19世纪末期的美国之所以要走向海洋、实行海外扩张，根本目的就是拓展市场，为美国过剩的工农业产品寻找倾销地，这是美国建设海洋强国最直接的目标。比如，美国总统哈里森原来坚持高关税政策，主张美国要用高关税来保护国内产业并实现尽可能多的贸易顺差。但其上任后立刻意识到美国经济发展对海外贸易市场的要求，他在1890年底的年度咨文中就提出要致力于开拓国外市场，特别是农产品市场。1896年总统选举时，共和党人麦金莱获胜。对内，他推行关税保护政策，维护垄断资本家的利益；对外，则推行扩张政策。他在就职演说中声称，在强大的海军组建以后，应该提供一支相称的商船队，目的是使美国的贸易通往外国。他上任后，

---

① 〔美〕乔治·贝尔：《美国海权百年：1890—1990年的美国海军》，吴征宇译，人民出版社，2014，第3页。

② 〔美〕乔治·贝尔：《美国海权百年：1890—1990年的美国海军》，吴征宇译，人民出版社，2014，第3页。

常常谈到国内市场狭窄、产品过剩，需要打开国外市场。①

1895 年 1 月，美国成立 "全国制造委员会"，其宗旨就是 "扩展海外贸易，控制拉美和东亚市场"②。

拉丁美洲是指从墨西哥湾格兰德河往南，一直到南美洲最南端的合恩角为止，全长一万多公里的大陆和沿海岛屿，主要包括：北美洲的墨西哥、中美洲、西印度群岛及南美洲③。拉丁美洲地区拥有极其丰富的自然资源和发展经济的巨大潜力。从地缘上讲，拉丁美洲地区是美国的 "后院"，涉及美国的安全及其经济发展，对拉美地区实施主导与控制对美国未来的发展至关重要。长期以来，拉丁美洲人民为反抗欧洲殖民统治进行了英勇斗争。美国于 1823 年 12 月发布的《门罗宣言》在一定程度上支持了拉丁美洲人民反抗殖民统治的斗争，也增强了美国在拉美地区的战略影响力。美国实施海外贸易扩张，拉丁美洲地区尤其是中、南美洲是美国市场拓展的主要方向。为此，美国必然要控制和主导拉丁美洲市场，不断削弱甚至将欧洲列强挤出去，实现美国在此地区商业利益的最大化。

中国市场是美国海外扩张的另一重要方向。与 1840 年以前的英国人相同，美国人对中国市场也十分渴望。在美国商界看来，中国市场巨大，能够消化更多的工农业产品。如 1898 年美国的一份商业杂志感慨地指出，"中国有 4 亿人口，是美国人口的 5 倍还多。这 4 亿人的需求每年都在增长，这是多大的市场"④。为此，美国向海外扩张，必然渴望拥有中国市场。

二是与老牌殖民国家进行战略周旋和战争。美洲是英国、西班牙等国的传统殖民势力范围。美国向海外扩张，遇到的直接挑战就是英国、西班牙等老牌殖民国家的阻挠与遏制。因为利益争夺，美国与英国在美洲多次爆发危机。1895 年 1 月至 1897 年 1 月，围绕英属圭亚那和委内瑞拉关于 "埃塞奎博领土争议"，委内瑞拉引用 "门罗主义" 请求美国调停干预，美国与英国

---

①　唐晋主编《大国崛起》，人民出版社，2006，第 410 页。
②　徐弃郁：《帝国定型——美国的 1890—1900》，广西师范大学出版社，2014，第 61 页。
③　李春辉：《拉丁美洲史稿》（上册），商务印书馆，1983，第 1 页。
④　徐弃郁：《帝国定型——美国的 1890—1900》，广西师范大学出版社，2014，第 144 页。

的矛盾冲突进入白热化，爆发了激烈的危机。最终，这场危机以美国的外交胜利而告终，美国由此也确立了在美洲的优势地位。随着在美洲影响力的不断增强，美国对古巴的控制欲望日趋强烈，而这必然损害古巴原殖民统治者西班牙的利益。美国要求西班牙彻底放弃古巴，而西班牙则拒绝向美国让步，最终危机演变成战争。1898年4月25日，美国向西班牙宣战。经过三个多月，美国在菲律宾和古巴两个方向同时赢得战争的胜利。随后，美国与西班牙签订了《巴黎和约》。该条约规定："西班牙放弃对古巴的主权；西班牙将其管辖的波多黎各、西印度群岛中的其他岛屿及马利亚纳群岛中的关岛让给美国；菲律宾群岛让予美国，美国付给西班牙2000万美元作为补偿。"①

在中国，美国大力推行"门户开放"政策。从1840年开始，欧洲列强就已经大肆扩张在中国的势力范围，并获取经济利益。美国拓展中国市场，无异于虎口夺食。如何才能赢得中国市场？美国人形成了一个明确的思路，这就是不与欧洲列强进行战争，不使用武力，而是"要求列强在中国进行开放式的、'机会均等'的商业竞争"。1899年6月，在反复酝酿的基础上，美国国务卿海约翰向驻美国的英、德、俄、法、日、意六国公使发出了著名的"门户开放"照会，要求各国尊重美国在中国的各种利益。1900年7月，海约翰再次向各国发出照会，不仅将"门户开放"的范围从列强在中国的势力范围与租界扩大到整个中国，还进一步宣示了美国对其在中国利益的关注与维护。

三是发展海上优势力量。19世纪80年代以前，美国"大陆主义者"主宰着对国家利益的认识，他们认为美国还没有需要保护的海外殖民地，海洋只是美国的护城河。由于海洋起着将美国与欧洲列强隔开的屏障作用，为此海军只要"看好家门，防止盗贼"就可以了。因此，"从政治上说，当时美国人还没有帝国主义的海洋扩张意识"②，当时海军兵力运用的指导思想就是保卫美国的沿海地区以及保护美国的海上交通线。

① 李庆余：《美国外交史——从独立战争至2004年》，山东画报出版社，2008，第51页。
② 〔美〕内森·米勒：《美国海军史》，卢如春译，海洋出版社，1985，第167页。

　　然而，从19世纪80年代开始，美国开始重视海军建设，并把发展海上优势力量作为海洋扩张的一个重要目标。这一时期，美国总统大都是海权主义者，开始把振兴海军作为基本国策。1882年，阿瑟总统对国会明确表示，"国家的安全、经济和荣誉都需要我们全面振兴海军"①。1889年，哈里森总统在发表就职演说时，特别提出要建设强大的海军。他认为，"我们海军的必需品要求有使用方便的加煤站、码头及海港的特权……应加速建造数量足够的现代化战舰并配备足够的武器"②。两度出任总统的克利夫兰，虽然是民主党人，但一改以往传统政策，转而主张扩大海军规模③。作为美西战争的最高指挥官，麦金莱总统对海军重要性的认识更加深刻，竭力支持海军建设。

　　这一时期，美国海军发展的思路也更加清晰，既要发展规模，也要发展能够用于"远洋决战"的大型战舰，企图形成对英国、法国等海上强国的优势。马汉从美国濒临两大洋、可能两面受敌的地理环境考虑，提出美国海军发展的两个标准："一强标准"，即如果美国在大西洋有一个敌人，在太平洋又有一个敌人，那么美国海军的实力应强于任何一边的敌人，这是美国海军发展的近期标准；"两强标准"，即美国拥有两支舰队，在大西洋和太平洋均强于可能的敌手④。关于海军发展类型，马汉主张建立以战列舰为核心的主力舰队。他认为，海上决战中最重要的因素是火力和装甲，主张发展装甲厚、火炮口径大、射程远的战列舰。"为了确保制海权，美国必须建立一支以战列舰为主的强大舰队，这支舰队在主力舰的数量上应有对敌的绝对优势，具有进攻能力，能给敌以摧毁性打击。"⑤ 1889～1893年，马汉的忠实追随者本杰明·F.特雷西接任海军部部长，他也认为，只有建造出能够在海上迎敌的大型战舰，才能最大限度地保卫国家沿

①　〔美〕阿伦·米利特、彼特·马斯洛斯金：《美国军事史》，军事科学院外国军事研究部译，军事科学出版社，1989，第225页。
②　王建华等编译《美国历届总统就职演说精选》，江西人民出版社，1995，第177～179页。
③　〔美〕内森·米勒：《美国海军史》，卢如春译，海洋出版社，1985，第179页。
④　宋效应：《19世纪末20世纪初美国海军的崛起》，《军事学术》2011年第3期。
⑤　钱俊德：《美国军事思想研究》，军事科学出版社，1992，第53页。

海和美国在世界航线上的贸易行为，为此，他主持建造了三艘 1 万吨的装甲战列舰。这表明美国从 19 世纪末开始把建设强大海军、发展优势海上力量作为重要的目标。

四是夺占海外战略要点。随着海外贸易的拓展以及海军活动范围愈来愈大，美国必须拥有海外基地作为支撑。马汉通过对英国海上霸权历史的研究认为，18 世纪的英国之所以成为世界海权强国，一个重要的因素是它控制了英吉利海峡、直布罗陀海峡以及相当数量的海上据点。从这一点考虑，美国为了保持海上贸易运输航线畅通和建立美国的海权，不仅要发展强大的海军，还要获取海外基地。能否建立众多的海外基地事关美国建设海洋强国的成败。

美国获取海外战略要点的一个重要目标就是夺取太平洋上的岛屿。1893 年，美国政府派出海军陆战队控制了夏威夷群岛，为海外扩张夺得了第一个战略要地。1895 年，美国占领了马里亚纳群岛中的威克岛。1898 年，美国通过美西战争，获取了对菲律宾、波多黎各、关岛的统治权。1899 年，美国又廉价购得太平洋上的马绍尔群岛、加罗林群岛等近千个大小岛屿。利用这些岛屿，美国建设了海军基地，以此为海军和商船队提供煤、水等物资保障，为海军海外行动提供了必需的保障①。

通过十多年的努力，美国探索了建设海洋强国的方法，明确了建设海洋强国的努力方向。19 世纪末，美国已经上升为世界第一经济强国。此外，美国海军实力也有了较大提高。从 1890 年到 1900 年的 10 年间，美国共有 15 艘一流的战列舰下水，美国的海军实力也从 1880 年的世界第 12位跃升为第 3 位，仅次于英国和法国。综合来看，一个面向拉美和太平洋的海洋强国雏形正在形成。

二 发展（1901～1921 年）：建成区域性海洋强国

从 1901 年开始，到 1921 年华盛顿会议召开为止，美国进入建设海洋强国的发展阶段。这一时期，随着建设海洋强国进程的向前推进，美国地

---

① 伍其荣:《美国海军转型研究》，海潮出版社，2006，第 49 页。

缘政治环境趋于复杂。在拉丁美洲，不仅欧洲列强竭力维持其影响，而且美国独霸美洲的企图造成其同美洲各国关系的恶化①。在欧洲，英国日趋衰落但影响仍强，英德争夺全球势力范围的斗争激烈，爆发了第一次世界大战。在亚洲，日本对太平洋的控制日趋加强，日本成为美国在远东的战略竞争对手。美国要想取得更高、更大的建设海洋强国目标，必须逐一破解这些地缘政治问题，积累资本，为最终突破奠定基础。

这一阶段，美国建设海洋强国的主要策略和举措如下。

一是实施"大棒政策"与"金元外交"，强化对美洲特别是拉丁美洲的控制。随着美国经济实力的强大，美国对拉丁美洲控制的欲望也进一步增强。为此，美国以"门罗主义"为幌子，大肆干涉拉美国家内政，企图把"美洲变成美国人的美洲"。为达成这一目的，美国采取了武力威胁拉美国家的方式，即"大棒政策"。罗斯福的名言"说话要温和些，但手中应握有大棒"集中反映了这一策略。1909 年，威廉·塔夫脱总统为更好地推行门罗主义，排挤欧洲列强在拉美的经济影响，提出了"金元外交"政策，主张以金元为手段，扩大在拉美国家的投资和贷款，以达到占领拉美市场和控制拉美国家的双重目的。

二是开通巴拿马运河，谋求两洋协同。美国获取海外战略要点的另一个目标是修建和控制巴拿马运河。美国是一个两洋国家，美国海外贸易既面向大西洋，也积极拓展太平洋，美国海军活动也在两洋进行。然而，美洲大陆却将大西洋与太平洋阻隔。美西战争期间，"美国大型战舰'俄勒冈号'为了支援在古巴的美军，航行了 147000 英里，历时 68 天，从皮吉特湾穿过麦哲伦海峡到达基韦斯特"②。据此，美国人充分认识到修建地峡运河缩短舰船两洋互通航行时间的重要意义。1903 年，罗斯福在巴拿马攫取了运河区，并控制了巴拿马运河的开凿权。此举有力地控制了加勒比海地区，为"两洋协同"创造了条件。

---

① 王玮、戴超武：《美国外交思想史 1775—2005 年》，人民出版社，2007，第 233 页。
② 〔美〕乔治·贝尔：《美国海权百年：1890—1990 年的美国海军》，吴征宇译，人民出版社，2014，第 30 页。

三是维护"门户开放"政策。美国提出"门户开放"政策，虽然避免了与英、德、俄、法、日、意等国的直接冲突与交锋，但并没有消除与相关国家的利益矛盾。与美国相比，俄国、日本在中国拥有明显的地缘优势。俄国、日本竭力发展和维护其在中国的利益，成为"门户开放"政策的挑战者。日俄战争之前，美国的主要对手是俄国，俄国在中国东北的扩张威胁到美国的"门户开放"政策。面对俄国的挑战，美国既无力也不想以武力去保证"门户开放"政策的实行，只能利用列强间的制衡关系来保全对美国有利的均势，以维护自身的利益。日俄战争中，美国为了制衡俄国，支援日本对俄作战。日俄战争后，日本在中国的势力范围迅速扩大，成为美国新的竞争对手。面对日益激烈的日美矛盾，美国一方面派出"大白舰队"进行武力威慑，另一方面进行外交协商与抗议。由于日本与英国结成同盟，加之其与法国、俄国达成谅解，美国在远东的外交地位陷入孤立。1909 年后，美国政府在中国推行"金元外交"，企图通过加大在中国的投资强化"门户开放"政策。然而，无论是企图"挤进湖广铁路借款"，还是力图实现"满洲铁路中立化"，美国均未达到预期目的，相反促成了日俄两国的联合。1914 年 9 月，日本打着对德宣战的名义，出兵中国山东。美国"门户开放"政策至此彻底失败。

四是参与第一次世界大战并提出"国际联盟"设想。第一次世界大战后，美国总统威尔逊提出"国际联盟"设想，企图构建以"贸易自由""民族自治""国际联盟"为核心的新的国际体系，对于解决欧洲列强的矛盾具有积极作用，威尔逊也因此获得诺贝尔和平奖。尽管这一设想最终被美国国会否决，但其为美国最终成为全球性强国找到了一种新的思路。

五是持续争夺海上力量优势。这一时期，由于美国几任总统均十分重视海军，美国海军发展开始进入快车道。西奥多·罗斯福总统曾任海军部次长，是马汉海权论的狂热崇拜者，积极鼓吹海军对于维护美国国家利益的重要性。他担任总统后，迅速推行"大海军政策"，加快了美国海军建设的步伐。在罗斯福之后的塔夫脱总统，坚持罗斯福总统发展海军的政策，确保海军建设发展势头不减。1916 年，威尔逊总统提出了建设"世界上最强大的海军"的目标，并通过了"海军法案"和"国防法"，通过完善制度确保海军建设发展。

到 1908 年，美国已经建成了一支拥有 29 艘新型战列舰、总吨位达 61.1 万吨的海军，实力仅次于英国，居世界第 2 位。1916 年，美国颁布"海军法案"，计划在三年之内完成 156 艘舰艇的建设计划，其中包括 10 艘战列舰、16 艘巡洋舰、50 艘驱逐舰以及 67 艘潜艇①。

美国在快速发展自身海上力量的同时，也开始限制他国海军发展。第一次世界大战后，列强之间新的矛盾突出表现在英、美、日三国的海军竞赛上。英国企图继续保持海上霸权。日本也竭力扩大海军规模，以确保对太平洋的控制。为此，美国一方面加紧发展海军，另一方面也试图通过条约来限制他国海军发展。美国于 1921 年 11 月邀请英国、法国、日本、意大利等 9 国在华盛顿召开会议，讨论停止军备竞赛、限制海军发展的问题。1922 年 2 月 1 日，美、英、日、法、意签订了《五国海军条约》，规定五国主力舰吨位比例分别为 5∶5∶3∶1.75∶1.75。通过该条约，美国进一步确保了海上优势地位。

六是积极运用海军。为了向世界显示美国的国力和海军实力，在罗斯福总统的授意下，美国海军成立了"大白舰队"，于 1907 年 12 月至 1909 年 2 月进行了环球航行。这支舰队由 16 艘战列舰和 10 艘辅助舰船组成，巡航航程 4.6 万海里，显示了美国海军具有远洋进攻能力。美国不仅重视运用海军实施威慑，还积极运用海军打赢战争。第一次世界大战期间，美国海军舰船为协约国船只伴随护航。1917 年 5 月以后，美国派出数量众多的驱逐舰为英国商船护航。"从英军位于地中海的军事基地到苏格兰，一路都可见美国驱逐舰的身影……这些美国驱逐舰顺利地成了英国海军防卫力量中的一部分。"②

---

① 〔美〕詹姆斯·M. 莫里斯：《美国海军史》，靳绮雯、蔡晓惠译，湖南人民出版社，2010，第 98 页。
② 〔美〕詹姆斯·M. 莫里斯：《美国海军史》，靳绮雯、蔡晓惠译，湖南人民出版社，2010，第 100 页。

从 1901 年至 1921 年的 20 年间，美国海外扩张的动力持续增强，美国经济持续发展。在 20 世纪的头十年，美国经济以巨大的冲力向前发展。1900 年，美国钢的总产量为 1018.8 万吨，是英国的两倍。到 1913 年，美国的钢产量几乎与德、英、俄、法四国产量的总和持平，达到 23180 万吨。美国铁的产量由 1900 年的 1379 万吨增加到 1913 年的 31460 万吨，比德、英、法三国的总和还要多。同一时期，美国煤的产量由 2.44 亿吨增加到 5.17 亿吨。美国在采矿、运输、造船、农业、机械制造等方面的发展效率很高，尤其是新型工业（造纸、印刷、化学和石油工业等）发展更为迅猛。原油产量由 1900 年的 5300 多万桶增加到 1910 年的 2.09 亿桶。石油工业及橡胶工业的进一步发展，为美国发展汽车制造工业提供了物质基础。1900 年，美国几乎没有汽车工业，但仅经过 3 年时间便已取代法国居世界领先地位。美国对外贸易在 20 世纪的头 10 年发展也很快，出口总值从 1900 年的近 14 亿美元，增加到 1914 年的近 25 亿美元，进口总值在同期也从 8.5 亿美元增加到 18 亿美元。此外，美国的资本输出也从 1900 年的 5 亿美元发展到 1914 年的 35 亿多美元，增长了 6 倍多，其中约有半数投资在拉丁美洲，其余分散在欧洲和远东①。到 1914 年第一次世界大战爆发时，美国的经济总量已经超过了英国、德国、法国，达到这几个国家的总和，这使得美元的地位日益突出，而原来最具有影响力的国际货币英镑的地位日益下降。第一次世界大战后，美国更是成为世界经济巨人。美国占据世界石油产量的 70%、煤产量的 40%。工业制造品产量占世界的 46%，超过英、德、法、俄、意、日六国产量的总和。美国取代英国，成为世界金融中心与最大的贸易国②。尽管此时美国的影响力仍然有限，但美国已经建成了控制美洲、面向两洋的区域性海洋强国。

三　崛起（1922～1945 年）：建成全球性海洋强国

20 世纪 20 年代以后，美国不仅通过第一次世界大战迅速提升了综合

---

① 蔡祖铭：《美国军事战略研究》，军事科学出版社，1993，第 64～65 页。
② 李庆余：《美国外交史——从独立战争至 2004 年》，山东画报出版社，2008，第 101 页。

实力，而且借助于第二次工业革命成果持续促进生产效率不断提高。1922年至1928年，美国进入"柯立芝繁荣"时期。其间，工业生产增长了70%，国民生产总值增长了40%，人均收入增长了30%。建筑业与制造业以及汽车、无线电和航空等新兴工业发展速度尤其快，美国社会空前繁荣。1929年，国民生产总值首次突破1000亿美元。出口总值从1914年的近25亿美元，增加到1929年的54亿美元。美国私人在海外的投资从1914年的35亿美元上升到1930年的172亿美元，仅20年代，美国在欧洲的投资就增加了两倍①。

相比较之下，英国则日益衰退。在第一次世界大战中，英国战争开销巨大。战前，英国的财政预算基本上不超过2亿英镑，但战争期间，其战争费用支出剧增，1916财政年度即达到15.59亿英镑，随后三年进一步增加，年均达到24.91亿英镑，英国在历时四年零三个月的战争中共花费近百亿英镑，加之战争期间国民收入下降，英国债务迅速增大②。战前，英国是美国的债权人，美国欠英国4亿多英镑；战后，这种关系发生了变化，美国成为英国的债权人，英国欠美国8.5亿英镑，仅这一项就是战前英国总外债的2倍多。除此以外，英国在战争期间还向俄国、法国、意大利等欧洲大陆盟国提供了许多贷款，到战争结束时，俄国欠英国7.57亿英镑，法、意两国分别欠英国7亿英镑左右。战后，这些国家或者因经济困难，或者因政局动荡，迟迟不履行还债义务，苏俄甚至还将英国的债务一笔勾销，使英国损失惨重，财政状况进一步恶化。

与此同时，德国、意大利、日本等国走上了对内独裁、对外武力扩张的道路。法西斯势力恶性膨胀，对世界秩序构成严峻挑战。英、法等国实施绥靖政策，最后无力应对法西斯轴心国的挑战。

这一时期，美国建设海洋强国既面临更多有利的条件，也面临更加严峻的挑战，美国的战略决策与行动对于美国能否成为海洋强国至关重要。

---

① 王玮、戴超武：《美国外交思想史1775—2005年》，人民出版社，2007，第286页。
② 柏来喜：《代价高昂的胜利——浅析英国在第一次世界大战中的经济损失及其影响》，《兰州学刊》2008年第2期。

着眼于建设全球性海洋强国，美国政府不断调整思路，积极应对新的挑战，主要行动如下。

一是改变孤立主义政策。孤立主义是美国传统的外交政策。建国之父华盛顿曾告诫美国人："欧洲的一系列的根本利益或与我们无关或与我们关系非常微小。因此，欧洲肯定会经常陷入纠纷，而这些纠纷的原因实质上与我们无干。"①在这之后，美国人长期奉行这一政策。第一次世界大战期间，由于欧洲战争损害了美国的利益，美国不得不参战。虽然它避免采取结盟的方式，但它实际上是站在英法一方而对德奥一方作战。这就打破了它长期坚持的孤立主义原则，卷入欧洲大国的纠纷。从美国自身实力和战略利益考虑，在战争快要结束时，威尔逊总统提出了建立"国际联盟"的构想，并为之奔走呼号。然而，由于美国的影响力尚未达到"振臂一呼，众望所归"的程度，加之英法等欧洲列强的阻挠以及国内孤立主义政治势力的反对，威尔逊这一宏伟构想最终并未能如愿以偿。第一次世界大战后，美国政府将主要精力用在解决国内问题上，解决了国内存在的大量矛盾，摆脱了几次危机造成的重大威胁，不仅稳定了国内秩序，而且进一步增强了美国国力，为其主导全球事务奠定了坚实的基础。当德、日、意等法西斯对世界和平构成威胁并损害美国利益时，美国人开始改变孤立主义政策，放弃《中立法案》，采用《租借法案》，逐步介入欧洲事务，最终企图凭借其强大的经济、军事实力参与世界事务，让世界按照美国的价值理念和规则运行。

二是参加并主导第二次世界大战。在大西洋方向对德作战，在太平洋方向对日作战。美国参加第二次世界大战并在后期发挥主导作用，帮助同盟国战胜了轴心国，不仅进一步提升了自身实力，客观上也维护了世界正义与和平，提升了美国的战略影响力。

三是建设以航母为核心的海军。1922年的《五国海军条约》虽然使美国取得了与英国同样的海军强国地位，但也制约了包括美国在内的主要国家

---

① 熊志勇等：《美国的崛起和问鼎之路——美国应对挑战的分析》，时事出版社，2013，第3~4页。

的海军发展。从 1922 年至 1933 年，美国海军建设并无大的进展，海军建设费用大幅削减甚至已经下拨的费用被收回①。然而，这一时期，美国海军中的一支特殊力量却发展起来，这就是海军航空兵。受意大利朱里奥·杜黑"制空权"理论的影响，美国海军尝试将飞机装备至舰船。20 世纪 20 年代，航空母舰"兰利号"诞生，"莱克星顿号"和"萨拉托加号"也随之而来。1926 年至 1930 年，美国海军共购买了 100 多架飞机②。1933 年后，富兰克林·罗斯福总统鉴于应对德国、日本海上挑战的需要，决定加大海军投入。1935 年，美国国会拨出一笔款项，开始了 24 艘驱逐舰和 12 艘潜艇的建造。1936 年国会追加投资建造了 2 艘轻型巡洋舰、15 艘驱逐舰和 6 艘潜艇。1938 年，国会通过了文森法案，即"20% 海军扩张法案"，批准美国海军增加 20% 的舰艇。1939 年，国会继续向海军拨款。到 1939 年 7 月，美国海军有了一个飞跃式发展，拥有 372 艘舰艇，其中包括 15 艘战列舰、5 艘航空母舰、37 艘巡洋舰、221 艘驱逐舰以及 94 艘潜艇，总吨位达到 127.729 万吨。此外还有 77 艘舰艇正在建造中（总吨位为 45.888 万吨），其中包括 8 艘战列舰、2 艘航空母舰、4 艘巡洋舰、43 艘驱逐舰和 20 艘潜艇③。在这之后，美国海军建设费用继续增加。"美国海军仅 1940 年一年获得的拨款比日本海军十年的建造支出还要高。"④ 战争过程中，美国舰船和飞机制造能力更是得到充分的体现。珍珠港事件爆发前，美国海军共拥有舰船 4500 艘，到 1945 年底，已经拥有各型舰船 9.1 万艘。1941 年，美国的商船只有 100 万吨，到 1943 年就迅速达到了 1900 万吨的高峰⑤。战争结

---

① 〔美〕詹姆斯·M. 莫里斯：《美国海军史》，靳绮雯、蔡晓惠译，湖南人民出版社，2010，第 111 页。
② 〔美〕詹姆斯·M. 莫里斯：《美国海军史》，靳绮雯、蔡晓惠译，湖南人民出版社，2010，第 111~114 页。
③ 〔美〕詹姆斯·M. 莫里斯：《美国海军史》，靳绮雯、蔡晓惠译，湖南人民出版社，2010，第 122 页。
④ 〔美〕乔治·贝尔：《美国海权百年：1890—1990 年的美国海军》，吴征宇译，人民出版社，2014，第 193 页。
⑤ 熊志勇等：《美国的崛起和问鼎之路——美国应对挑战的分析》，时事出版社，2013，第 344 页。

束时，美国拥有全球实力最强的海军，包括 1200 艘大型军舰，其中以数十艘航空母舰为核心组成作战舰队。

战争使欧洲满目疮痍，使日本成为战败国，也使中国付出巨大代价，但战争却推动了美国经济的发展。美国国民生产总值从 1939 年的 866 亿美元增长到 1945 年的 1350 亿美元①。1939 年以前，美国还只是世界诸大国中的一个。第二次世界大战后，美国无论是政治、军事还是经济，都是世界上最强大的。作为资本主义强国，美国开始扮演世界霸主角色。

第二节　美国海洋强国地缘政治效应的表现形式

从美国建设海洋强国的历史演进来看，其主要与三类国家构成地缘政治关系。一类是守成海洋强国，主要是英国、法国、西班牙等老牌殖民统治国家；另一类是同时期建设海洋强国的国家，主要是德国、日本以及苏联（俄国）等；还有一类是被殖民或被压迫的国家，主要是拉美新独立的小国以及中国等。美国建设海洋强国，导致其与这些国家的地缘政治利益格局不断发生变化，从而产生特殊的地缘政治反应，形成多种地缘政治效应。

一　外向驱动效应：持续增大

美国建设海洋强国产生了十分明显的外向驱动效应，体现在相关地缘政治国家对美国海外扩张战略意图与行动的认同支持，而美国建设海洋强国的地缘政治环境也得到改善，海外市场不断拓展，海外投资贸易迅速扩大，海外军事行动敏感性逐步降低。

（一）获得相关地缘政治国家的认同支持

美国建设海洋强国，在战略空间的选择上首先是控制美洲，其次是经

---

① 熊志勇等：《美国的崛起和问鼎之路——美国应对挑战的分析》，时事出版社，2013，第 55 页。

略太平洋，再次是拓展大西洋。在以上战略空间，美国面对的地缘政治国家包括拉丁美洲国家、日本、俄国、中国以及英、法、德等老牌殖民国家。面对美国的海外贸易扩张，这些地缘政治国家根据自身利益需要，采取相应的态度与措施。其中，拉丁美洲国家、中国、英国等主要地缘政治国家给予了认同和支持。

　　拉丁美洲国家期望借助美国摆脱欧洲列强的殖民统治，因而对美国不断强化的存在表示支持。1823 年 12 月，美国总统门罗提出了"门罗主义"，反对欧洲国家压迫或以任何其他方式控制拉美国家的命运①。美国这一政策的根本目的是防止欧洲大国干预拉美国家而影响美国安全利益，但因其符合拉美国家谋求独立的愿望，因而受到广泛的好评。这为 19 世纪末美国向拉美地区进行商业扩张奠定了较好的民意基础，在很大程度上得到广泛响应。另外，美国对拉美国家的投资也在一定程度上赢得了拉美国家的好感。1889 年 10 月 2 日，由美国倡导的泛美会议在华盛顿召开②。这次会议为美国经营南美提供了新契机。

　　中国的清政府企图借助美国维持自身统治，因而对美国的"门户开放"政策抱有幻想。美国于 19 世纪末和 20 世纪初提出并推行"门户开放"政策，其目的在于保护和发展美国在华利益，但这是以保全清政府存在为前提的。美国认为只有保证中国的稳定，才能保护和发展美国在华利益。如果没有完整的中国主权，"门户开放"的意义和价值也就大打折扣。为此，美国竭力反对列强分裂中国。由于美国政策对清朝政府巩固政权有利，因而"清政府从中央到地方也都对美国怀有好感，幻想依靠美国来维持自己的统治和领土完整"③。此外，美国对孙中山的革命活动也采取了观望的态度。美国退还"庚款余款"以培养留美学生的做法也在一定程度上缓和了其与清政府的矛盾。

<hr>

① 熊志勇等：《美国的崛起和问鼎之路——美国应对挑战的分析》，时事出版社，2013，第 18 页。
② 王玮、戴超武：《美国外交思想史 1775—2005 年》，人民出版社，2007，第 159 页。
③ 王玮、戴超武：《美国外交思想史 1775—2005 年》，人民出版社，2007，第 225 页。

英国作为守成海洋强国不愿意看到美国的崛起，但由于国力持续衰败以及两次世界大战实力消耗巨大，最终只能无奈选择认同与支持。长期以来，英国对美国并不友好。1783 年 9 月 3 日，经过 8 年战争，英国被迫与美国签订《巴黎和约》，正式承认美国独立。美国独立后，英国对美国采取敌对态势，经常无视美国的主权，随意扣留美国商船、强征水手加入皇家海军、侮辱美国船员，导致双方矛盾、冲突不断。英美关系急剧恶化，并在 1812 年至 1815 年爆发了第二次美英战争。此次战争，美国虽然在大湖地带、普拉茨堡以及新奥尔良取得了军事胜利，但总体上损失惨重，不但首都的一半化为灰烬，白宫、国会大厦和其他政府大楼也被烧毁。双方于 1814 年圣诞节前夜在比利时根特市签订《根特和约》，同意结束战争。根据这一条约，"美国放弃了要求英国杜绝强征入伍和割让加拿大的主张，英国也不再要求在西北建立印第安后备州并支持小地区独立"①。自此，英美结束敌对状态。在这之后，双方因俄勒冈问题、英国在内战中支持南方等问题时有龃龉。19 世纪末期，美国开始向拉丁美洲扩张，因委内瑞拉危机再次与英国产生矛盾冲突。但这一危机最终也得到较为圆满的解决。此后，两国关系走向缓和。20 世纪初，基于复杂的国际竞争背景以及英国实力的衰落，英国对其外交政策进行调整，将其主要力量聚焦于欧洲，英美重建友好关系，英国逐步认同并支持美国建设海洋强国②。

（二）海外投资、贸易总额迅速增长，综合实力逐步增强

扩大海外市场、拓展海外贸易、解决产能过剩是美国建设海洋强国最主要的战略目标。围绕这些目标，美国通过改革关税③、政府服务、外交支持等措施，先后占领了拉美市场，挤进了中国市场，并继续保持与英、法、德、日等多个国家的贸易联系，形成良性循环，促进美国综合国力不

---

① 〔美〕艾伦·布林克利：《美国史（1492—1997）》（上册），邵旭东译，海南出版社，2014，第 214 页。
② 李庆余：《美国外交史——从独立战争至 2004 年》，山东画报出版社，2008，第 67～69 页。
③ 徐弃郁：《帝国定型——美国的 1890—1900》，广西师范大学出版社，2014，第 31～38 页。

断增强。

美国对拉丁美洲国家的投资、贸易自 19 世纪末期开始迅速增长。
1899 年，美国对拉丁美洲的投资总额只有 3.08 亿美元，1913 年便增加到
12.4 亿美元[1]，至 1928 年则增加到 49 亿美元。其中，仅就贷款来说，
1914~1928 年，美国向拉丁美洲各国贷款 191 次，共达 20 亿美元[2]。在对
拉丁美洲贸易方面，美国与该地区贸易额增长更快。1822 年，美国与拉
丁美洲（巴西除外）的贸易总额只有区区 2600 万英镑，远比英国少。
1913 年增加到 7.43 亿美元。此后增速加快，1919 年增至 30 亿美元，与
1913 年相比增加了 3 倍多。1928 年，美国占整个拉丁美洲进口总值的
37.7%，占出口总值的 34.4%，同年英国只占出口总值的 16.3%、进口
总值的 19.2%。这一时期，美国航行南美洲的船只同样大为增加，如到达
布宜诺斯艾利斯的美国船只，1913 年没有一艘，1914 年 6 艘，1915 年 73
艘，1916 年 140 艘，1917 年 151 艘，1919 年则达到 335 艘[3]。

中国市场是美国海外扩张梦寐以求之地。19 世纪末期，美国对中国
的贸易虽然规模并不大，但增长速度相当快。1898 年美国对中国（不包
括香港）的出口额约为 1000 万美元，1899 年为 1400 万美元，只占美国出
口总额的 1% 左右，但从 1890 年到 1900 年这十年间，美国对中国出口却
实现了 200% 的增长，而制成品对中国的出口在 1895 年到 1900 年更是实
现了 400% 的惊人增长[4]。对于棉花、煤油等行业来说，对中国的出口在
19 世纪 90 年代末已经获得巨大利益。1887~1897 年，美国向中国的棉花
出口量增加了 121%，出口额增加了 59%，占中国棉花进口总量的份额也
从 1887 年的 22.3% 上升到 1897 年的 33%。中国成为美国棉花出口的最大
市场，占其出口总额的 50%[5]。第一次世界大战期间，美国对华贸易额剧
增，一跃超过英国成为仅次于日本的中国第二大对外贸易国。据统计，

① 李春辉：《拉丁美洲史稿》（上册），商务印书馆，1983，第 232 页。
② 李春辉：《拉丁美洲史稿》（上册），商务印书馆，1983，第 246 页。
③ 李春辉：《拉丁美洲史稿》（上册），商务印书馆，1983，第 246~247 页。
④ 徐弃郁：《帝国定型——美国的 1890—1900》，广西师范大学出版社，2014，第 198 页。
⑤ 徐弃郁：《帝国定型——美国的 1890—1900》，广西师范大学出版社，2014，第 145 页。

1914 年中美间贸易额仅为 8100 余万两，1916 年则增至 12500 万两之多，1917 年中美间贸易额又增至 15500 万两，比 1914 年增加了 93%①。

虽然美国与拉丁美洲、中国的投资与贸易迅速发展，但欧洲仍是美国的主要投资与贸易地区。英国是美国最大的贸易伙伴。第一次世界大战期间，美国政府以中立外交为名，鼓励大企业和大商人以供应战争物资的方式向交战双方提供信贷。美国与英、法贸易迅速扩大。1914 年，美国对英、法的出口为 7.54 亿美元，1915 年猛升到 12.8 亿美元，1916 年为 27.5 亿美元，为 1914 年的近 4 倍。② 1914 年到 1917 年，美国的军火出口从 600 万美元增加到 8 亿美元。美国从债务国变成债权国，海外市场迅速扩大③。

（三）海军发展获得了外在需求

海军发展是建设海洋强国过程中最为敏感的内容。美国建设海洋强国过程中，海军的建设发展基本没有引起相关地缘政治国家的强烈反对。不仅如此，两次世界大战期间，美国海军还出现了来自英、法等国巨大需求的情形。

第一次世界大战前期，美国保持中立没有参战，但 1916 年颁布的海军法案中"计划三年之内完成 156 艘舰艇的建设"④，表明美国已经开始为参与对德作战做准备。1917 年 4 月 6 日，美国总统威尔逊宣布加入协约国一方并对德开战。此时美国海军还处于建设时期，对于大型战争准备极不充分，然而美国海军已有驱逐舰还是很快加入护航行动，对德军潜艇实施牵制。美国海军参与第一次世界大战，与英国海军并肩作战，大大减轻了英国对美国发展海军的疑虑，为美国海军发展创造了良好的外部环境。

建立一支具有强大威慑能力的海军是美国长期以来追求的目标。一战

---

① 王玮、戴超武：《美国外交思想史 1775—2005 年》，人民出版社，2007，第 260 页。
② 李庆余：《美国外交史——从独立战争至 2004 年》，山东画报出版社，2008，第 90 页。
③ 王玮、戴超武：《美国外交思想史 1775—2005 年》，人民出版社，2007，第 262 页。
④ 〔美〕詹姆斯·M. 莫里斯：《美国海军史》，靳绮雯、蔡晓惠译，湖南人民出版社，2010年，第 8 页。

结束时，美国还只有 16 艘主力舰，同英国的 42 艘主力舰相比有较大的差距。为此，美国提出了新一轮造舰计划，力求在主力舰数量上赶上英国。美国对英国海上霸主地位的挑战，引起了英国的恐慌，当时英国首相劳合·乔治甚至宣称，英国将花掉最后一个金币使其海军优于美国或其他国家①。1921 年，英国政府宣布了扩充海军计划。日本也做出反应，于 1920 年通过新的造舰计划，计划到 1927 年时拥有 27 艘主力舰。

　　面对日趋激烈的海军竞赛，美国海军建设一度面临国内和平力量的反对。为此，美国于 1921 年 8 月向英国、日本、法国、意大利、荷兰、比利时、葡萄牙以及中国发出邀请，提议在华盛顿召开限制军备的国际会议，并讨论有关远东和太平洋事务的问题。会上，美国国务卿休斯提出"各国停止建造主力舰 10 年，削减已经建成和正在建造的主力舰 200 万吨"的倡议，还建议"美、英、日三国按照 5∶5∶3 的比例限制主力舰最高吨位"。此举表明，尽管当时美国海军还没有形成压倒英国、日本的绝对优势，但其已经具备一定的影响各国海军发展的能力。

　　第二次世界大战爆发使美国获得了发展全球性海军的巨大外在动力。1933 年后，世界局势日益紧张，欧洲、地中海以及远东地区法西斯势力不断发展，新的世界大战开始孕育。为应对战争，美国开始了大规模发展海军计划。从 1933 年至 1939 年，美国国会连续通过多项法案和拨款，加强军舰建设。到 1939 年 7 月，美国海军已经拥有了 373 艘舰艇。在六年多的时间里，美国海军舰艇的总吨位增加了 25%，并且对原有的舰艇进行了现代化改造，很快建成了更为均衡、拥有航速更快、火力更猛战舰的强大舰队②。美国发展海军的所有这些行动，没有遭到任何阻力，特别是没有遭到英国、法国的反对。基于共同反抗法西斯的需要，英法等国需要美国的军事支持。1939 年底和 1940 年初，德国相继攻陷波兰、芬兰、丹麦、挪威、荷兰、比利时和法国，英国本土陷入困境。为此，同盟国向美国求

---

① 王玮、戴超武：《美国外交思想史 1775—2005 年》，人民出版社，2007，第 283 页。
② 〔美〕詹姆斯·M. 莫里斯：《美国海军史》，靳绮雯、蔡晓惠译，湖南人民出版社，2010，第 122 页。

援。为帮助英国，富兰克林·罗斯福和英国首相温斯顿·丘吉尔签订了一份"驱逐舰协议"。该协议中美国同意交付英国50艘老式驱逐舰以缓解英国海军兵力不足的问题，但英国要以美国使用西半球的八个海空军基地作为交换。美国正是借助第二次世界大战，一跃成为全球海洋军事霸主。

二　机会窗口效应：多次出现

美国建设海洋强国时，正值欧洲列强为争夺殖民地和势力范围而大打出手，被殖民地国家和人民奋起反抗殖民统治，工业革命持续发展，与此同时，海洋霸权国家英国日趋衰落。不断变幻的地缘政治形势，给美国建设海洋强国带来了一些挑战，但同时也提供了诸多机遇。美国政府持续把握、利用这些机遇，形成了促进建设海洋强国向前推进的积极效应。

（一）获得了较长时期的发展海上力量的和平稳定环境

从建设海洋强国的起步、发展和崛起三个阶段来看，美国始终拥有和平稳定的战略环境，基本没有遇到重大的阻力和挑战。

首先，英国作为守成海洋强国，最终放弃了阻挠美国走向海洋的企图，英美之间避免了在海上发生正面战争。美国通过独立战争，摆脱了英国殖民统治。美国独立后，英国不甘心失败，伺机卷土重来，最终于1812～1814年爆发第二次英美战争。1845～1846年，英美两国围绕俄勒冈的冲突也几乎走到战争边缘。在美国内战期间，英国曾计划支持南方以遏制美国的崛起，并以此加强对加拿大的防卫。在这之后，美英矛盾持续存在，美国一直被英国视为敌对国家。可以说，在19世纪的大多数时间里，英美关系都处于激烈对抗甚至剑拔弩张的状态。美国走向海洋，必将对英国海洋霸主地位构成挑战，毫无疑问会迫使英国采取遏制措施。从19世纪末期开始，随着美国在拉丁美洲进一步推行"门罗主义"，美英战略竞争与对抗加剧。1895～1897年，美英之间因委内瑞拉边界问题发生了自美国内战以来最激烈、最直接的一次对抗。但这一场危机"有惊无险"，最终英国做出了让步，双方以和平方式解决矛盾。危机结束后，英国转而支持美国向海洋扩张。

其次，日本、德国与美国属于同期向海洋扩张的国家，但其尚不具备与美国进行战争的能力。在美国建设海洋强国的同时，日本、德国也在向海洋扩张。美国与日本、德国不仅争夺市场，而且争夺海洋控制权。然而，第一次世界大战前，美国与德国没有发生战争。第二次世界大战中的"珍珠港事件"前，美国与日本也没有正面交锋，这也为美国提供了较长的建设海洋强国的和平稳定环境。德国、日本等国虽然与美国存在竞争冲突，但在两次世界大战之前，德国、日本都是美国重要的贸易伙伴，这也在一定程度上降低了双方发生战争的可能性。

总体来看，美国在建设海洋强国过程中较少受到海洋强国牵制。其他一些地缘政治国家同样对美国构不成巨大威胁，甚至没有形成任何阻力。

（二）获得了多个提升战略影响力的机会

美国建国历史短暂，影响力有限，要想在当时"社会达尔文主义"大行其道的国际社会中表达自己的意志、争得相应的海洋利益，就需要不断展示自己的实力，增强战略影响力。一般来说，战争是实现这一目的的一种方式。然而，采取战争方式受到美国国内政治的制约，更何况战争必将造成巨大的人员伤亡和物资消耗，因而总体上看，这没有成为美国政府的首选。在与英国、西班牙等老牌殖民统治者的博弈中，美国"兵不血刃"地战胜了对手。而两次世界大战更是为美国提供了难得的展示实力、提升威信的机会。

一是通过有力的危机管控迫使英国承认美国在美洲的地位。在1894年4月发生的尼加拉瓜"莫斯基多印第安人保留地"事件中，美国对英国采取强硬政策，迫使英国做出让步，最终美国取代英国成为尼加拉瓜"莫斯基多印第安人"的保护者。在1895年1月至1897年1月的委内瑞拉危机中，美英两国针锋相对，美国为此不惜动用武力，双方几乎走到战争边缘。通过这一危机，英国真正认识到美国的实力及其控制拉美地区的决心，从而做出让步。危机以和平方式解决，美国与海上霸权国家英国之间的关系得到很好的协调，自此，"英国这一潜在的敌对方迅速转变成一个潜在的合作者，美国崛起过程中最大的外部威胁就此消除了"①。

二是通过美西战争提升了在美洲的战略影响力。美国建设海洋强国，在南美洲与亚洲两地与西班牙出现了地缘政治利益的矛盾。面对美国的扩张行动，西班牙采取了遏制行动，美国为此发动美西战争。美西战争是一场"小而辉煌的战争"②。作为一个独立仅百年的国家，美国敢于与老牌殖民国家较量并取得了胜利，其获得的利益不仅在于战胜了对手，迫使西班牙让步，还在于美国影响力在美洲乃至全球迅速提升。

三是通过两次世界大战成为全球性海洋强国。两次世界大战都为美国建设海洋强国提供了难得的机遇。两次世界大战，美国开始都置身事外，并且利用战争进行武器贸易，获得了快速提升政治、经济、军事实力的机会。比如，第二次世界大战期间，罗斯福明确表示美国要成为"民主国家的伟大的兵工厂"，美国军火生产企业高速运转，为美国带来巨大利润。1939年，美国战争物资生产占全部生产的2%，1941年达到10%，1943年达到40%③。战争后期，在交战双方精疲力竭、难以为继时，美国参与战争，坐收渔利，既保护了自己的战略利益，也促使美国迅速成为全球强国。

（三）获得了多个夺占和控制海外战略要点的机会

美国人认为，实施海外扩张，一个前提条件是必须拥有海外基地。美国根据其海外扩张的总体部署，对海外战略要点进行了规划，并力图控制这些要点。从实际效果看，美国比较容易或者说十分顺利地夺占并控制了这些战略要点，这极大地改变了美国的自然地理条件与地缘政治态势，为

① 徐弃郁：《帝国定型——美国的1890—1900》，广西师范大学出版社，2014，第103页。
② 王玮：《美国对亚太政策的演变1776—1995》，山东人民出版社，1995，第113页。
③ 胡才珍、左昌飞：《论罗斯福的德国政策对德美历史巨变的影响》，《江汉大学学报》2007年第6期。

美国海外扩张奠定了基础。比如，萨摩亚群岛位于南太平洋，战略地位十分重要，是连接美国与远东及新西兰和澳大利亚贸易的战略枢纽。美国从19世纪70年代起就企图对其实施控制。但此时英、德两国也对该战略要地虎视眈眈。为了达到目的，美国与英、德两国展开激烈争夺，由此一度引发三国军舰相互对峙。1889年4月，通过谈判，形成了美、英、德三国共管的局面，但这显然不是美国所要达到的目的。1898年美西战争后，美国夺取了菲律宾和关岛，加强了在太平洋上的力量，萨摩亚问题的解决迅速朝着有利于美国的方向发展。1899年11月，英国退出竞争。12月2日，美德签署瓜分萨摩亚协议，美国获得萨摩亚的帕果－帕果港，为其海上运输提供了战略支撑基地。

此外，美国无论是获得对菲律宾、关岛、夏威夷等战略要地的控制，还是获得巴拿马运河开凿权，都比较顺利。从美国获得海外战略要点的过程来看，其代价小、成本低，但效益高，美国把握住了相应的机遇。

三　陆海互利效应：贯穿始终

美国建国后用了不足100年的时间，完成了领土扩张和西部开发，迅速成为一个陆地大国。美国走向海洋的过程，实际上是由大陆国家向海洋国家转型的过程，必然涉及陆海资源配置、陆海安全统筹、陆海利益分配等问题。由于美国在建设海洋强国过程中加强陆海的相互协调，出现了明显的陆海互利效应，因而以上问题得到很好的解决。

（一）美洲大陆始终提供安全稳定的战略支撑，自始至终没有对美国走向海洋形成牵制

美国走向海洋，在美洲大陆方向形成地缘政治关系的力量主要包括以英国为代表的欧洲列强以及具有地缘政治关系的拉美国家。然而，无论是英国等老牌殖民统治者还是拉美国家，都没有给美国的海洋扩张形成明显的牵制，制造相应的阻力。

从英国来看，19世纪末期，其与美国的关系已经完全缓和。英国没

有遏制和围堵美国发展的任何意图。委内瑞拉危机后，英国在巴拿马运河的开凿及利用、阿拉斯加边界争端以及美西战争等问题上给予美国明显的让步。自19世纪90年代中期开始，英国陆续从美洲撤军，并收缩在美洲的政治利益。1904年，英国决定从哈利法克斯、巴巴多斯岛、特立尼达岛、百慕大群岛、牙买加等地撤军。1906年，最后一支英国正规军离开加拿大①。英国放弃对美洲的控制，使得美国走向海洋的地缘政治阻力大为减轻。

拉丁美洲国家与美国海洋扩张政策基本没有矛盾冲突。1889年10月2日，由美国倡导的泛美会议在华盛顿召开②。这次会议决定建立名为美洲共和国国际联盟（The International Union of American Republics）的团体〔1910年改名为泛美同盟（Pan American Union）〕，美国国务卿任该组织的永久主席，其常设机构为美洲共和国局。这一机制为美国协调与拉美国家间关系奠定了良好的基础。就墨西哥而言，虽然与美国存在领土之争，但其对海洋利益无力关注，对美国海洋扩张也没有形成牵制。

总体来看，从19世纪末期开始，在美洲大陆没有发生针对美国的战争，美国也较少遭遇反对势力，这使其能够将主要资源、精力投向海洋。在建设海洋强国的过程中，美国在陆海两个空间始终相互策应。

（二）海外经济扩张与国内市场发展相互促进，迅速提升了美国综合国力

一方面，海外市场的不断拓展有力地维护了美国社会的稳定，促进了美国向海洋强国的转型。南北战争后，美国经济飞速发展。从19世纪70年代初到1900年，美国国民生产总值增加了一倍多。19世纪后半期，美国的工业发展尤为迅速。1860年，美国工业生产总值居世界第四位，到1894年跃居第一位，成为世界上工业最发达的国家③。不仅如此，美国农

---

① 封永平：《大国崛起困境的超越：认同建构与变迁》，中国社会科学出版社，2009，第166～167页。
② 王玮、戴超武：《美国外交思想史1775—2005年》，人民出版社，2007，第159页。
③ 刘宗绪主编《世界近代史》，高等教育出版社，1986，第444页。

业在 19 世纪末期也日益发展。随着工业、农业的迅猛发展，美国迫切需要拓展海外市场。1890 年美国人口普查局宣布，为美国人提供发展机遇的西部"边疆地带"已经关闭，这标志着美国社会一个重要的"安全阀"消失了①。美国向海外扩张开拓了市场，促进了贸易与投资规模的扩大，找到了新的"安全阀门"，打消了民众的顾虑。其中，远东市场的拓展有效稳定了国内的恐慌情绪，欧洲贸易的扩大逐步化解了国内产能过剩的问题。1897 年之后，美国每年的贸易顺差约为 5 亿美元。到 1914 年为止，美国无论在国民收入还是在人均收入上都超过了世界主要国家。短短 30 年左右的时间，美国就确立了欧洲经过上百年才积累起来的经济优势。

另一方面，不断拓展的国内市场也使得美国经济发展更加均衡，海外扩张更有节奏感和主动权。美国的成功不仅在于其及时的海外扩张，还在于其能够很好地协调海外贸易与本土经济的发展。美国本身既是一个陆海兼备型大国，也是洲际规模大国，其不仅拥有丰富的陆上资源和雄厚的技术经济力量，也拥有足够的防御纵深与战略回旋余地。与德国、英国的发展主要依赖海外市场不同，美国主要通过自身的市场消化、吸收了迅速扩大的产出。美国自身的市场使其对外依赖的程度远远低于其他工业国②。比如，在 19 世纪末美国国内大力推动海外贸易发展时，海外市场在高峰时期也只消费了美国产出的 10%。

由此看出，海外贸易、投资等行动对美国的政治稳定和经济发展至关重要，为美国由大陆国家向海洋强国转型提供了动力。同时，因为巨大的海外贸易投资需要巨量的工农业产品，这反过来又促进陆上经济的发展，推动工农业产品大量销往世界各地，形成了增强美国综合国力的良性循环动力。陆海互利效应使得美国能够稳妥处置面临的各种地缘政治矛盾，始终在地缘政治竞争中保持主动，提供了扩建和维系海洋强国的战略能力。

---

① 徐弃郁：《帝国定型——美国的 1890—1900》，广西师范大学出版社，2014，第 10 页。
② 熊志勇等：《美国的崛起和问鼎之路——美国应对挑战的分析》，时事出版社，2013，第 243 页。

（三）海外军事行动有效维护了美国本土安全与发展利益

美国向海外扩张，海军不仅参与其中，而且充当了急先锋。美国海军的海外军事行动，既有军事威慑，也有战役战争，既有非正义的侵占掠夺，也有与老牌海洋强国的对抗硬碰。这些军事行动大多取得了成功，不仅支持了海外扩张，化解了守成海洋强国的威胁，反过来也维护了美国本土安全与发展的利益。

比如，通过美西战争，美国不仅战胜了西班牙，提升了战略影响力，而且对英法等老牌殖民国家在美洲的行动与影响产生了一定的震慑效果，使其"门罗主义"政策宣示更加有力。再比如，第一次世界大战使美国成为世界经济巨人。美国占世界石油产量的70%、煤产量的40%；工业制造品产量占世界的46%，超过英、德、法、苏（俄）、意、日六国产量的总和。美国取代英国，成为世界金融中心与最大的贸易国[①]。参与两次世界大战不仅提升了美国的综合实力，也使美国成为霸权国家，从根本上维护了美国本土安全与发展利益。

四　对手聚合效应：短暂微弱

美国建设海洋强国，在政策、目标以及行动措施上都服务于海外扩张，都是为了推行海洋霸权。这不可避免地会与相关地缘政治国家产生矛盾冲突，导致形成相关国家联合起来反对美国的态势。尽管这种对手聚合效应并不十分明显，程度并不十分激烈，作用时间也十分有限，但确实存在，对美国不断调整建设海洋强国策略也具有明显的促进作用。

（一）拉美国家联合起来反对美国霸权政策

美国对拉丁美洲的渗透基本上采取武力干涉的形式，武装干涉和军事占领成为美国对拉美政策的重要特点。尤其是在邻近美国的中美洲及加勒

---

① 李庆余：《美国外交史——从独立战争至2004年》，山东画报出版社，2008，第101页。

比海地区，美国肆无忌惮地运用"门罗主义"的"大棒"加以控制，最终确立了在该地区的霸权①。出于维护霸权的需要，在19世纪末至第二次世界大战期间，美国对弱小的拉丁美洲国家多次实施军事干涉。包括古巴、墨西哥、哥伦比亚、巴拿马、多米尼加、尼加拉瓜、海地、危地马拉、洪都拉斯、萨尔瓦多等在内的10多个国家②都曾受到美国的军事干涉。美国军事干涉的方式包括实施军事占领、镇压反美起义、扶持亲美政权、强迫签订条约等。1914年4月22日，美国总统威尔逊命令军队占领墨西哥的韦拉克鲁斯。1916年9月，他又借口17个美国人被杀，命令陆军军官潘兴率领数千骑兵进入墨西哥，镇压墨西哥农民起义军，并搜捕农民领袖比利亚。1914年，美国迫使尼加拉瓜签订《布里安—查莫洛条约》，获得了在丰塞卡湾等地建立海军基地和通过尼加拉瓜境内开凿一条沟通大西洋和太平洋的运河的权利③。1915年，美国海军在海地首都太子港登陆，武装占领海地全国，并洗劫海地国库，屠杀当地居民2000人以上。1916年，美国派兵占领多米尼加，使之沦为美国的保护国。美国对拉美国家内政的干预一度引起拉美国家的不满，拉丁美洲人民将美国称为"北方的恶霸"（Calossus of North），并给美国人起了"杨基"（Yankee，美国佬）的诨名④。1896年，拉丁美洲人民出于对美国政策的不满，在墨西哥召开了由厄瓜多尔、洪都拉斯、多米尼加、墨西哥等国家代表参加的大会，谴责美国对拉美诸国的扩张政策。一战后，拉丁美洲国家和人民反抗美国的斗争更加激烈。1923年初在智利圣地亚哥和1928年初在古巴哈瓦那分别举行了第五次、第六次泛美会议，会上，拉丁美洲国家纷纷要求美国放弃侵略和干涉政策。在第六次会议上，萨尔瓦多政府正式宣布不承认美国为自己的干涉行为做辩护的"门罗主义"，而阿根廷为了抗议美国代表团讨论干涉问题而撤回了自己的代表。

① 王玮、戴超武：《美国外交思想史1775—2005年》，人民出版社，2007，第304页。
② 李守民：《另一半美国史》，解放军出版社，2015，第125～127页。
③ 李春辉：《拉丁美洲史稿》（上册），商务印书馆，1983，第248页。
④ 李春辉：《拉丁美洲史稿》（上册），商务印书馆，1983，第255页。

（二）俄、日、德、法有限联合抵制美国海外扩张

一是日俄联合抵制"门户开放"政策。美国提出了"门户开放"政策并要求列强执行，但一开始效果并不理想。20 世纪的最初几年，美国对华贸易呈现下滑态势。1900 年对华贸易额为 4200 万美元，到 1901 年减少到 2870 万美元，1904 年才勉强恢复到 1900 年的水平。这里面的原因，主要是俄国等帝国主义的抵制[①]。列强们表面上接受了"门户开放"原则，实际上在私下挑战和破坏这一原则。

日本也采取措施，加强与英、法、俄的关系，孤立美国在远东的外交地位[②]。英、法、俄、日联合在一起，相互保护其在中国的既得利益和势力范围，阻止美国进入中国市场。

日俄战争后，日本阻止包括美国在内的外国资本和商品进入中国东北，力图将中国东北变为日本殖民地，导致美国在中国东北的经济利益受到很大打击，美国对"这一地区的出口额自 1905 年至 1909 年由占东北对外贸易总额的 60% 下降到 35%，美国进口的主要口岸牛庄口岸牛庄港 1905 年进出口贸易总额为 6170 万海关两，1908 年下降为 4110 万海关两"[③]。

由于列强的联合抵制，美国在中国的扩张并未真正达到"门户开放"的理想目标。1923～1931 年，美国对华出口只占中国进口额的 16%～18%，占美国总出口的 3%，而同期日本对华出口占中国进口额的 27%，并占日本全部出口的 22%[④]。1932 年外国在华投资总额达 35 亿美元，其中美国占 7%，而日本占 33%。美国在华投资只占其对外总投资的 1%，而日本对华投资却占其对外投资的 80%[⑤]。

1931 年 9 月 18 日，日本制造九一八事变，侵占中国东北。日本的侵

---

① 王玮、戴超武：《美国外交思想史 1775—2005 年》，人民出版社，2007，第 221 页。
② 王玮：《美国对亚太政策的演变 1776—1995》，山东人民出版社，1995，第 155 页。
③ 王玮、戴超武：《美国外交思想史 1775—2005 年》，人民出版社，2007，第 229 页。
④ 王玮、戴超武：《美国外交思想史 1775—2005 年》，人民出版社，2007，第 299 页。
⑤ 杨生茂主编《美国外交政策史 1775—1989》，人民出版社，1991，第 329 页。

略破坏了《九国公约》《非战公约》，严重挑战"门户开放"政策。美国政府派出军舰和海军陆战队开赴上海，向日本示威。美国国务卿史汀生还指示要加强太平洋上的海军以及在关岛等地的防务。

二是德日等法西斯势力对拉美国家进行渗透。在 20 世纪 30 年代的经济大萧条中，美国将萧条转嫁给拉美国家，加之美国对拉美国家的军事干涉导致反美情绪的扩散，德、日、意等国与拉美国家的关系一度十分紧密。此间，德国、日本商品打进拉美市场，同阿根廷、智利等国家订立贸易协定。德国还派出军事代表团到拉美一些国家，帮助这些国家训练军队。

（三）德、日、意轴心国在欧洲与亚洲相互配合与美国进行战略竞争

德国、日本是美国走向海洋的主要竞争者。1895 年，德皇威廉二世把"共同对付美国威胁"作为拉拢俄国的一张牌，1897 年又建议欧洲国家联合起来"将大西洋彼岸的竞争者关在门外"。奥匈帝国外交大臣格鲁乔夫斯基甚至说，欧洲国家正在经历一场"与大洋彼岸国家的毁灭性竞争"，呼吁欧洲国家"肩并肩地与这一共同危险作斗争"①。

美西战争期间，德国在加勒比海地区和太平洋上曾同时与美国发生矛盾冲突。德国积极争夺南美的商品市场，还企图在美洲获得殖民地并建立海军基地，这与美国构成利益矛盾。德国对"门罗主义"公然蔑视，攻击"门罗主义"是美国"傲慢无礼的具体体现"。针对美国总统罗斯福对"门罗主义"的解释，德皇威廉二世明确表示反对。在太平洋上，德国与美国也展开激烈争夺。美国国务卿海约翰曾一针见血地说："德国想要菲律宾、加罗林群岛与萨摩亚……他们要进入我们的市场又想把我们关闭在他们的市场外。"② 1939 年前夕，美国在世界市场与国际舞台上受到法西

① 徐弃郁：《帝国定型——美国的 1890—1900》，广西师范大学出版社，2014，第 145 页。
② 李庆余：《美国外交史——从独立战争至 2004 年》，山东画报出版社，2008，第 70 页。

斯德国更加严峻的挑战。在东南欧、巴尔干地区，德国排挤美、英、法，并跻身亚洲市场与美国抗衡，此外还将其影响力向拉美地区渗透。希特勒大力扶植拉美法西斯组织，这些"力量强大而且日益增长的第五纵队，在某些场合……已经强大到能武装暴动并促成法西斯政府建立的程度"。

第三节　美国海洋强国地缘政治效应的形成原因

作为 19 世纪末期的新兴国家，美国建设海洋强国有其历史的必然，也是一种战略性选择。美国建设海洋强国导致相关地缘政治国家的阻挠、遏制与反对，面临着一定程度的地缘政治阻力，这既有不可避免的客观原因，也与美国对拉美国家推行霸权、肆意牺牲中国利益以及美国机会主义密不可分。然而，从总体上看，美国建设海洋强国形成了更多的有利的地缘政治效应。正是这些有利的地缘政治效应相互叠加、相互促进，最终推动美国成为全球性海洋强国。深入研究美国建设海洋强国的历史，可以发现美国建设海洋强国之所以拥有诸多有利的地缘政治效应，除与欧洲列强争夺势力范围日趋激烈、无暇应对美国有关外，还在于美国能够根据地缘政治态势及发展趋势，综合运用政治、外交、经济、军事以及文化等手段进行较为灵活的地缘战略指导。

一　"内涵式扩张"思维最大限度地缓解地缘政治矛盾

美国的海外扩张虽然也采取了夺取、侵占他国领土的方式，但相比较英国建设海洋强国主要是扩展海外领土而言，其"更加彻底地摆脱了对领土扩张的依赖"[①]，采取了"内涵式扩张"思维。"内涵式扩张"与"领土扩张"具有不同的内涵与特性，包括贸易扩张、规则制定、内外市场同时拓展、创建世界新秩序等内容，具有一定的新意和可接受性。

所谓贸易扩张，就是发展贸易。贸易扩张不同于领土扩张，主要不是

---

①　徐弃郁：《帝国定型——美国的 1890—1900》，广西师范大学出版社，2014，第 174 页。

建立殖民地。布莱恩是哈里森政府时期的国务卿，他对于美国如何向海外扩张有着比总统更清醒的认识："美国已经发展到这样一个地步，以至于它主要的任务之一就是扩大对外贸易。在大规模生产能力超过国内市场需求的情况下，我们需要的是扩张。这里所指是可以获利的、与其他国家的贸易扩张。我们不追求领土的兼并。"① 布莱恩对美国的海外贸易扩张进行了总体安排。他首先将贸易扩张的地区定为南美国家，因为美国需要"南方邻国每年流向英国、法国、德国和其他国家的 4 亿美元的收入"。他还从机制上对美国向南美的贸易扩张进行构建。1889 年 10 月，他主持召开了第一次泛美会议，邀请 17 个拉美国家的代表参加，议题涉及建立关税同盟、实行货币同盟、设立专利权体系、建立解决美洲国家争端的仲裁机构等。这些做法反映出美国进行贸易扩张的有序与深谋远虑。参议员艾伯特·贝弗里奇在 1898 年的演讲中认为："领土扩张本身并不值得，它是也只会是商业扩张中的插曲，而商业扩张是美国人民巨大的生产能力与生产量全然不可避免的结果。"②

　　所谓规则制定，就是美国在贸易扩张过程中，基于自身的利益需要制定一定的规则，并要求各国共同遵守。19 世纪末期，世界各地基本被欧洲列强瓜分完毕。在这样的情况下，美国作为后来者要想挤进世界市场，必然面临与欧洲列强的矛盾冲突，阻力和困难重重。用武力威胁其他国家做出让步是一种方法，但这将要付出巨大代价，不符合美国海外扩张的根本目的，也难以得到国内民众的支持，更何况美国当时也没有这样的实力。在这样的情况下，必须另辟蹊径，走出一条不同于欧洲列强用武力征服殖民地的新道路。基于这一考虑，重建海外贸易规则，打破欧洲列强对殖民地市场的垄断，使之遵循美国价值，成为一种选择。为此，美国人将注意力放在制定规则上。通过制定相应的规则，获得有关各方的认可，据此将自己的利益范围向海外拓展。

---

① 徐弃郁：《帝国定型——美国的 1890—1900》，广西师范大学出版社，2014，第 24 页。
② 李庆余：《美国外交史——从独立战争至 2004 年》，山东画报出版社，2008，第 44 页。

规则制定起源于"门罗主义"的成功。后来美国基于"门罗主义"的实施，针对拓展中国市场的需要，又提出了"门户开放"政策。这种以制定规则来拓展其利益的方式，也与美国的国力和军力相称，具有很强的可持续性。构建海外贸易规则的实质就是争夺海外贸易扩张的话语权。美国从一开始就企图推行"制度性霸权"。这一目标随着美国海洋强国建设的推进而逐步扩大，最后演变为美国决心建立新的国际安全体系，以彻底取代欧洲列强掌控世界的旧国际体系。

所谓内外市场同时拓展，就是美国在拓展海外市场的同时，积极拉动国内市场。这方面比较典型的例证就是富兰克林·罗斯福的新政。在美国海外扩张的初期，为推进海外贸易，美国不断实行关税改革。1890年和1894年，分别提出以"互惠型关税"为特征的麦金莱关税法案和以"促进自由贸易"为特征的威尔逊—戈尔曼关税法案。这些措施有力地支持了美国海外贸易扩张。1933年3月4日，罗斯福在就职演说中指出："我们的国际贸易关系虽然十分重要，但在时间性和必要性上必须从属于健全国民经济的任务。"富兰克林·罗斯福就任总统100天，相继出台了一系列应对经济萧条的法案，有效抑制了经济持续下滑的局面，再造了美国，这些举措被称为"罗斯福新政"。罗斯福新政的核心是解决美国国内问题和矛盾。这反映了虽然自19世纪末期海外扩张以来，进出口额的绝对值有很大增加，但美国政府长期以来仍然重视根据形势的变化来协调推进海外贸易与发展国内市场的关系。在美国经济中，没有绝对重要的海外贸易，也没有死守不变的本土经济，有的是两方面的有机均衡和协调。这充分说明，尽管美国已经广泛接受了世界市场的概念并努力去拓展，但美国经济政策在很大程度上仍是面向国内需要。

所谓创建世界新秩序，就是主要国家联合起来，建立一个新的国际体系来维护世界和平，同时也保障美国利益的安全。创新"国际联盟"是美国总统威尔逊的设想。第二次世界大战期间，富兰克林·罗斯福对此进一步完善，提出了大国合作共同治理世界体系的倡议，并推动联合国的成立。无论是威尔逊的"国际联盟"构想，还是罗斯福的"大国合作"倡议，都体现了美国人能够针对国际安全体系中的不稳定因素与不合理成分，提出最有吸引力又最能提升美国影响力的对策，反映了美国在建设海洋强国过程中，根据地缘政治态势以及自身实力的发展，不断提升美国的话语权与影响力，引导世界按照美国的价值理念发展，最终主导世界的企图。

以上做法，与西班牙、英国等早期海洋强国一味掠夺殖民地的思路不同，也与同时期德国、日本等喜好战争、主动寻求武力解决矛盾的倾向不同。其好处体现为：一是容易为地缘政治国家所接受；二是不过于强调争夺势力范围，因而避免陷入军事对抗怪圈；三是成本投入较低；四是相应地为其他国家发展间接提供了一定的机遇。美国采取"内涵式扩张"思维，最大限度地减少了与相关国家的地缘政治矛盾，从而减小了地缘政治阻力，降低了不利的地缘政治效应发生的概率。

二　"控制美洲、运筹两洋"的外交策略逐步塑造有利地缘战略环境

美国在建设海洋强国过程中，之所以能够反复获得较长时期的机会窗口效应，客观上看，是由英国的衰退以及英德战略竞争的地缘政治大环境所致，主观上看，在于其采取了"控制美洲、运筹两洋"的外交策略。

"控制美洲"就是保持对美洲国家的掌控，掌握美洲事务主导权，避免美洲大陆出现不稳定因素，影响美国海洋扩张。"控制美洲"的外交策略涵盖了"大棒政策""睦邻政策""金元外交"等内容。比如，20世纪20~30年代，美国基于拉丁美洲国家高涨的反美情绪，不得已提出"睦邻政策"，力图缓解紧张关系。1928年11月，美国总统胡佛对中南美进行了为期10周的亲善旅行，访问了拉美10个国家，宣称其反对干涉，以此争取拉美国家人民的好感。富兰克林·罗斯福同样把睦邻作为美国的外交政策，他在就职演说中宣布："我将使这个国家奉行睦邻政策——决心尊重自己，从而也尊重邻国的权利；珍重自己的义务，也珍视与所有邻国

和全世界各国协议中所规定的神圣义务。"①

"运筹两洋"就是全力地向太平洋拓展、渐进地向大西洋渗透。在太平洋，美国痛打西班牙舰队、直接要求列强承认"门户开放"政策、夺取多个战略要点、宣布对日作战，所有这些行动，美国没有任何犹疑，体现出很强的主动性与进攻性。而在大西洋，美国的行动则要谨慎得多。在走向海洋的起步、发展阶段，美国在大西洋的主要做法是发展与欧洲国家的贸易，没有任何针对性的兵力部署与军事行动。在一战和二战前期，美国对欧洲事务一直保持十分超脱的心态。这其中尽管有美国人隔岸观火、坐收渔利的考量，但也说明美国面对复杂敏感的欧洲事务的冷静态度。当英法等国主动要求美国参战时，美国顺理成章地实现了对大西洋的控制，而这实际上是美国梦寐以求的。第二次世界大战前期，美国总统罗斯福提出"先欧后亚"政策，从本质上反映了美国对控制大西洋、主导欧洲的渴望。

"控制美洲、运筹两洋"的外交策略使美国在地缘政治竞争中处于较为有利的态势，创造了建设海洋强国有利的地缘战略环境。首先，美国具有控制美洲的诸多优势。英、法、德以及西班牙等海洋强国虽然在美洲拥有势力范围，但美国拥有地理与"道义"上的优势。当美国表明必须控制美洲的坚定立场时，其在这一空间的行动必然不会引起太多的冲突与矛盾。

其次，控制美洲实际上增加了牵制英国的筹码。比如，加拿大是英国的自治领，美国控制美洲使得加拿大成为事实上的"人质"，从而对远离美洲的英国形成了牵制。

再次，太平洋是英法等国势力较为薄弱的方向，美国向太平洋发展可以尽量避开与英国的纠缠，同时在这一方向拥有比大西洋方向更多的机遇。

最后，在英法等国力不从心时全面控制大西洋。借助二战向大西洋拓展策略，美国掌握了更多主动权，顺势成为全球海洋强国。

---

① 李庆余：《美国外交史——从独立战争至2004年》，山东画报出版社，2008，第128页。

三　"灵活的危机管控模式"确保掌握地缘政治竞争主动权

美国在建设海洋强国过程中，由于地缘政治矛盾的存在与激化，不可避免地会与相关国家发生危机冲突。在某些特殊情况下，这些危机甚至呈现为激烈的军事对峙，有向战争转化的危险。面对这些危机，美国采取了"灵活的危机管控模式"，有效保障了美国海洋扩张利益，促进了各类有利地缘政治效应的形成。

美国"灵活的危机管控模式"是指针对不同的危机对象、不同的危机性质采取不同的管控模式。总体上看，美国坚持了不将危机转变成战争的原则，但也能够做到善于利用危机、积极管控危机。同时，不排除在某些特定情况下，充分利用对方弱势与决策失误，适时将危机转变为战争。

面对各类地缘政治危机，美国首先强调审慎管控危机，避免战争风险，但不放弃每一次危机中蕴藏的机会。19 世纪末期，美国开始向海洋扩张，受到英国的阻挠和遏制，诱发了多次危机，但美国不惧危机，敢于硬碰硬，同时也讲求策略，控制底线。如美英委内瑞拉危机中，美国与英国激烈对抗，几乎走到战争边缘，但最终实施了有效管控。正是在这次危机中，美国向英国展示了其控制美洲的坚定决心，同时也表达了美国不愿与英国开战的信息，得到了英国的理解和认同，收到了较好的效果，逐步增强了美国对该地区事务的掌控能力。在萨摩亚危机中，美国与德国、英国进行利益角逐，三国使用军事力量相互威慑，最终由于美德势均力敌，加之英国中途退出，这一危机也通过谈判与利益交换得到妥善解决，美国得到了萨摩亚的帕果－帕果港口，达成了既定的目标。

其次，强调敢打弱敌、不惧战争。面对西班牙的阻力，美国经过权衡，决心将危机转变为战争。通过美西战争，美国不仅打败了西班牙，强化了对美洲的控制，获得了菲律宾、关岛等通往东亚的战略支撑要地，而且提升了美国的战略影响力，达到了震慑其他战略对手的效果。

最后，善于利用第三方危机，伺机介入，获取利益。面对欧洲发生的危机，美国静观其变，不轻言立场，也不轻易介入，利用对方弱项与失误，消耗对方实力，赢得了发展机遇。一旦时机成熟，则果断出手。通过参加两次世界大战，美国由地区性强国向全球性强国转变。

实践证明，"灵活的危机管控模式"是应对地缘政治阻力的稳妥选择。一是适应了危机多样性的特点。危机不可避免，但不同的危机有不同的成因，其利益诉求也不同，因而其管控方式必然也不同。只有采取灵活多样的思路，才能做到始终处于主动地位。二是利用了危机转变的多方向的特点。危机发生后，可以将其化解，也可以将其转变为战争。利用危机与战争的间隔期，结合军事威慑与地缘政治对手进行政治外交谈判，可以争取更多的利益。在难以获得最大利益的情况下，根据对方的弱点发动战争，则往往拥有获胜的把握。美国在危机管控中，充分利用了这一特点，既通过危机管控争夺利益，也适时发动战争打击甚至消灭对方。

四　"建立海上力量优势"快速提高对海洋空间控制能力

美国在建设海洋强国过程中，一个不间断的工作和任务就是"建立海上力量优势"，这也是美国建设海洋强国重点关注的内容。

美国"建立海上力量优势"的主要任务是建设具有优势的海军力量。美国走上建设海洋强国的道路后，无论是理论界还是政府决策者，都十分重视发展海军，并将获得优势海军力量作为孜孜以求的目标。马汉是"海军至上"者，19世纪末以来的美国历任总统也大多是海权主义者。在具体措施上，除了重视增加海军舰艇数量外，还十分重视海军质量建设，采取了包括创新远洋进攻作战理论、建立海军院校培养人才、完善海军体制编制、开展训练改革以及发展航母和潜艇等新式力量等在内的一系列举措。这些措施的实施，有利于确保海军建设的系统性与科学性，逐步建立起与海洋扩张相适应的海军力量。1921年，通过制定《五国海军公约》，美国更是从规则上获得了发展全球第一海军的权利。

美国"建立海上力量优势"还十分重视运用海军。美国海军始终跟着商业和贸易的航路行进,积极扮演维护海外利益急先锋角色。无论是平时的护航还是危机冲突管控以及战争中,美国海军都发挥着重要的作用。美国对海军的积极运用,既充分利用了海军建设成果,为海外扩张服务,也能够通过兵力运用检验海军建设成果,发现问题,查找不足,调整改革,进一步促进海军的发展。

美国"发展海上力量优势"也包括了发展商船队和夺取战略要道与海外战略要地。美国在建设海洋强国过程中,十分重视这两个方面。

由于重视发展海上力量,并通过两次世界大战迅速扩大美国海军规模,美国最终建成并拥有世界领先的强大海上力量。

基于对海上力量发展与海外扩张相辅相成关系重要性的深刻认识,美国始终如一地注重建立海上力量优势,收到了预期效果,为美国获得并保持多种有利的地缘政治效应提供了必要保证。海上力量优势给美国海外扩张带来巨大益处:首先,它保护了美国海上贸易运输的安全,有效维护了美国海外扩张利益;其次,它提升了美国的战略威慑能力,增强了美国的地缘政治优势;最后,它使美国具备打赢战争的能力,确保美国政府能够灵活应对各种复杂的情况。

五　"稳妥处置与守成海洋强国的矛盾"有效降低海洋扩张地缘政治风险

美国建设海洋强国不仅要面临同时期崛起的德、日等国的战略竞争,还必然要面对守成海洋强国英国的挑战。

面对英国的挑战,美国稳妥处置,积极应对。一是尽量减少与英国的正面冲突。美国建设海洋强国在战略方向、战略目标以及海军建设的针对性方面均力求不触及英国的"敏感神经"。美国将海外扩张的方向聚焦于太平洋,实际上是一种战略考虑,这最大限度地减少了与英国发生正面冲突的可能性。而美国发展海军,也注意不以英国为对手,最大限度地减少英国的猜疑。美国主导制定了《五国海军公约》,并积极履行。1921～1937年,美国没有建造一艘战列舰①。二是加强与英国的协调与认同构建。英美两国都讲英语，都是盎格鲁－撒克逊人种。美国在与英国较量的过程中，善于利用与英国同文同种的特点，积极协调，加强沟通，相互磨合，最终建立了相互认同、相互信任的朋友关系②。三是在核心利益上敢于与英国斗争。对英国的威胁，美国也并未一味退让，在美洲方向，美国与英国进行了激烈对抗，不畏惧冲突。从谋求建立全球性海洋强国层面长远考虑，美国虽然避免与英国发生战争，但十分重视对话语权的争夺，通过制定相关规则、重建世界秩序等具有新意的方式，最终迫使英国向美国让步交权。

按照古希腊哲学家修昔底德的预言，新兴强国取代守成强国必然要发生战争。然而，美国在取代英国成为全球海洋强国过程中与英国并没有发生战争，相反，英国在美国建设海洋强国的中后期还给予了许多配合与支援。究其原因，在于美国能够针对地缘政治斗争态势，稳妥处置与英国的矛盾冲突，有效降低了引发双方战争的风险。

首先，不主动惹事，有效减轻了来自英国的战略压力。美国建设海洋强国时正处于英国日趋衰落时期，但英国不会放任美国的发展，美国建设海洋强国的每一个举措都会引来英国的关注、质疑甚至阻挠。然而，在欧洲方向，英国与德国从19世纪末开始就陷入激烈的地缘政治竞争，这在很大程度上牵涉、分散了英国的精力，使其无法腾出手对付美国。在这样的情况下，美国不主动惹事，尽量减少与英国的正面冲突，使其一直将战略重心放在欧洲，极大地减轻了对美国的战略压力。19世纪末期，欧洲列强在北美洲的势力范围逐步衰落，难以与美国形成对抗。第一次世界大战后，霸权国英国日益衰退，不得不调整与美国的政策，这成为英国向美国逐步妥协的重要原因。

其次，适度斗争不仅维护了核心利益，也间接提升了美国的影响力。

① 〔美〕乔治·贝尔：《美国海权百年：1890—1990年的美国海军》，吴征宇译，人民出版社，2014，第153页。
② 封永平：《大国崛起困境的超越：认同建构与变迁》，中国社会科学出版社，2009，第176页。

不惹事不等于消极让步。对于建设海洋强国的国家来说，放弃斗争就不可能达成既定目标。美国以解决"委内瑞拉危机"为突破口，坚决抵制英国对美洲的干预，以"提议召开华盛顿会议"为契机，敢于在重大国际问题上发声，显示了美国维护与争夺海外利益的决心和意志，迫使英国不得不做出让步。这不仅维护了美国的利益，而且迅速提高了美国的战略影响力。

最后，密切的经贸往来促进了美英两国的合作。在与英国进行策略斗争的同时，美国十分注重与英国的贸易往来。英国是美国传统的贸易伙伴，与英国的贸易是美国海外扩张不可缺少的内容。同时，这种紧密的贸易往来也加强了两国的联系，提高了两国的相互依存度，在很大程度上减少了双方发生冲突和战争的可能性。

第二章　英国海洋强国地缘政治效应研究

英国，全称大不列颠及北爱尔兰联合王国，系欧洲大陆西北边缘的北大西洋岛国，主要由大不列颠岛和爱尔兰岛的东北部以及大不列颠岛周围若干群岛组成，包括英格兰、苏格兰、威尔士和北爱尔兰等。英国北濒挪威海，西临大西洋及爱尔兰海和凯尔特海，通过北爱尔兰与爱尔兰为邻，南隔英吉利海峡、多佛尔海峡与法国相望；东临北海，与挪威、丹麦、德国、荷兰、比利时隔海相望。英国早期人类活动源于公元前 11 世纪，后经盎格鲁－撒克逊时代、古罗马统治时期、诺曼征服等王朝更替，于 15 世纪都铎王朝后期形成民族国家，开始走上海外发展之路。17 世纪后期"光荣革命"之后海外扩张不断提速，18 世纪初形成大不列颠王国，19 世纪初建立起大不列颠及北爱尔兰联合王国，20 世纪初发展成为"日不落帝国"。二战后，英国实力不断减弱，但仍保持着区域性海洋强国的地位。

第一节　英国海洋强国的战略演进

英国从都铎王朝伊丽莎白（1558～1603 年在位）时期开始，到 1815 年拿破仑战争结束，实现建设海洋强国的目标经历了一个由弱到强、逐步发展、不断壮大的过程。此前，自给自足的自然经济、岛国地理环境造就的封闭心态、长期聚焦欧洲大陆的战略重心偏差、国内玫瑰战争的阻碍等因素，导致英国人在很长一段时间内缺席了对海外世界的探索。1485 年都铎王朝建立后，英国开始了从中世纪向近代的变迁，伊丽莎白一世的登基则标志着这一过渡的基本完成，并具备了建设海洋强国的诸多有利条件：放弃欧洲领地加来，岛国意识彻底觉醒；实现英格兰与苏格兰结盟，国内局势趋于稳定；海权在欧洲兴起，英国战略区位优势明显；欧洲内部经济萧条，海外市场地位上升。"直到那时，他们对大海的记忆才得以恢复，英吉利民族对海上事业的巨大热情和探索海外世界的冒险精神才真正被唤醒。"① 1815 年拿破仑战争结束后，英国建立了事实上的不可挑战的海洋主导权，并在维也纳会议上得到国际社会的承认，实现由海上小国、弱国到海洋大国、强国的转变，并以海军、殖民地和经济领先优势，保持"日不落帝国"辉煌达百年之久。英国建设海洋强国的战略目标具有明显的层次性和复合性，可概括为"维护本土安全"的基本目标、"拓展海外贸易"的现实目标，以及"建立海上霸权"的长远目标，战略演进大体经历了海上拓展、海上扩张、海上争霸三个阶段。

一　海上拓展阶段（1558～1648 年）

海上拓展阶段是英国建设海洋强国的初期，从伊丽莎白 1558 年继位开始，到 1648 年第二次内战结束为止。英国在此阶段的主要竞争对手是海上先发国家——西班牙。西班牙和葡萄牙是海上最早崛起的国家。1494年，罗马教皇亚历山大六世抛出了"教皇子午线"，规定该线以西所发现的非基督教国土地归西班牙所有，以东属于葡萄牙②，从而确认了世界被西班牙和葡萄牙瓜分的格局。在海上实力相对弱小的情况下，英国的海上拓展带有尝试性、渐进性、缓和性的特征，在注重维护本土安全的同时，有意识地采取多项措施，鼓励拓展海外贸易，有限争夺市场份额，壮大海权力量，取得明显成效。

（一）鼓励海外探险

受西班牙、葡萄牙通过开辟海外贸易线路获得丰厚利润的刺激，英国政府开始海外贸易探险，主要是支持对北方航线的探索和建立北美殖民点的尝试。当时，伊丽莎白正式承认伦敦的商人社团"商人冒险家"，支持

---

① 胡杰：《海洋战略与不列颠帝国的兴衰》，社会科学文献出版社，2012，第 35 页。
② 夏继果：《伊丽莎白一世时期的英国外交政策》，商务印书馆，1999，第 112 页。

霍金斯、德雷克等人的海上冒险活动，其本人和许多政要也都以投资资金或舰船的形式参与海外探险投资。这也使得当时的海外殖民探险具有了明显的官方色彩。吉尔伯特于1578年从女王那里获得了北美的殖民特许权。在德雷克首次完成环球航行后，伊丽莎白于1581年4月4日登上德雷克的旗舰"金鹿"号，亲自授予他"骑士"称号。1585年德雷克的西印度群岛之行，女王曾提供两艘王室战舰，并出资1万英镑。德雷克的环球航行鼓励了更多的商人冒险家扬帆出海，推动英国殖民探险活动热情持续高涨。

（二）支持武装劫掠

大规模的海盗私掠活动是伊丽莎白时代英国海上活动最显著的特征。如果说亨利八世时代的海外冒险和商业活动还只是试探性质的话，那么伊丽莎白一世则几乎是公开鼓励英国的海盗、商人和冒险家向西班牙的海上霸主地位发起挑战[①]。对于早期海盗行为，伊丽莎白女王还曾下令予以打击。而到了霍金斯和德雷克时期，伊丽莎白女王不仅默许了海盗活动，甚至还公开支持他们对西班牙币船队进行抢劫，以便从这种不正常的海上活动中获取高额利润。此时，德雷克的航行"像霍金斯的西印度考察一样，完全是一项国家的事业了"[②]。在当时英国国务大臣沃尔辛厄姆看来，"美洲打击西班牙势力对于英国的欧洲事业非常重要。主要措施就是武装劫掠。这一点首先由霍金斯提出，在德雷克的航行实践中得到验证，最终成为英国政府的海洋战略"[③]。

（三）发展海外贸易

英国成功开辟北海和波罗的海贸易市场，并再度进入地中海市场，相继成立主营俄国、中亚和波斯的莫斯科公司（1554年）、主营波罗的海沿岸贸易的伊士特兰公司（1579年）、主营地中海沿岸贸易的黎凡特公司（1581年）、主营非洲输出黄金和向美洲贩运黑奴的几内亚公司（1588

---

① 胡杰：《海洋战略与不列颠帝国的兴衰》，社会科学文献出版社，2012，第55页。
② 夏继果：《伊丽莎白一世时期的英国外交政策》，商务印书馆，1999，第217页。
③ 夏继果：《伊丽莎白一世时期的英国外交政策》，商务印书馆，1999，第222页。

年)、主营印度香料和亚洲贸易的东印度公司 (1600 年)。此外,还有无数临时性的贸易团体,为英国大规模海外拓展拉开序幕。为保护新生贸易公司,英国在赋予其贸易特权的同时,还注重打压外国竞争者。1589 年,德雷克在塔霍河拦截和俘获了 60 艘曾主导英国海外贸易的汉萨同盟的船只,在英吉利海峡保护自己的船舶,以免受到海盗和帝国劫掠活动的影响。随着本国贸易公司的不断扩张,原本由威尼斯和汉萨同盟商人控制的英国对外贸易,逐渐转移到了英国人手中。至 16 世纪末,全部对外贸易都已由本国商人经营。1588 年,英国海军在加来海战中取得胜利,进一步刺激了国内投资和海外贸易热潮向东方伸展。1604 年,英西缔结和平条约后,英国的海外贸易发展提速,带动了英国战后的经济繁荣。许多特许公司制订的殖民化和贸易扩张计划进行得更加顺利;英国东海岸的煤炭贸易在 17 世纪的前 30 年增加了两倍,纽芬兰渔场每年吸引 500 艘渔船捕鱼,与美洲和东方的贸易也取得了快速发展。

(四) 大力发展航运业和船舶工业

为了开辟新的世界贸易市场,加强海上力量是必要的前提,造船业是发展海上力量的基础,而港口则是航海的必备条件。伊丽莎白时期,英国开展大规模建港工程,修理和改良所有沿岸地区海港,并严格约束沿海的掠夺活动;积极鼓励英格兰捕鱼船队和商船队的发展。英国政府完全意识到与海军舰队有联系的捕鱼业的重要性。在危急时刻,为了给战舰配备船员,渔民就是天然的补充;鼓励本国造船,同时鼓励商人建造大商船,如有战事随时可以改造为战船。规定建造 100 吨以上的船只每吨给补助金 5 先令,并要求接受津贴的商船主不得将船只卖给外国人。1582 年,英格兰有水手 14295 人,船只 1232 艘,其中只有 270 艘超过 80 吨。到 1640 年以前,英格兰水手人数增加了 3 倍[①];政府还采取措施保证造船所需要的

---

① 〔英〕大卫·休谟:《英国史 4:伊丽莎白时代》,刘仲敬译,吉林出版集团,2012,第 300 页。

材料供给，禁止滥伐森林，禁止随意砍伐在海岸线 14 英里内的树木，限制木桶、木牌、甲板等的出口，禁止在海岸线一定范围内用木炭炼铁，积极鼓励亚麻、大麻等麻类生产，以保障制造帆船和绳索所需。

（五）推动英国皇家海军战略转型

伊丽莎白时期，海军的职能由近海防御型向海外扩张型转变——"从航程短——只能在（英吉利）狭窄海峡活动，几乎完全以岸防为主的力量，转变成为一支能够作为远洋力量进行远距离航行的外海舰队"[1]。1559 年，英国海军事务委员会授权开展全面的对英国战舰、火炮、水手、粮食储备等情况的详细调查，形成《海军事业之书》的报告，对现有潜力进行调查，对未来海军发展提出建议。1577 年，伊丽莎白女王把约翰·迫伊博士的《小规模的皇家海军》当作指导海军发展的纲领性文件，重视海军在英国防止西班牙入侵和争夺海外财富两方面的重大意义。1578 年，伊丽莎白任命霍金斯为海军财务总管，负责整顿和扩充亨利八世时代残存下来的英国舰队，这成为英国海军史上的转折点。此后，英国加大海军建设投入，加强港口基地建设，加快大型舰船建造，改建了许多海军船只，并为舰船配备远程火炮，明确规定海军水手的具体职责，强调在舰长的统一指挥下行动。1570～1583 年，英国皇家海军共建造了 9 艘战舰。1585～1587 年，皇家海军掀起了新一轮造舰热潮，新增舰船 16 艘，包括 500 吨的"先锋"号和"彩虹"号，以及 800 吨的"皇家方舟"号等当时的标志性战舰。1587 年，英国又对一些老式战舰进行了修复和改造，打造了一支以 25 艘新建战舰为中坚力量，以远洋机动、远距离火炮打击为基本战术思想的舰队，其构成了英西海战爆发时英国海军力量的核心。资产阶级革命前夕，查理一世于 1643 年决定征收船税，设立了一笔"军舰准备金"，建立起近代职业海军。英国海军"从一支由国王和特定的贵族与

---

① 〔英〕保罗·肯尼迪：《英国海上主导权的兴衰》，沈志雄译，人民出版社，2014，第 28～29 页。

商人提供的船只拼凑而成的舰队，转变成为一支国家的力量，能够定期从国会获得拨款；从一支临时的杂牌军，转变成了一支常备的由同类舰船组成的舰队；从一支几乎没有任何管理和后勤保障的力量，转而发展成为一个拥有船坞、供应、会计、招募及训练等部门的整体结构；……从一支由业余绅士们所指挥的力量，转变成为由职业海员控制的舰队，拥有自己的《作战指令》和《战争细则》，并且作为国家政策的工具直接对政府负责"①。至此，"皇家海军的基础已经完全建立在英国对外政策的传统之上：保证不让欧洲大陆强国独霸欧洲，同时扩大英国的对外贸易和扩展海外领地"②。这种皇家海军职能上的明确化成为英国海军建设发展的重要动力。

（六）积极塑造海洋文化

马汉曾指出："在和平时期，政府可以利用其政策支持民族工业的正常发展，并支持它的人民利用海洋进行冒险和满足获利的癖好，如果这种民族工业和对海洋的厚爱本来就不存在时，就竭力培植它们。"③ 英国虽然是岛国，但其在海外殖民扩张方面的努力却滞后于西班牙、葡萄牙等国。为塑造海洋观念，发展海洋文化，英国推行"食鱼日"政策，取消"在斋戒期间不能吃红肉，只能吃鸡肉等白肉或鱼肉"的禁令，规定每周的星期五和星期六，以及每年的四旬斋为"食鱼日"。1563 年，根据国务大臣塞西尔的建议，伊丽莎白女王把每周的星期三增加为"食鱼日"，从而使每年的"食鱼日"达半年之久。她明确表示这样做的动机是"复兴英格兰的海军"④。正是英国当权者对海权的广泛认知孕育着英国海权的未来⑤。如在鼓励民众向海外探险方面，伊丽莎白女王参与投资有其经济

---

① 〔英〕保罗·肯尼迪：《英国海上主导权的兴衰》，沈志雄译，人民出版社，2014，第 72 页。
② 〔英〕J. R. 希尔：《英国海军》，王恒涛、梁志海译，海洋出版社，1987，第 5 页。
③ 〔美〕A. T. 马汉：《海权对历史的影响（1660—1783）》，安常荣等译，解放军出版社，2006，第 105 页。
④ 〔英〕保罗·肯尼迪：《英国海上主导权的兴衰》，沈志雄译，人民出版社，2014，第 39 页。
⑤ 〔英〕保罗·肯尼迪：《英国海上主导权的兴衰》，沈志雄译，人民出版社，2014，第 39 页。

利益的考虑，但作为一国君主，其在政治上的考虑则占据更为重要的位置，那就是通过自己的示范效应来影响其他人。

（七）致力于打破西班牙海上垄断

作为后起的海洋国家，英国的海外拓展主要是在西班牙既得利益范围之内展开的，这种在西班牙看来是"虎口取食"的行为，自然也会遭到西班牙的反对和遏制。特别是1580年，西班牙的腓力二世接管了葡萄牙之后，两个最早的海洋强国实现了合并，其海上优势更加明显。面对西班牙的遏制和打压，英国采用霍金斯提出的"白银封锁"计划，鼓励武装商船的巡航私掠，以"非常规手段"与西班牙进行公开对抗。在1585～1603年与西班牙战争期间，"每年至少有100艘英国船只参加私掠巡航，有时甚至达到200艘"[①]。1588年，伊丽莎白一世领导皇家海军击败了西班牙精心组织的无敌舰队，使得"英国皇家海军的信心和创造力都得到极大的提升，更重要的是，这场胜利使英国跻身以大西洋为中心的世界经济主要参与者行列"[②]。相反，西班牙腓力二世组建的无敌舰队从1588年开始对英国实施的三次远征，由于准备不足、战术装备差距以及不良天气的影响，均告失败。西班牙则在其后的30年里，"从东西半球海上霸主的高位坠落为在海上强国中备受鄙视的地位"[③]。西班牙海军随着西班牙各方面的衰退而日益没落，它在欧洲政治舞台上的作用逐渐衰弱。1568～1603年，英国、荷兰和法国的私掠船俘获了西班牙和葡萄牙的大批船舶，"几乎将伊比利亚的私人商船赶出了大洋，而国有大帆船只能填补其一部分空白"[④]。英国海上拓展初期以海盗为重要形式的行为，实际上是英国致力于打破西班牙垄断海洋而进行的斗争的一种形式。

---

① 夏继果：《伊丽莎白一世时期的英国外交政策》，商务印书馆，1999，第269页。
② 胡杰：《海洋战略与不列颠帝国的兴衰》，社会科学文献出版社，2012，第66页。
③ 〔美〕A. T. 马汉：《海权对历史的影响（1660—1783）》，安常荣等译，解放军出版社，2006，第120页。
④ 〔美〕威廉·H. 麦尼尔：《竞逐富强：公元1000年以来的技术、军事与社会》，倪大昕等译，上海辞书出版社，2013，第92页。

二　海上扩张阶段 (1648 ~ 1688 年)

海上扩张阶段从 1648 年英国内战结束开始，到 1688 年光荣革命爆发为止，以荷兰为主要竞争对手，以争夺海上贸易航线为主要内容。17 世纪初爆发的三十年战争 (1618 ~ 1648 年) 以法国和瑞典的胜利结束，战后签订了《威斯特伐利亚和约》，使得国际政治格局产生重大变化：罗马教廷消灭新教计划彻底破产；西班牙正式承认荷兰的独立；西班牙世界帝国崩溃。英国在 1648 年结束国内纷争后，于 1649 年 2 月实现了英格兰与苏格兰的合并，向海外发展的注意力进一步聚焦。在荷兰赢得与西葡联合舰队的唐斯海战之后，西班牙的海上强国地位不断衰退，英国和荷兰在海上的经济利益矛盾上升为英国建设海洋强国的主要矛盾。英国在海上的发展从初期的海上拓展向争夺海上贸易航线转变，采取的战略措施更加积极主动。

(一) 制定海上贸易规则

护国主时期的克伦威尔当政后，始终将维护和拓展英国贸易作为其对外政策的核心。制定有利于本国的国际规则，为海外贸易的发展扫除障碍、拓展市场、提供保障，是建设海洋强国必须高度关注的问题。为此，英国不断制定和完善海洋法律法规，谋求有利于己的国际规则的制定。1609 年，荷兰法学家格劳秀斯阐发了历史上著名的"公海航行自由"原则，为荷兰遍布全世界的海上商业和航运业活动提供了理论依据。英国法学家约翰·塞尔登于 1635 年则针锋相对地发表了《领海的完全权利》一文，提出了领海主权概念，并要求过往英吉利海峡的船只都必须向英国国旗致敬。英吉利共和国建立后，为了保护、发展本国海上贸易，打击荷兰海上贸易势力，在 1651 年颁布《航海条例》，规定：凡是从欧洲运到英国的货物，必须由英国船只或商品生产国的船只运送；凡是从亚洲、非洲、美洲运到英国、爱尔兰以及英国各殖民地的货物，必须由英国船只或英国的有关殖民地船只运送。这些规定对垄断全世界航运业的荷兰人造成沉重打击。第一次英荷战争后，荷兰被迫承认英国在其海域内的海上霸权，放弃修改《航海条例》的要求。1660 年，为进一步加强贸易保护，英国又在《航海条例》中增加了新条款。1662 年还专门禁止由荷兰船只进口的货物。大部分殖民地产品都留给英国船只，从而为食糖、烟草和燃料等转口贸易的惊人增长奠定了基础。1663 年颁布《原产地法案》，目的在于进一步保证所有进口至英国的商品均须由英国船只或进口商品来源国的船只运送，英属殖民地之间及其与外界的全部贸易都要由英国或由殖民地所有的船只承担运输任务。1672 年和 1692 年，英国政府又先后对《航海条例》进行了修订、完善。《航海条例》的出台取得了多重效果，既有力遏制了竞争国家的海上贸易，又极大地推动了本国贸易发展。

（二）夯实涉海产业基础

该阶段，英国高度重视建立雄厚的工业基础，在战争的刺激下建立了立足于本国资源的造船工业，并发展了煤炭、冶金、火药、皮革等工业，从而使得工业部门能够在国家组织下不断建造吨位更大、火力更猛、威力更强的重型战舰。由这种专业战舰组成的舰队，不是荷兰数量众多但吨位偏小且火力较弱的武装商船队所能比拟的。同时，英国也注重发展航海和军事技术，推动对数在计算航线、距离、经度和纬度等方面的运用，建立格林尼治天文台，为航海提供巨大帮助。在直接关系皇家海军战斗力的军事技术方面，英国在内部弹道学、外部弹道学、射弹轨道和火药经济性改良等方面也走在了世界前列。英国先进的科技和工业基础与广大殖民地的资源、市场和其他方面优势的相互配合，大大增强了英国的综合国力，帮助其在海上全面超越荷兰。

（三）推进海军创新发展

英国内战结束后，议会确立了国家舰队的基本原则，海军被视为"国家的"力量，国家投入也不断加大，保障水平不断提高，"给海军作战部队提供的保障是空前绝后的好"①。1649 年，英国成立了海军小组委员会，负责海军事务，同时还颁布了海军作战的"战争条例"，作为一切海军纪律的基础②。1649～1651 年，英国新建 41 艘战舰，使舰队规模扩大了 1 倍多。从 1649 年至 1660 年，总共建造或获得 207 艘新船。其中很多是新型快速帆船，力求在速度上超过敦刻尔克私掠船，从而既可用于搜寻主力作战舰队，也可以劫掠敌人的商业船只。为整饬军纪、规范海军，1652 年实行新的《战争条例》，并关注改善伤员医疗条件，提高海军人员薪金。1653 年，制定新的《战争指南》，创新"一字阵"，这成为战术史和造船史上的转折点。查理二世于 1660 年登基后，授予英国海军"皇家海军"称号，海军建设质量和战术水平不断提高，主要措施包括"官员的职业化、先进技术在舰船制造中的应用、修船厂的服务能力以及支持全部工作的财政运作"③。同时，海军职能日趋转变和拓展。该阶段，国家逐渐垄断了海军力量，英格兰海军的壮大与其商业和殖民扩张之间的互动日益密切。都铎王朝的舰队基本上是一支海上的国土防卫舰队，而对于斯图亚特王朝后期的海军来说，在地中海护送商船队或远距离打击私掠船巢穴，已经成为其习以为常的任务。同时，1655 年之后，国家扮演了在斯图亚特王朝早期主要由私人承担的殖民扩张角色——通过战争征服而非和平发展。

（四）武力争夺海外贸易特权

为了有效维护英国海上利益，在与荷兰协商谈判破裂的情况下，英国以颁布和维护《航海条例》为理由，与荷兰进行了三次战争。第一次战争发生于 1652～1654 年。1651 年 12 月，荷兰使团抵达伦敦，试图就《航海条例》废弃进行谈判，但英国明确拒绝废除，两国就此爆发武装冲突，以英国获胜而结束，并于 1654 年 4 月 5 日在威斯敏斯特正式签署和平条约。

---

① 〔英〕保罗·肯尼迪：《英国海上主导权的兴衰》，沈志雄译，人民出版社，2014，第 50 页。
② 〔英〕富勒：《西洋世界军事史》（第 2 卷），纽先钟译，中国人民解放军战士出版社，1981，第 103～104 页。
③ 〔英〕布莱恩·莱弗里：《海洋帝国：英国海军如何改变现代世界》，施诚等译，中信出版集团，2016，第 44 页。

英国因荷兰航运遭到破坏和中断而从中获益，阿姆斯特丹的贸易商和荷兰的渔民遭受重大损失。此外，荷兰接受了"海峡致敬"，承认了《航海法案》。第二次战争发生于 1665～1667 年。1658 年英西战争后，英国在欧洲大陆取得战略据点敦刻尔克，对荷兰的航运形成了有效控制。1660 年，英国颁布新的《航海条例》，内容比 1651 年的条例更为苛刻。在海外贸易上，英国采取了更加主动的攻势行动，进攻荷兰在非洲西岸的殖民地，在北美占领了荷兰的新阿姆斯特丹，引发英荷第二次战争，并以荷兰人的胜利而结束。1667 年 7 月 21 日，两国签订《布雷达和约》。根据这一和约，英国放弃了对东印度群岛的所有要求，微调了《航海条例》，对违法交易的行为进行了定义，放宽了《航海条例》的应用范围，接受了荷兰关于战时禁运品的规定，允许荷兰将货物从德意志和西属尼德兰运往英国。荷兰承认西印度群岛为英国的势力范围，使其能够继续保有海岸角城堡，为英国从事利润丰厚的奴隶贸易提供了机会，并割让哈得孙河流域和新阿姆斯特丹的殖民地给英国，从而巩固了英国对这个具有很大潜在价值地区的控制。第三次战争发生于 1672～1674 年。由于英法联合舰队败于荷兰舰队，英国于 1674 年与荷兰单独媾和，签订第二次《威斯敏斯特和约》，荷兰承认英国舰队拥有从西班牙的菲尼斯特雷角到挪威的这片海域的绝对控制权，并以 20 万英镑战争赔款的代价换取英国在法荷战争中保持中立。由于荷兰在随后的陆上战争中被法国击败，其庞大的商船队和舰队也失去了用武之地，整体实力大为削弱，而坐收渔翁之利的英国则借机逐渐解除了荷兰在海上的威胁，英国人在同荷兰人的海上战争中获得了最终的胜利。

三　海上争霸阶段（1688～1815 年）

海上争霸阶段从 1688 年光荣革命开始，到 1815 年拿破仑战争结束为止，以法国为主要竞争对手。在 1688 年之前，从克伦威尔到查理二世和詹姆斯二世，他们的外交政策基本上是亲法反荷的。英荷利益矛盾因光荣革命后威廉执政而得以调和。英法矛盾则由于法国海上势力的不断扩张而日益凸显，法国逐渐成为英国永久的敌人，与英国不断地争夺海上霸权[1]。1815年，拿破仑战争结束，维也纳会议正式确立英国的海上霸主地位。该阶段，为了与法国争夺并保持海上优势，英国采取了更为有力的战略举措以加强海上实力的发展。

（一）急速发展造船业和海运业

伴随着对外贸易的繁荣，英国航运业急速发展：1774年，离开英国港口的航运总吨位数为86.4万吨，1785年为105.5万吨，1800年则达到192.4万吨；1773年商船队的总吨位是1702年时25万吨的3倍，在随后的20年里，总吨位翻了一番[2]；造船厂、铸铁厂和兵工厂的数量激增；越来越多的人进入航运业和造船业工作。所有这些增加了危急时刻皇家海军可以征用的资源。1780年，商船队吨位达到190万吨。在造船业兴盛的同时，英国投入大量资金发展航运业配套设施，沿海岸修建完善基础设施。到19世纪，英国已经成为名副其实的"世界造船厂"、"世界搬运夫"和"世界商人"。

（二）稳步扩大海外市场

英国在17～18世纪成功地开拓了殖民地产品转口欧洲出口的贸易，并通过《航海条例》垄断了殖民地市场。1700年至1750年，英国国内工业产量增长了7%，而出口增长了76%；1750年至1770年，工业产量和出口分别增长了7%和80%。美国独立战争后，英国对外贸易仍然快速增长，出口额从1785年的1510万英镑增长到1800年的4080万英镑，15年间增长了1.7倍。即使是在七年战争期间，英国的海外市场也稳步扩大，对外贸易每年都在增长，航运总量由3.2万吨增加至50万吨，约占整个欧洲航运总量的三分之一，有多达8000艘商船运输。繁荣的海外贸易和

---

① 〔英〕肯尼迪·O. 摩根：《牛津英国通史》，王觉非等译，商务印书馆，1993，第375页。
② 〔英〕保罗·肯尼迪：《英国海上主导权的兴衰》，沈志雄译，人民出版社，2014，第131页。

不断增长的国家财富，为英国战争开支奠定了坚实基础。在拿破仑战争期间，面对拿破仑的巡航战和大陆封锁政策，英国的海外贸易总值仍然呈持续增长态势，其中，出口从 1796 年的 3010 万英镑增长至 1814 年的 4550 万英镑，再出口从 1796 年的 850 万英镑增长至 1814 年的 2480 万英镑。美国独立战争之后，英国对贸易的认识出现新的跨越。在英国人眼里，殖民地的作用已不再是土地本身，而在于它对世界贸易的意义。因此，英国占领哪些地方基本上是从是否有益于拓展对外贸易考虑，它们有的是原料产地或产品销售市场，有的能够确保海外贸易航线的通畅，"贸易优先"的原则在新帝国的形成中表现得相当突出。

（三）加强海上贸易保护

光荣革命之后，英国海外贸易发展政策出现调整，由以支持以特许公司为主要形式的老式垄断贸易为主转变为以支持本国商人的自由贸易为主。这主要是因为《航海条例》的出台和英国海军力量的强大及其保护海外贸易职能的明确化，强化了英国对特定海外贸易的垄断，使得这些贸易可以对所有商人开放。但这些私人性质的海外贸易商在面对法国的贸易劫掠时，处于势单力薄的不利地位，防护薄弱的商船在战争期间更易受到攻击。奥格斯堡战争期间，面对法国的私掠战，英国被俘获或赎回的船只数量多达惊人的 4000 多艘，而且主要是 1693 年之后俘获的。在地中海海域，英国拉塞尔司令率领的舰队在保护黎凡特公司的贸易方面发挥了重要作用。在西班牙王位继承战中，为应对法国私掠船的袭击，英国通过《巡洋舰和护航法令》，分遣特定数量的战舰去保护贸易。在拿破仑战争中，法国在攻占英国的企图失败后，基于海上力量相对弱小的考虑，采取了袭商战的策略。1793 年至 1802 年、1803 年至 1815 年的战争期间，英国运用主力舰队战略与采取商业袭击战略的法国开展斗争，这被认为是"自 1689 年英法海军对抗的……高潮"[①]。法国派出私掠船或派出由 4～6 艘海

---

① 〔英〕保罗·肯尼迪：《英国海上主导权的兴衰》，沈志雄译，人民出版社，2014，第 141 页。

军舰船组成的袭击舰队在贸易路线上快速搜寻目标。当其他国家加入法国的私掠队伍之后，英国航运受到来自欧洲大部分国家的袭击，袭击海域包括英吉利海峡、比斯开湾、北海、波罗的海和地中海。但是，规模更大、威力更强的私掠船加入了袭击舰队在全球各地进行袭击商业的行动，范围可达东、西印度群岛。从 1793 年至 1815 年，有将近 1.1 万艘商船被敌人俘获①。为此，英国加强了贸易保护，打击"巡航战"，建立世界范围的护航体系，击退了敌人对英国商业贸易的连续袭击，保护了整个战争所赖以维系的经济繁荣。

（四）不断加强海军建设

在海军战术和制度革命方面，英国在七年战争中大胆摒弃战列线战术，采用机动战术，在拿破仑战争中采用线式队形和新的战术。在后勤供应方面，英国海军注重改善伙食和提高效率，在多地建立了先进的食品加工厂，专门负责将动物和谷物加工成舰上常用的食物——咸肉、面包和啤酒。这样，食品随时可装运上船，提高了整个舰队的续航力。此外，英国人还发现可用柠檬汁治疗海上常见的坏血病。英国海军军官还注重船上的清洁卫生，重视医院建设，关心船员的健康。这些措施大大改善了舰队的医疗条件，保存了宝贵的有丰富经验的水手。1756 年，威廉·皮特出任英国首相，着手改组军队，改善后勤供应，提拔优秀军官，加强军队建设。美国独立战争后，皮特经常强调，"拥有一支足够强大的海军以慑止另一个国家挑起战端并不是一种奢侈，而是一个精明而经济的举措"②。1784 年，他将和平时期的海军兵力由 1.5 万人增加至 1.8 万人，1789 年又增加了 2000 人；1783～1790 年，英国还建造了 33 艘战列舰。海军改革和扩大造船厂，清除了比较严重的腐败现象，建立了海军补给品仓库，确保现有舰船能够得到定期的维护或更换。通过长时间的努力，到 19 世纪

---

① 〔英〕保罗·肯尼迪：《英国海上主导权的兴衰》，沈志雄译，人民出版社，2014，第 142 页。
② 〔英〕保罗·肯尼迪：《英国海上主导权的兴衰》，沈志雄译，人民出版社，2014，第 132 页。

初，英国已经建成世界上首屈一指的海军力量，从而为保护英国海外贸易、掠夺海外殖民地、争夺海上霸权奠定了坚实的军事基础。

（五）全面构建海上基地网

英国在殖民扩张中的海洋战略就是以海军为后盾，支持商人团体开辟新的贸易据点，皇家海军则负责保卫这些海外殖民地，特别是寻求获取那些对英国至关重要的海军基地①。根据1713年《乌德勒支和约》，英国拿走了直布罗陀、梅诺卡岛、哈得孙湾、纽芬兰岛和新斯科舍半岛。七年战争后，英国拿走了加拿大、布雷顿角、佛罗里达、圣文森特、多巴哥岛、多米尼加和格林纳达，并且在政治上有效地控制了印度。特别是北美的独立，迫使英国对其海洋战略和帝国政策进行根本性的调整。英国放弃了自伊丽莎白一世时代开始的以重商主义和贸易垄断为指导的开疆拓土的旧殖民政策，开始转向以拓展贸易和控制海上交通要道及据点为主要内容的新殖民政策。在拿破仑战争中，在英国强大的分遣舰队封锁中立国海岸的同时，皇家海军有计划地重新夺占法国海外帝国属地及其卫星国。在特拉法尔加海战以前，英军占领了法属圣皮埃尔岛和密克隆岛、圣卢西亚、多巴哥以及荷属圭亚那，在印度取得了新的进展。1806年夺取了好望角，1807年占领了法属库拉索岛和丹麦在西印度群岛的属地，1808年占领了马鲁古群岛，1809年占领塞内加尔和马提尼克岛，1811年攻占法属瓜德罗普岛、毛里求斯、安汶（安波那）和爪哇。另外，一些探索航行及商业扩张进入了此前还未涉足的全球其他地区，为扩大英国的影响力提供了新的地域，并为海军发现了未来可能建立港口和贸易站的地方。这些海外殖民地通常都是海洋中的战略要地，它们最大的价值是为皇家海军舰队提供补给基地，为英国商人提供贸易据点和前进基地，从而能够连点成线，帮助新生的大英帝国控制全球海洋②。

---

① 胡杰：《海洋战略与不列颠帝国的兴衰》，社会科学文献出版社，2012，第130页。
② 胡杰：《海洋战略与不列颠帝国的兴衰》，社会科学文献出版社，2012，第104页。

（六）持续打击和压制法国的竞争

法国在 16 世纪上半叶完成中央集权过程。1624 年，黎塞留就任法国首相，着手筹建法国海军，并积极支持殖民拓殖。1669 年，柯尔培尔被路易十四任命为海军国务大臣，推行重商主义政策，大力加强海军建设。在此过程中，两国受重商主义思想影响，出现了海外利益争夺的端倪。从 1667 年至 1678 年，英国国会和柯尔培尔分别代表各自的国内生产者进行了一场关税战。同样令英国新教徒和海军至上主义者警觉的是，法国海军取得了令人生畏的发展。至 1670 年，柯尔培尔每年花费近 100 万英镑建造新的基地、船坞、海军训练学校和兵工厂，并且打造了一支比英国舰队拥有更多船只、更大型、装备更精良、设计更为合理的舰队。在战胜荷兰之后，与法国进行对抗和竞争成为英国维护和拓展其利益的"主线"。法国的主要动机是获取版图以及欧洲大陆的霸权，英国则是为了获取并保护其殖民地贸易的海外资源，双方利益的互相冲突使英国不能坐视法国支配欧洲大陆，法国也同样无法容忍英国继续扩张海外殖民地和贸易据点。1689~1815 年的 126 年里，英法之间至少有 64 年处于战争状态。在奥格斯堡联盟战争、西班牙王位继承战争、奥地利王位继承战争、七年战争以及拿破仑战争中，英国联合欧陆国家与法国对抗竞争，不断削弱法国海上实力，抢夺法国的许多海外殖民地和海外贸易特权，不断扩大其海上优势，争取越来越多的殖民地和海外贸易利益。在特拉法尔加海战中，英国海军一举击溃法国海军，从而使得法国在海上方向的努力走向失败，放弃与英国进行海权的竞争，也最终确立了英国长达 100 多年的海上霸权。

第二节　英国海洋强国地缘政治效应的表现形式

英国建设海洋强国是海外利益不断拓展的过程，不可避免地会与其他国家发生利益上的竞争和摩擦，进而对国家间关系和国际政治格局产生影响。基于不同的历史时期和对自身利益的影响程度，各地缘政治行为体对英国建设海洋强国战略考量不同，所呈现的认识、立场和态度有着明显的区别，具有多方面、动态性的特征。相应地，由此所引发的地缘政治效应也具有内在的结构复杂性。其中，西班牙、荷兰、法国三国分别是英国建设海洋强国不同阶段的主要竞争对手，相应地对地缘政治效应的产生、发展具有关键性影响。具体而言，英国建设海洋强国的地缘政治效应主要表现为以下四个方面。

一　外向驱动效应：商品需求、航运需求、军事需求多轮牵引

贸易立国是英国的国家战略。英国通过生产、产品和运输等领域的优势实现了贸易市场的不断拓展和贸易活动的不断扩张，而庞大的海外市场对英国的商品和服务也有着强烈的硬性需求。欧洲部分国家也有主动依赖英国维护安全的需求，牵引海军力量的不断发展壮大。各种因素相互叠加、相互促进，形成了非常明显的外向驱动效应。

（一）海外国家需要英国提供贸易商品

英国的许多商品具有明显的优势，有些是传统优势产品，有些则是占据垄断地位的贸易产品，并且随着经济活动的不断开展和工业革命进程的不断推进，其产品的价值优势、质量优势得到了更为充分的体现。对于其他国家的政府和民众而言，与英国开展贸易往来是互利的。因为这些产品对于他们来说也是必需的和必要的，甚至与英国有矛盾和敌对关系的国家，有时也不得不需要英国提供商品。这种硬性的贸易需求保证了英国的对外贸易关系，不论是在和平时期还是在战争时期，一直未中断，成为一种稳定的外部驱动力量。虽然西班牙与英国长期对立，但两国间的贸易却仍有发展。第一次英荷战争之后，英国于1654年相继同北欧的瑞典、丹麦订立了商约，从而使得波罗的海的门户开始对英国开放，其条件与对荷兰是一样的。同时，葡萄牙在1654年7月与英国签订商约，给了英国一些单方面的好处。葡萄牙的海外领地全部对英国开放，给英国的贸易发展带来强烈的刺激和牵引。

第二次英荷战争结束后的数年里，英国海外贸易快速扩张，不仅贸易范围扩张，贸易种类也开始多样化，主要的传统输出商品纺织品因为市场的扩大而受益，但是发展更快的是新的制造业，尤其是与金属工业相关的产业。经营范围也不再限于欧洲，美洲和亚洲市场不断扩大。美国独立战争后，北美逐渐发展成为一个繁荣的地区，是英国货物的巨大市场，其许多食品和原材料来源于英国，三分之一的商船由英国制造。18 世纪 50 年代，北美 13 个殖民地的重要性日益显露，商人和政府官员开始与法国竞争，力图控制北大西洋。这种注意力的转变，也对国内产生了巨大的影响。其中，港口城市得到了快速发展。18 世纪至 19 世纪初，英国的出口在其国内总产出中的份额和国内总工业产出中的份额一直保持着增长态势。到 1815 年，在棉纺织工业部门的产出中，超过 60% 的新增产出用于出口。更重要的是，18 世纪末 19 世纪初，英国新增产出中的很大一部分用于出口，这突出体现了海外弹性需求在吸收英国新增产出上的重要意义。这个时期英国商品出口目的地和进口来源地进一步证明了这种扩张的全球性质。英格兰和威尔士与东印度群岛的年均贸易总值从 1781 年至 1785 年的 290 万英镑增至 1796 年至 1800 年的 700 万英镑；与西印度群岛的年均贸易总值由 410 万英镑增至 1020 万英镑；与美国的年均贸易总值由 180 万英镑增至 740 万英镑；与德国的年均贸易总值由 170 万英镑增至 1150 万英镑①。

拿破仑战争期间，在大陆封锁体系下，英国的海外贸易除了对欧贸易受到严重影响外，其他的贸易发展仍然比较顺利。因为英国具有两大明显的经济优势：得益于工业化，英国生产的制成品质优价廉、品种繁多，没有国家能够媲美；由于拥有广博的帝国和海军优势，英国近乎垄断了殖民地的产品。不管拿破仑发布什么法令，欧洲人民都会发现，如果没有英国的制造商，或者没有香烟、茶、咖啡、食糖、香料及其他热带产品，他们根本无法生活。即便在拿破仑采取大陆封锁政策期间，仍有不少的国家通

---

① 〔英〕保罗·肯尼迪：《英国海上主导权的兴衰》，沈志雄译，人民出版社，2014，第 129 页。

过各种各样的途径进口英国的商品。他们想方设法获得这些违禁商品,通过伪造文件的方式来掩盖进口商品的真正来源地,依赖伦敦或者与伦敦友好的港口和国家,包括马耳他、直布罗陀、西西里、黑尔戈兰岛和瑞典等,都成了英国制造商的大仓库。如在波罗的海,俄国虽然按照契约,拒绝接受英国船只,但是对装有英国货物的、拥有英国许可证的中立国船只却不加阻挡。俄国沙皇从来没有做出承诺拒绝接受中立国船只,或者禁止所有的进出口贸易;而且"他也没有义务去查明这些证件的合法性,并且这些证件后面隐藏的是他的人民所必需的商品交易"①。

重要的是,即便是法国人自己,有时也反对大陆封锁体系,在特定条件下允许法国及荷兰与外部世界进行贸易,他们安排跨越英吉利海峡的"交易",用食糖和咖啡换白兰地和红酒。法国一些军队的被子和军装甚至都从英格兰订货。同样,新英格兰的港口在英国人和加拿大人的帮助下,在 1812 年至 1814 年的战争期间继续与英国进行贸易。在拿破仑放弃其绞杀贸易的努力后,英国对外贸易便很快恢复。虽然英国对北欧的出口从 1809 年的 1360 万英镑跌至 1812 年的 540 万英镑,但"到 1814 年便反弹至 2290 万英镑"②。

(二) 海外市场需要英国提供航运服务

航运业是发展海外贸易的重要支撑,也是海洋强国的重要体现。海外市场对英国建设海洋强国的驱动,不仅体现在其产品的出口上,也体现在对航运业的需求上。因为发展海外贸易与陆上运输不同,其对航运业有绝对的依赖,特别是对于英国这样的岛国而言,大量贸易商品的出口和转口贸易,都需要与此相适应的船舶进行运输服务。海外市场对英国航运服务的需求牵引主要体现在两个方面。一方面是外国基于对英国本国商品的需求所提出的航运出口和转口服务。随着英国商品贸易的不断发展,这种航

---

① 〔美〕A. T. 马汉:《海权对法国大革命和帝国的影响 (1793—1812 年)》,李少彦等译,海洋出版社,2013,第 471 页。
② 〔英〕保罗·肯尼迪:《英国海上主导权的兴衰》,沈志雄译,人民出版社,2014,第 158 页。

运服务需求量不断提升。另外，英国在通过武力和强迫大量抢占殖民地的过程中，也大肆抢占和剥夺各个殖民地的农副业产品，对殖民地与外国的贸易往来实行垄断控制，由此带来对转口贸易航运服务的大量需求。而殖民地的不断扩大带动了其航运业的进一步发展。如 1663 年的《原产地法案》规定，英属殖民地之间及其与外界的全部贸易都要由英国或殖民地所有的船只承担运输任务。此外还有一份清单，上面所列举的食糖、烟草、棉花、生姜、靛青和其他一些染料只能出口到英属殖民地和英国本土，也就是说，它们只有在到达英国之后才能被转口到其他国家。而英国为了保持和加强这种垄断的态势，又进一步加强海上力量建设，有效保障了对贸易和航线的垄断。七年战争期间，英国似乎更加繁荣，贸易每年都在增长，航运总量由 3.2 万吨增加至 50 万吨，约占整个欧洲航运总量的三分之一①。这在很大程度上归因于海外市场的稳步扩大，特别是殖民地贸易的增长，包括原材料和其他稀缺物品，如香料、贵金属等。英国在 17～18 世纪成功地开拓了殖民地产品转口欧洲出口的贸易，并通过《航海条例》垄断了殖民地市场。另一方面，英国通过抢占荷兰航运服务贸易份额增加了在国际航运服务业中的比重。就当时海洋强国的发展模式来看，航运服务业最为发达的国家是荷兰。荷兰在独立后，海上商业和航运业得到迅猛发展，到 17 世纪中期达到极盛，拥有一支由 1.6 万艘商船组成的庞大商船队，超过了英、法、西、葡四国的总和，成为世界商业霸主，从而对英国的航运业带来明显压制。而英国为了获得更多海外利益，在海上实力不断增强的背景下，开始有意与荷兰开展全方位竞争，颁布《航海法案》及其配套条例，加强对海上贸易航线与殖民地贸易的垄断，通过战争和武装劫掠打击荷兰航运业。其他国家对国外商品的需求，很多情况下都被迫需要依靠英国提供海上运输服务，与英国开展转口贸易。这对于英国的运输业、造船业、制造业等的发展都产生了极大的促进作用。

---

① 〔英〕保罗·肯尼迪：《英国海上主导权的兴衰》，沈志雄译，人民出版社，2014，第 114 页。

（三）部分国家依靠英国获取安全保障

基于对英国战略区位和专注海外的建设发展战略的综合研判，欧陆大多数国家对英国建设海洋强国的努力持积极、肯定和欢迎态度。这是因为，从维护国家利益的现实主义角度看，英国的海外扩张并不对聚焦欧陆本土发展的大多数欧陆国家构成威胁，不能直接威胁到欧洲大陆国家的安全，而只是从商业、殖民和海外投资等方面帮助英国攫取世界领导权。相反，欧陆上有霸权野心的国家则会对其周边一些相对弱小国家的安全和利益造成严重侵害。相比较而言，"法国在陆地上的威胁更让它们胆战心惊"[①]。在大多数欧陆国家看来，英国在国际市场上信用良好，它有足够的财力提供津贴，英国海外扩张所带来的海上军事力量的强大还可以帮助它们制衡那些在欧陆谋求霸权的国家。在此背景下，坚持"均势战略"的英国在欧洲大陆通常发挥扶弱抑强的作用，成为弱小国家借以抵抗霸权国家侵害的依靠。马汉就英国在建设海洋强国的崛起过程中对他国的正面影响也给予了高度评价，认为英国源于海上力量的财富，使其在欧洲的各种事务中起到了令人瞩目的作用，"马尔伯勒战争之前半个世纪，英国开始实施的对外财政援助，半个世纪之后，在拿破仑一世战争中得到广泛的发展，在维护英国同盟国方面起到了重要作用。如果没有英国的财政援助，这些同盟国即便不会完全瘫痪，也将大大削弱其战斗力"[②]。而在欧陆大多数国家看来，选择接近英国，寻求英国的支持、帮助和调停等，是借助和利用英国的海上能力和优势，谋求更多"红利"，维护和拓展本国利益的一种比较常见的战略选择，就连法国也不例外。英法之间虽然矛盾重重，但也曾结为盟友。英国护国主时期爆发法西战争后，法国渴望同英国结盟，充分利用英西矛盾，极力拉拢英国，借助本国的陆军和英国的海上军事力量，共同对抗西班牙，联合打败西班牙。而葡萄牙在地缘战略上选

---

① 胡杰：《海洋战略与不列颠帝国的兴衰》，社会科学文献出版社，2012，第93页。
② 〔美〕A. T. 马汉：《海权对历史的影响（1660—1783）》，安常荣等译，解放军出版社，2006，第82~83页。

择与英国结盟的重要原因之一，就是"葡萄牙和西班牙两国间的水火不相容的关系，必然使葡萄牙需要一个强大的然而却相距甚远的同盟国"①。依靠英国的支持，葡萄牙可以抵御法国和西班牙的侵略，英国舰队还可以为葡萄牙与巴西的大量贸易提供保护。法国大革命爆发后，欧洲各君主制国家面临严峻形势，都急迫地想借助英国的力量来反对和镇压法国革命，达到维持本国政局稳定的目的。这为君主立宪制的英国同其他封建君主制欧洲国家结成反法联盟提供了客观条件。而拿破仑战争期间，虽然多次组建的反法联盟一直是在英国的主导下开展的，但诸多欧陆国家愿意加入联盟，把英国视为需要努力争取的对象，并在联盟多次失败、瓦解的背景下仍然继续支持英国，主要是出于借助英国军事力量谋求维护本国安全的战略目的。如奥地利、普鲁士等国都多次参与反法联盟。第四次反法联盟建立前，莱茵联盟的建立使拿破仑的权力深入德意志的心脏地区，直接威胁到普鲁士的安全。拿破仑把20万军队集中到莱茵河西岸的阿尔萨斯、洛林和莱茵联盟各国。这使普鲁士意识到，拿破仑迟早会进攻普鲁士，于是积极寻求英俄援助，加入反法联盟，从而既得到了英国的补助金，又得到了英国在海上方向的强力支援。欧洲国家依赖英国维护欧陆均势、提供安全保障的强烈需求，为英国的海洋强国建设营造了有利的发展环境，形成了强有力的牵引。马汉曾总结指出，"老皮特在1754年和1760年之间取得了他最辉煌的成就，英国海军在此期间扩大了33%，到他儿子掌权的1792年到1800年期间扩张了829%"②。由此也可以看出，拿破仑战争对英国海上军事力量所产生的推动作用有多大。

二　机会窗口效应：权力真空、内部稳定、欧洲内乱相互叠加

在建设海洋强国过程中，英国密切关注国内国际战略环境变化，在努

---

① 〔美〕A. T. 马汉：《海权对历史的影响（1660—1783）》，安常荣等译，解放军出版社，2006，第409页。

② 〔美〕A. T. 马汉：《海权对法国大革命和帝国的影响（1793—1812年）》，李少彦等译，海洋出版社，2013，第528页。

力促进国内和平稳定的同时，充分把握和利用国际社会提供的各种战略机遇，采取得力措施加速海洋强国建设进程。这些战略机遇主要体现在海上权力真空、国内政治稳定和欧洲内部战乱三个方面。

（一）海上存在权力真空地带为英国建设海洋强国提供机遇

海上权力真空地带，是指其他海洋国家还未正式涉足或者未有效控制的区域。英国海上拓展初期是海上最早崛起的国家西班牙和葡萄牙两国谋求一统世界的时代。1494年，罗马教皇亚历山大六世抛出了"教皇子午线"，规定该线以西所发现的非基督教国土地归西班牙所有，以东属于葡萄牙，从而确认了世界被西班牙和葡萄牙瓜分的格局。从现实情况看，虽然西班牙和葡萄牙谋求对世界进行瓜分和垄断，但受综合实力的限制和约束，并不能形成真正的有效控制，甚至在有些地带根本没有涉足，从而出现了西葡垄断夹缝中的权力真空地带。这些权力真空地带给英国初期的海外拓展带来重要机遇。这是因为，在建设海洋强国的初始阶段，英国的实力相对薄弱，如果选择与西班牙和葡萄牙两国正面碰撞，在其传统利益范围内经营发展，进行"虎口夺食"，必然会招致激烈反对，而这将给英国本国的安全和发展带来极大风险。尽量不引发与这两国的正面冲突，把西班牙和葡萄牙传统利益和势力范围之外的方向和区域作为发展方向，可谓明智策略。从具体情况看，伊丽莎白继位之时，英国面临十分严峻的国内、国际形势：西班牙抱有敌意，土耳其称霸地中海，汉萨人垄断了整个波罗的海的贸易。英国人只能向南，沿非洲海岸南下，或者是往西班牙和葡萄牙力量相对空虚薄弱的方向发展，即向东北方、西北方和南方探索新的航线。比如，1553年休·威洛比爵士和理查德·钱塞勒率领三只商船就是沿挪威海岸北上。1562年霍金斯开展跨大西洋奴隶贸易时，起初也是出于和平的目的，不是以海盗身份而是以贸易商的身份出现，因为他相信加勒比海地区等西班牙属地缺少劳动力，他们会从英国手中购买非洲黑奴，同时也需要英国人将西班牙殖民地的产品运回欧洲销售。在英西关系逐渐恢复时期，伊丽莎白尽量把冒险家的视线转离西属美洲，而转向不至于冒犯西班牙的拓展殖民活动。1604年之后，詹姆斯一世奉行与西班牙友好的政策，对西班牙做出了一些让步，"但他从来没有放弃对未占土地进行殖民化的权利"①。也正是在斯图亚特王朝第一位国王统治期间，英国还发现了通往东方的新贸易航线、贵重金属或海军补给品新的供应地。而在七年战争期间，英国和法国在西印度群岛进行对抗，其中重要的原因是对当地一些归属权未定的"中立"岛屿的争夺。从权力真空地带入手，推动海上拓展，可以减少外在压力和阻力，同时也为自身的发展奠定一定的法理基础，大大增强了海外拓展的正当性和合理性。

（二）英格兰与苏格兰的合并为英国建设海洋强国提供机遇

稳定良好的国内政治局面是英国能够专心向海外发展的重要基础。"国内稳定，在国外就强劲有力。"② 如果国内不能实现和平，面临战乱的困扰，向海外发展的精力和资源势必严重受到干扰和制约，进而影响建设海洋强国的战略进程。英国建设海洋强国的初期，采取有力措施促进国内的稳定和统一，营造相对稳定的国内政治环境，为加速向海外发展赢得宝贵的有利时间。其间，先后发生的两次政治事件，作为国内政局趋于稳定的里程碑，也成为英国向海外发展历史机遇的重要标志。一是伊丽莎白时期英格兰与苏格兰实现结盟。伊丽莎白政府利用苏格兰反抗法国统治之机，从秘密支持苏格兰新教徒到派军队进行公开干涉，迫使法国求和，签订《爱丁堡和约》，打破了传统的法国与苏格兰的同盟关系，建立了新的英格兰－苏格兰联盟，为将来不列颠的统一创造了条件。二是安妮女王时期英格兰与苏格兰合并。第一次英（格兰）苏（格兰）联盟建立后，苏格兰在政治上、经济上都是相对独立的，两者只是实现了和平，但远没有达到合心合力的程度。在苏格兰看来，英格兰主导下的英国政府"不允许苏格兰人在政治上和宗教上的独立，但将苏格兰人不想要的经济独立硬加

---

① 〔英〕保罗·肯尼迪:《英国海上主导权的兴衰》，沈志雄译，人民出版社，2014，第46页。

② 〔美〕威廉·H.麦尼尔:《竞逐富强——公元1000年以来的技术、军事与社会》，倪大昕、杨润殷译，上海辞书出版社，2013，第127页。

给他们"。因为，当时苏格兰人的经济模式还是以农业和有限的本地商业为主，其最大的愿望是有机会加入英格兰的商业帝国，但是英格兰人一直将他们拒之门外。根据《航海法案》，苏格兰人不得与英国殖民地进行通商，也不得参与英国沿海贸易。在尝试建立自己的海外商业帝国的努力失败后，苏格兰一直希望通过与英格兰合并来享受《航海法案》的好处。1667 年、1670 年和 1680 年，苏格兰人曾经多次要求这样的合并，但由于多方面的原因并没有被接受。1702 年，詹姆斯二世之女安妮公主继承英国王位。1703 年苏格兰议会通过《保证法》，规定议会在安妮女王去世时开会，选择王位继承人。如果英格兰事先不答应苏格兰与英格兰及其殖民地通商，英格兰就不能为苏格兰挑选继位人。《保证法》的通过迫使英格兰人不得不考虑，或者要一个一直与本国为敌的苏格兰国家，或者要一个合二为一的国家，保证充分的贸易互惠。结果很明确，英格兰选择了后者。1706 年，经双方议会同意，安妮女王指派代表就《合并条约》进行谈判，两个王国摒弃长期以来的争端，合二为一，共尊一位君王，同有一个议会，适用于同样的法律，正式以大不列颠王国命名。当年，英格兰议会批准条约，苏格兰议会于次年即 1707 年批准了条约。两个王国的合并进一步避免和消除了发展的内耗，增强了英国向海外发展的综合实力，获得建设海洋强国的重要历史机遇，为英国 18 世纪史无前例的繁荣发展奠定基础。

（三）欧洲大陆陷入内部战乱为英国建设海洋强国提供机遇

从建设海洋强国的历史进程看，在欧洲国家向海外拓展的过程中，英国并不是先行者，同时也面临不少同时期的竞争者。在这种态势下，英国之所以能突出重围、脱颖而出，一个重要的原因就是欧洲大陆的竞争者曾三次严重地陷入内乱，为英国实现赶超提供了重要机会。欧洲大陆内部的战乱局面，大大削弱了英国的外部阻力。在其他国家兵戎相见时，英国能利用这种态势从中渔利。保罗·肯尼迪认为："1609 年前以及 1618 年之后，主要欧洲国家都卷入残酷的地面战争，而英国却处于和平状态，与海军规模相比，这个情况可能更是后者经济复苏和海外帝国重建的有力引导。"①

第一个战略机遇期是尼德兰革命后期（1604～1609年）。1604年，英国与西班牙实现了和解，缔结了和平条约，并赢得了很多同西班牙发展贸易、向海外发展的有利条件。而此时荷兰反对西班牙的独立战争正如火如荼地进行，牵涉了西班牙很大的精力，并对西班牙的海外发展构成严重威胁，直到1609年西班牙与荷兰签订《十二年停战协定》。与西班牙的停战，使英国可以大大减轻国家沉重的财政负担，为英国的特许公司实现其殖民化和贸易扩张计划奠定了基础，也促进了英国与伊比利亚半岛和地中海的贸易交通的恢复。而西班牙则从此更加衰落，虽然还保有大西洋上和中南美洲的许多殖民地，但已变成二等甚至三等国家。

第二个战略机遇期是三十年战争（1618～1648年）。欧洲大陆上的国家，包括几个传统的海洋强国在内，都忙于欧洲域内的权力争夺，根本无暇顾及海外贸易和殖民地的拓展。长期的战乱加速了西班牙的没落，荷兰因将主要精力用于争取独立而在海外发展的步伐减缓，法国虽然战后获得了不少利益，但其间的国家重心是陆路，客观上减少了在海外与英国的竞争。这无疑使英国海外发展面临的竞争和压力大大减少。虽然英国在1640年爆发了资产阶级革命，但革命并没有迟滞英国的发展，相反为英国资产阶级工商业的崛起、增强经济实力和海外扩张打开了新的局面。

第三个战略机遇期是三十年战争之后欧洲大陆持续不断的战乱。三十年战争之后，欧洲大陆上还是不断地上演着你争我夺的残酷竞争，包括因俄国扩张而引发的北方大战、西班牙王位继承战争（1703～1713年）、奥地利王位继承战争（1740～1748年）、七年战争（1756～1763年）、法国大革命和拿破仑战争等。在这些战争中，英国都以各种方式参与，但这一时期对英国而言也是重要的机遇期。因为衡量一国的发展，既要从绝对的角度看，还要从相对的角度看。三十年战争期间，英国因没有参与战争，

---

① 〔英〕保罗·肯尼迪：《英国海上主导权的兴衰》，沈志雄译，人民出版社，2014，第47页。

具备了海外发展的良好条件，这种状态下的经济发展是绝对繁荣发展；而此后参与的战争中，英国是作为战胜国或者是获利国的角色出现的，其贸易受到的损害相对于其他欧陆国家而言是微小的，因而也取得了与欧陆海外竞争对手间的相对发展利益和比较优势。如第三次英荷战争结束后，英国在法荷冲突中渔利。英国作为中立国，取得了海上贸易的很多机会。同时，法国急切希望安抚英国，使航行在各海洋上的英国舰船有了安全保障，也正是这种安抚英国的愿望促使其"对英国在贸易条款上的苛求做了巨大的让步，从而极大地削弱了柯尔培尔寻求用以发展目前还很虚弱的法国海上力量的贸易保护政策的作用"[①]。西班牙王位继承战争结束后，欧洲主要国家于 1713 年缔结了《乌德勒支和约》，该和约确立了欧洲大陆的均势局面，英国还获得了海外贸易发展的很多特权，此后又迎来了近 30 年的和平时期。可以说，至 1713 年，由于此前将过多的国家资源用于陆上战争，战后不管是法国的海上商贸，还是法国的皇家海军，都无力挑战英国的商业和海军，荷兰也是如此。此后的相对和平时期，英国在海外发展遇到的阻力很小，从而又迎来了一段海权发展的重要时期。

三　陆海互利效应：舍陆拓海、遏陆争海、占陆制海统筹协调

在建设海洋强国过程中，英国以向海发展为中心，采取有效措施灵活地统筹协调大陆和海洋两个战略方向，充分发挥陆地和海洋各自独特的战略功能和作用，以陆上行动推动、促进和服务海上发展，以海上发展壮大有力保证陆上行动落实，从而实现大陆与海洋的良性互动、相互促进，形成了海洋强国建设进程不断提速的有利态势。

（一）"舍陆拓海"——舍弃大陆情结，加速海外拓殖

英国是一个岛国，地理因素使英国的历史和文化具备不同于欧洲大陆

---

① 〔美〕A. T. 马汉：《海权对历史的影响（1660—1783）》，安常荣等译，解放军出版社，2006，第 220 页。

的某种独特性，但也并未自然而然地给予英国人心理上的岛国的感觉。总体上看，英国人拥有海洋意识但又难以割舍对欧洲大陆的渴望，"大陆情结"很长时期在其内心挥之不去。1066 年"诺曼征服"之后，不列颠的历史就开始同一水之隔的欧洲大陆紧紧相连，英格兰—诺曼底王国把英国与欧洲大陆在地理上紧紧绑在了一起。中世纪大部分时间内，英国的外交战略以扩大和维持在欧洲大陆的领地为中心。"大陆情结"一定程度上影响了其战略决策和国家走向。英国对于争夺欧陆领地的关注，使其不能集中精力于海上，进而迟滞了英国海洋强国建设进程。英法百年战争后，英国相继丧失诺曼底、阿基坦和加斯科尼等领土，被迫放弃了对大陆的热情，但仍未彻底离别大陆，此后的 105 年里他们依然不惜耗费巨资固守在大陆的最后一小块领土——加来港上。此后，亨利七世虽然宣称不再关心欧洲大陆事务，但也一度对法国开战并自称英格兰国王兼法国国王。虽然亨利八世的顾问在 1511 年就已提出放弃欧洲陆地的企图的建议，但亨利八世本人仍热衷于夺回英国在百年战争中丧失的在法国的领地。玛丽女王在对法战争中最终丢掉了在欧洲大陆的唯一领地——加来。继任的伊丽莎白一世采纳了国务大臣威廉·塞西尔彻底放弃加来的建议。他认为两百年来英国为保住加来耗资巨大却得不偿失，这个弹丸之地不值得再付出高昂的代价维持下去①。1559 年英法签订《卡托—康布雷西斯和约》，英国在名义上仍然拥有加来，但法国可以占领 8 年，到期归还给英国，或以 50 万克朗抵押。很显然，伊丽莎白女王不是不知道 8 年后法国势必会拒绝归还加来，这一纸和约实际上是以一种体面的方式将加来拱手让给了法国人。1567 年，法国以英国破坏《卡托—康布雷西斯和约》、占领勒阿弗尔为由拒绝归还加来，伊丽莎白女王仅在口头上表示了抗议。至此，英国势力彻底退出了欧洲大陆，英国对欧洲大陆领土的野心也宣告终结。"大陆情结"对于英国建设海洋强国进程具有明显的负面影响。只有当他们意识到欧洲大陆只是个麻烦不断的地方，从而安心于在不列颠空间内开疆拓土

---

① 胡杰：《海洋战略与不列颠帝国的兴衰》，社会科学文献出版社，2012，第 57 页。

的时候，不列颠才从地理上的岛国变成英国人意识中的海洋国家。对于英国而言，"舍陆"是表象和前提，而"拓海"才是归宿和目的。英国只有决心放弃欧洲大陆的领土梦，真正确立海洋国家地位，才真正打开了向海发展的"大门"。海洋意识的彻底觉醒，使英国不必把大量的精力用在争夺欧洲大陆并没有太大意义的领地上，只需"警惕地注视欧洲大陆的局势并力图充当欧洲力量均衡的制衡者"，而后可以逐渐将扩张的重点放到海洋和海外殖民地的开拓上[①]。而在具体的建设海洋强国的过程中，英国也遇到不少的困难和挫折，但其始终坚持向海发展的战略方向不动摇。一般认为，1588年战胜无敌舰队是英国在海上崛起的标志。这种说法并没有错，但也要看到，英国的海上崛起是一个漫长而艰难的过程。1588年的胜利是英西战争（1585～1604年）过程中的精彩片段，只是一个开端而不是终点。西班牙舰队在1588年海战失利后迅速重建，其规模仍超过了英国和荷兰舰队的总和，而英国舰队的规模却并未得到多大扩展。英国海军在1588年海战之后则连遭败绩，1589年德雷克对西班牙和葡萄牙的远征以惨败收场，1595～1596年德雷克和霍金斯对南美洲殖民地的袭扰也无功而返。西班牙还在1597年和1601年两次远征爱尔兰，并于1595年在康沃尔登陆，打破了多年来英格兰未受外敌入侵的平静和安宁。在与荷兰进行竞争的三次英荷战争中，第二次英荷战争也是英国告负。只是在此过程中，英国坚持既定的战略，始终向海洋发展，没有因暂时的失败而放弃，才最终实现建设海洋强国的战略目标。

（二）"遏陆争海"——遏制欧陆对手，争夺海外利益

为削弱欧陆国家与其在海外发展方面的竞争，英国采取"遏陆争海"的战略，通过在欧洲大陆上施加影响，维持均势，将竞争对手力量尽可能遏制和封锁在欧陆，分散和转移战略对手的关注点，削弱其向海洋发展的投入，从而减少英国向海发展的阻力。就英国而言，"遏陆"是手段，

① 计秋枫、冯梁等：《英国文化与外交》，世界知识出版社，2002，第56页。

"争海"是目的。"遏陆"有助于增强海上实力，而"争海"能力的提升，又进一步提升英国的"遏陆"水平，如此良性循环最大限度地实现和维护着英国的海洋利益，"没人能够否认英国政府一方面用钱在大陆上加强了其软弱无力的同盟国；另一方面又迫使它的敌人离开海洋，离开他们的主要殖民地——加拿大、马提尼克、瓜得罗普、哈瓦那、马尼拉，而使它的国家在欧洲政治中起到了最重要的作用"①。

在与西班牙的竞争中，英国在加来海战之后开始不断增强海上自信，为争夺西班牙的海外利益，其开始拒绝"海洋自由"的观念，转而支持对海军力量占优的国家更为有利的封锁战略，派遣多个强大的海军中队封锁西班牙和葡萄牙海岸，并派出部队切断来自波罗的海的海军补给站的供应品，进一步卡紧西班牙的"脖子"。第一次英荷战争结束后，准备与西班牙的战争成为英国护国主时期对外政策的总方针。英国选择与法国结盟，与西班牙同时在海上和陆上进行作战。英国海军封锁了西班牙海岸，切断通往弗兰德尔的海上通道，阻止了西班牙同西印度群岛的一切商业往来。1658 年，西班牙大败。英国不仅占领了新斯科舍半岛和牙买加，还在欧洲大陆取得战略据点敦刻尔克。这样英国便控制了荷兰的航运，确保了英国的商业安全，这是英荷战争后的又一胜利。

在 1689 年到 1815 年发生的 7 次战争中，向英国利益发起挑战的，是以陆地为基地的法国。对于法国，英国纽卡斯尔公爵在 1742 年很明确地表述了这一战略意图的要旨："一旦在大陆上消除了后顾之忧，法国就会在海上超过我们。我一贯主张我们的海军应当保护我们在欧洲大陆上的盟国，借以牵制法国的力量，保证我们的海上优势。"② 根据这一观点，"海上"和"大陆"战略是相辅相成的，而不是互相排斥的。所以，英国历届政府对欧洲大陆进行的军事干涉，绝不仅仅是因为威廉三世同尼德兰联邦之间的个人联系，或后来与汉诺威王朝的纽带关系，而是为了在陆上遏

① 〔美〕A. T. 马汉：《海权对历史的影响（1660—1783）》，安常荣等译，解放军出版社，2006，第 82～83 页。
② 〔英〕保罗·肯尼迪：《大国的兴衰》（上），王保存等译，中信出版社，2013，第 98～99 页。

制法国。拿破仑战争中，英国趁法国内乱进一步巩固了对西印度群岛的统治，并掌握了在英吉利海峡和地中海的制海权。1793～1799年，英国皇家海军不仅将地中海变成了英国的"内湖"，还多次突袭并占领法国的土伦港，一再击败法国、西班牙和荷兰舰队。拿破仑战争期间，皇家海军有能力把敌对的舰队遏制在欧洲海域，并且无论什么时候，都能给出港的帝国舰队以沉重打击，使得法国和西班牙向东印度群岛和西印度群岛派出军队的难度逐渐加大，这也就决定了美洲、非洲、印度洋和东印度群岛等地区的海外属地的命运。

（三）"占陆制海"——抢占基地要点，控制海上通道

从英国建设海洋强国的实践看，建立海上霸权、控制海洋，主要是通过对海上交通命脉——战略要道的控制实现的；而控制海上战略要道，主要是通过占据沿海贸易据点、海军主要基地和海上关键岛屿等要地要点实现的。这些海外殖民地通常是海洋中的战略要地，它们最大的价值是为皇家海军舰队提供补给基地，为英国商人提供贸易据点和前进基地，从而能够连点成线，帮助新生的大英帝国控制全球海洋[①]。占陆制海，就是通过广泛占据海上岛屿和沿海基地，实现对海上交通线的有效控制，进而控制海洋，是由陆上一个点到海上一条线，由海上一条线到海洋一个面的过程。英国在殖民扩张中的海洋战略就是以海军为后盾，支持商人团体开辟新的贸易据点，皇家海军则负责保卫这些海外殖民地，特别是寻求获取那些对英国至关重要的海军基地[②]。在英国人的眼里，海洋的主要功能是作为从本土通往世界的贸易通道，通过占领殖民地和掠夺殖民地的财富，向殖民地推销本国生产的产品，从殖民地进口各类原材料。在其殖民体系遍布全球时，确保海上航路的安全则至为关键。伊丽莎白曾说，"海权原则的核心命题，即需要通过占优势的舰队来确保对海洋贸易路线的控制"。

---

① 胡杰：《海洋战略与不列颠帝国的兴衰》，社会科学文献出版社，2012，第104页。
② 胡杰：《海洋战略与不列颠帝国的兴衰》，社会科学文献出版社，2012，第130页。

为此，英国注重对于海上战略要道的控制，而要控制海上战略要道，关键又在于占据遏制海上战略要道的重要据点。通过对海上战略要道重要基地的控制，形成对世界政治、经济进行有效遏制的全球战略利益链条。遍及全球的战略基地链是英国发挥战略影响力的基础。

对于英国来说，在海外领土如此容易获取、陆地交通不便以及国际贸易发展如此迅速的时候，地理位置优越的基地对于拥有它们的大国来说具有很重要的价值。[①] 英国占据的一串岛链和定居点包含了世界海上运输线上大部分最好的战略港口。如获得黑尔戈兰岛、马耳他和伊奥尼亚群岛，进一步加强了英国对北海和地中海的控制，不经意地为英国提供了一个未来进行大陆封锁的额外基地。在印度和东方航线上：在大西洋占领了冈比亚、塞拉利昂和阿森松岛；在南部非洲占领了开普敦；在印度洋占领了毛里求斯、塞舌尔和锡兰；进一步往东则占领了马六甲。在西印度群岛，占领了圣卢西亚和多巴哥、圭亚那。皇家海军的霸权及英国贸易的扩张使得占领这些战略据点既容易又物有所值，而拥有这些据点之后，又进一步加强了英国的海军霸权，从而为经济增长提供了更多的机会，相互促进的"贸易、殖民地和海军三角"再次给英国带来了好处。到拿破仑战争结束时，英国已经在海洋上形成覆盖全球的海上基地网，形成对海上控制的绝对主导，从英吉利海峡的"主人"升级为世界海洋的"主人"。

四　对手聚合效应：法西联盟、武装中立联盟有限阻挠

英国在海上的崛起不是一个孤立的事件，而是一个在国际框架体系中的崛起行动。从海洋地缘政治的角度看，英国建设海洋强国这种战略行动必然会对其他国家在海洋上和海外的战略利益产生重要影响。在重商主义盛行的时代，英国的海上崛起往往伴随着对他国既有利益的侵占，以及对广泛海外利益的争夺。当这种对海上和海外利益的争夺产生负面影响且涉及多个国家时，就容易引起国际社会多个国家通过某种形式的联合对英国的行为进行共

---

① 〔英〕保罗·肯尼迪：《英国海上主导权的兴衰》，沈志雄译，人民出版社，2014，第168页。

同抵制和对抗，给英国建设海洋强国的努力造成极大的阻碍，从而表现出对手聚合效应，主要表现为美国独立战争时期的法西联盟和武装中立联盟。

（一）法西两国借美国独立战争联合抗英

美国独立战争是英国建设海洋强国进程中的重大挑战。美国独立战争开始时，英国是工业发达的经济大国，"在北美殖民地已有 4000 人的军队、36 艘战船"①，不仅完全控制了海洋，而且牢牢地把持纽约、哈利法克斯等战略据点。而北美殖民地尚无一支经过训练的军队，经济力量也十分薄弱，双方力量对比悬殊。如果仅靠北美殖民地人民的力量，撼动英国政府必然是困难重重。但这次法国、西班牙参与其中，给了美国极大的支持，这使得英国在应对北美殖民地人民的独立事务时，不得不同时面对法国、西班牙等国在海上和陆上方向对英国的挑战。

法国、西班牙两国之所以形成战略联盟，积极参与支持美国独立战争，是因为法西等国都把美国独立战争作为夺回各自国家之前被英国夺走利益的绝佳机会。在与英国的竞争中，它们失去了太多利益，而利用英国处于危难之际的特殊时期夺回本国的战略利益，对于它们而言是可遇不可求的战略机遇，因而它们全力支持美国，在战场上不遗余力地与英国展开搏杀。对于法国而言，支持北美反英斗争，可以极大地削弱英国，扩大法国同北美的贸易，同时恢复法国在西印度群岛的利益。1776 年，法国外交大臣就提出，"法国的责任是抓住一切机会削弱英国的力量。法国政府经过反复研究，认为最稳定的援助办法是向英属北美殖民地开放若干法国港口，秘密地把武器和军用物资运往那里"②。1778 年 2 月 6 日，法国和美国签订了友好通商条约和同盟条约。其中对美国独立后的权利进行了分配，包括法国要求获得英属西印度群岛的权利。美国独立战争中，法国有史以来第一次不必在陆、海两个方向同时对英国作战，从而可以集中其全

① 蒋孟引主编《英国史》，中国社会科学出版社，1988，第 436 页。
② 王绳祖主编《国际关系史（第一卷：1648—1814）》，世界知识出版社，1995，第 249 页。

部海军兵力破坏英国对北美的海上封锁，并支援华盛顿的陆上行动。法国派出舰队支援华盛顿的大陆军作战，为大陆军在陆上的军事行动提供了重要的海上支持，也为自己挽回了一些颜面，并得到了多巴哥、塞内加尔和芬兰的渔场等战利品。

对于西班牙而言，其很多利益包括直布罗陀、西属佛罗里达等被英国夺占，也希望有机会对英复仇、收复失地。1779 年 4 月 12 日，西班牙与法国签订《阿兰胡埃斯条约》，双方都把相互支持收复各自失地作为密约的重要内容。西班牙要收复直布罗陀、梅诺卡、牙买加、佛罗里达等地，把英国人从洪都拉斯赶出去，分享在纽芬兰的捕鱼权；法国则想恢复在印度的统治地位，把英国人从纽芬兰赶走，分享洪都拉斯的伐木场，收回塞内加尔和多米尼加岛。相比较法国更为全面而公开的与英国的竞争，西班牙相对"低调"，参战的目的定位在收复失地上，军事行动局限于包围直布罗陀、占领西佛罗里达的英军据点等。强大的法西联合舰队、拿破仑的大陆军以及武装中立联盟使得英国不得不分兵同多个国家作战。英国皇家海军必须同时应付法国、西班牙、荷兰和北美殖民地海军，既要保卫美洲殖民地，又要时刻警惕法西联合舰队入侵英国本土。这使得皇家海军不能集中精力应对跨越大西洋作战的种种不便，更无法为镇压北美独立运动的英国陆军提供持续有效的支援。法西联盟对于英国最终承认美国独立产生了重要的影响。

（二）武装中立联盟抱团维护本国利益

在美国独立战争时期，除了对英国实施正面对抗干预的法西联盟之外，还出现了另一股联合对抗英国的力量——武装中立联盟，包括俄国、丹麦、瑞典、荷兰、普鲁士、奥地利、葡萄牙等国。它们缔结联盟，抵制英国海上霸权，维护本国发展利益，对英国海上霸权形成了有力阻遏。

英国为封锁北美大陆、打击法西同盟，实行了海上封锁政策，经常阻拦、搜索中立国船只，直接触犯了俄国等中立国的利益。到 1780 年，英国海军在大西洋上严重破坏了中立国的贸易，引起许多国家的愤怒，这导致平时保持对英友好传统的俄国的态度也发生急剧变化。1780 年 2 月 29 日，俄国发表了《武装中立宣言》，宣布中立国船只可以在交战国各口岸之间和交战国沿海"自由航行"；交战国臣民的财产，除违禁品以外，可以"自由装载于中立国船只"；关于违禁品的细则，俄国遵守 1766 年英俄商约的有关规定，并对所有的交战国承担义务；只有当进攻国家在某一港口附近驻扎了足够的船只，并对开进去的船只构成明显的危险时，那个港口才称为被封锁港口。根据《武装中立宣言》的原则，俄国、丹麦和瑞典缔结了一个防务条约，规定封锁波罗的海，禁止在那里进行军事活动；宣布依照这些原则用海军保护自己的船只并邀请欧洲其他国家加入该条约。俄国还派出强大舰队驶往北海，保护俄国贸易，并建议瑞典和丹麦也采取同样的措施。除以上三国外，荷兰、普鲁士、奥地利、葡萄牙和西西里王国等主要欧洲国家相继加入"武装中立同盟"。所谓"武装中立"，实质上是参加国共同以武力对付英国舰队，打破英国的海上独霸局面，保证它们与北美的贸易关系。武装中立原则的宣布，使英国在外交上处于更孤立的境地，并在相当程度上动摇了其海上的垄断地位。

另外需要指出的是，虽然荷兰与英国拥有特殊关系，两国在 1678 年又订有同盟条约，故荷兰在对美态度和立场上保持谨慎，采取了不承认美国独立的立场，但其不愿放弃同交战国贸易以获取利润的良机，因而允许美国使用其港口，并与其进行走私贸易，不配合英国的贸易限制要求，从而极大弱化了英国贸易禁运的效果。同时，荷兰也同法国开展自由贸易。随后，两国之间矛盾不断加剧，英国不再允许荷兰船只运送造船用品到法国去，荷兰便派军舰为其开往法国的庞大的商船队护航，英国则用武力驱散荷兰的商船队，劫掠现役的船只。这种做法招致荷兰的强烈不满，荷兰采取了无限制护航、增加海军军备等措施，并最后参加了"武装中立同盟"。

对手聚合效应一度给英国的海上扩张带来一定困难。英属北美殖民地的独立虽然是英国建设海洋强国进程中的重大挫折，但之后英国迅速调整了政策和战略，逐步弱化了对手聚合效应，并没有因为美国独立战争而停止海外发展的步伐。总体而言，对手聚合效应对英国而言是比较短暂的，对其建设海洋强国也没有产生根本性的影响。至于拿破仑战争时期，法国在特拉法尔加海战之后对英国采取的大陆封锁，部分欧洲国家是在被法国军事占领的背景下被动参与的，并不是符合它们国家利益的主动性战略行为，因而并不算是一种对手聚合的形式。

第三节　英国海洋强国地缘政治效应的形成原因

英国建设海洋强国产生了四种比较明显的地缘政治效应。这些地缘政治效应，既是英国与他国基于建设海洋强国所引发的地缘政治互动的一种客观反映，也是英国主观上基于自身条件采取战略举措的一种现实结果。离开特定的条件，英国建设海洋强国之路可能就是另外一番景象，所产生的地缘政治效应则可能也是完全不同的结果。从英国自身的角度来分析，自然地理环境、国家综合实力、建设发展模式、外交方针策略等因素相互交织，互为因果，相互推动，成为英国建设海洋强国地缘政治效应形成的重要原因。

一　充分利用濒海岛国的地缘环境

地缘环境是一国制定对外政策必须考虑的基本因素。海上岛国的自然地理位置，历来是英国制定战略政策时优先考虑的因素。国际政治中行为体的权力是以地理环境为基础的，受国家的位置、空间、地貌、资源等地理因素制约。英国建设海洋强国各种地缘政治效应的产生，有其特殊的历史地理时代背景，包括：地理大发现后的海权兴起、特殊的岛国战略区位以及风帆战舰时代的平面化战争形态。其中，濒海岛国这一特殊的地缘政治环境，是其研究制定和落实建设海洋强国战略的重要前提。在风帆舰队时代，战争仍然是一种平面化的战争模式，海峡在阻碍兵力使用方面的影响非常大。居于海上要点而又能遏控欧陆的特殊地理位置使英国建设海洋强国具备了诸多地缘优势。如：幅员有限的岛国有强烈的外向发展的动机，也是建设海洋强国外向驱动效应的内在基因；优越的地理区位为英国创造和把握各种战略机遇提供了重要条件，为实现和利用陆海互利提供现实可能。英国重视利用这些地缘环境特征，且积极采取与这些地缘环境特征相适应的战略措施，是引发多种建设海洋强国地缘政治效应的重要原因。

（一）地缘环境有利于英国专注海外发展

一般而言，一国所处的地理方位是先天的、相对固定的。美国地缘政治学家斯皮克曼曾指出："地理是各国外交政策中的最基本的因素，因为它最不可改变。"地理位置被马汉看作影响海权的六个要素之首。如果一个国家所处的位置既不靠陆路去保卫自己，也不靠陆路去扩张领土，而完全把目标指向海洋，那么这个国家就比一个以大陆为界的国家具有更有利的地理位置。马汉的这个论述就是专门针对英国当时的地理特征而言的。

当然，英国的兴起还有一个非常重要的时代条件，那就是海权时代刚刚兴起不久。优越的地理位置，同重要的海上航线相连，为一国专注发展海权提供了一个更加重要的优势。英国人认为，"海洋是国家繁荣，与外界通商贸易、扩大势力和发挥影响的一条途径——在航空事业未出现之前，大海是唯一的一条沟通与外界联系的自然通道"①。地理大发现标志着"哥伦布时代"的到来，其也可以被看作海权强于陆权的起始点。16世纪初至19世纪末，即在海洋帆船的发明与欧洲工业化之间，海权对世界事务产生了最为重大的影响。海权时代的到来，使欧洲人的注意力从长期关注贸易重心的东方转移到国家主义有了极大发展的西方，海上贸易则使得欧洲经济政治的重心从地中海向大西洋海岸转移。在此背景下，占据西北欧海上交通之要冲的英国的战略区位优势以及向海发展的便利条件才

---

① 〔英〕J. R. 希尔：《英国海军》，王恒涛、梁志海译，海洋出版社，1987，第1页。

得以彰显。正如20世纪初的英国著名海洋战略学家朱利安·科贝特所言，尽管参与发现世界远晚于西班牙人和葡萄牙人，但"英国人是属于海洋的。一旦听清楚了那个时代的历史召唤，她便紧紧跟从……正是这种意识，使得她在连续二百多年的时间里，完成了从陆地到海洋、从陆地性存在到海洋性存在的转变，也使得海洋技术革命后这一过程的转变、发展、结果成为英国海上霸权崛起的历史"[①]。

（二）地缘环境有利于英国维护本土安全

英国四面临海，东南隔英吉利海峡与欧洲大陆相望。在风帆战舰时代，敌人渡过英吉利海峡入侵英伦三岛并不容易。恺撒的教训已经说明，除汹涌的浪花外，英吉利海峡变幻莫测的天气可能是入侵者最大的敌人。而一旦不列颠岛上的居民组织起有效的海岸防卫，入侵就会变得更加困难。潜在的敌人要想入侵英国，也只有将英国海军打败或设计引开，才能让陆军安全地渡过英吉利海峡并成功登陆；否则，再强大的陆军，隔着海峡也是鞭长莫及。如果英国拥有强大的海军，扼守着这条不太宽也不太长的海峡，就可以阻挡敌军入侵，保卫自身的安全。英国与世隔绝的岛国位置，加上海上主导权地位的支撑，使其能够免遭拿破仑的入侵，从而享有基本的安全，这一点是任何其他欧洲国家都不具备的。英国特殊的岛国地位在那个特殊的时代背景下，对于其建设海洋强国，应对其他国家的挑战，都有非常重要的作用。可以说，英国崛起的一个主要原因是，英国凭借孤悬欧洲大陆一侧的地理位置而拥有把海外世界与其欧洲竞争对手相"隔离"的能力。从地理上讲，海洋把英国与其强大的欧洲对手隔离开来，英国从中获益良多。这不仅意味着它不需要花费相当大的一部分资源和人力去维持一支强大的常备陆军，而且确保了英格兰政府在面临国际紧张局势时的第一个反应是保证海军足够强大，能够抵挡入侵。这种得天独厚的地理位置，任何其他欧洲国家都不具备。

---

① 胡杰：《海洋战略与不列颠帝国的兴衰》，社会科学文献出版社，2012，第55~56页。

（三）地缘环境有利于英国陆海协同互利

英国建设海洋强国过程中所形成的陆海互利效应，不同于一般的陆海兼备型国家，有其自身的特殊性。这种特殊性的基础支撑就是其特殊的岛国地位。岛国地位的确立使其能真正实现"舍陆拓海"。英国虽然是一个岛国，但与欧洲大陆的距离不远，仅一个海峡之隔，且占据西北欧海上交通要冲，可以有效地将波罗的海通向大西洋的通道，以及北欧和北海的海上交通线掌握在自己手中。在南面，它只要控制了直布罗陀海峡、马耳他和埃及运河区，就可以切断通过地中海前往东方的航线。在东面，它可以封锁法国和荷兰的主要出海港口，从而对这两个敌国的对外贸易产生严重影响。基于特殊地理条件和优势海权力量的支撑，英国既可以有效地维护本土安全，又可以有效对欧陆上的海上强国形成遏制。岛国地位的确立增强了其影响欧洲大陆事务的灵活性。岛国地位给予英国更大的选择余地，它可以便利地参与欧洲大陆力量的排列组合，从而掌握国际政治斗争的主动权，因而英国成为欧洲力量天平上最关键的砝码。正如杰里米·帕克斯曼所言，"大海把你跟最邻近的国家分开，又把你跟最遥远的国家连接起来……与世隔绝的位置也提供了有选择地参加战争，结成联盟和参与阴谋活动的机会"①。但西班牙、荷兰和法国都是欧洲大陆国家，不可能置身欧洲大陆之外，因为这涉及本土安全这一核心利益。所以，每当欧洲大陆出现重大危机事态和战乱时，西班牙、荷兰、法国等国都不得不实施战略收缩，将关注的焦点从海外移向欧洲大陆，建设海洋强国的进程则受到明显的影响。

二　积极推行以商业贸易为主导的地缘经济模式

拓展商业贸易是英国建设海洋强国的初衷，也是其经济发展的基本模式。"英国海外扩张背后的重要动力是经济欲求。"② 虽然重商主义给商业

---

① 胡杰：《海洋战略与不列颠帝国的兴衰》，社会科学文献出版社，2012，第384页。
② 〔英〕保罗·肯尼迪：《英国海上主导权的兴衰》，沈志雄译，人民出版社，2014，第24页。

贸易发展带来一定的负面影响，也无助于各国关系的改善，但贸易自身所具备的互惠性使得各国或主动、或被动地与英国开展贸易往来，很大程度上弱化了"零和"游戏的负面影响，形成对英国建设海洋强国比较正面的外部驱动力。以商业贸易为主体的经济实力的不断增强为英国建设海洋强国提供了强大保障力。

（一）重商主义的排斥性加剧了各国的竞争对抗

英国建设海洋强国时期正值重商主义盛行，经济贸易保护主义必然加剧国家间利益争夺，增强国家间对抗程度。英国建设海洋强国历程中面临三种类型的战略对手：西班牙、葡萄牙属于守成海洋强国，英国的发展是在西班牙和葡萄牙近乎垄断的背景下开展的；荷兰属于先发国家，相比较英国具有明显的海上贸易优势，在贸易线路上占有垄断地位；而法国则属于与英国具有近乎同等竞争地位的国家，两国竞争时间跨度长，竞争也最为激烈。

英国与西班牙的斗争是为了谋求在奴隶贸易、香料贸易以及美洲大陆矿产资源开发等利润丰厚的领域取得一定的贸易份额；与荷兰的斗争，很大程度上是为了打破荷兰海上运输贸易垄断地位，保护和拓展英国海上贸易；而与法国的斗争，除了维持欧陆均势的政治考虑外，重要的动机也是争夺海外殖民地、贸易线路及贸易份额。"在创建帝国的竞赛中，一些国家取得了成功，另一些国家则吞下了失败的苦果"[1]，这是在重商主义思想下对国家崛起的一种认识。在其他国家看来，英国大力发展海上事业的努力，就是对本国利益的挤压、侵蚀和掠夺。只有加强贸易保护和贸易垄断，才能真正地确保本国的经济利益得到有效维护。而战争不过是确认新的利益格局的一种手段。为了打开贸易市场、争得市场份额，绝大多数情况下需要依靠武力。为了维持市场份额，也往往需要通过武力打压潜在的挑战者。

---

① 〔美〕罗纳德·芬德利、凯文·奥罗克：《强权与富足》，华建光译，中信出版社，2012，第 335 页。

（二）　商业贸易的互惠性促进了各国的协调合作

国家间关系，竞争不是全部，也有协作与合作的一面。国际政治中的协调与合作，指的是国家和国家集团间程度不同的利益一致和目标相似的默契与联合。这是由国际政治的性质所决定的。国际政治具有双重性，它既是围绕权力和利益的矛盾对抗运动，又是追求稳定秩序的协调合作。而国际社会非物质力量作用的增长对国际关系中协调与合作面的扩大起到了推动作用。地缘政治关系在本质上是行为体之间以竞争为主的竞争—协调关系。在拓展自身利益的过程中，如果能做到竞争与合作相结合，合理地兼顾其他国家的利益诉求，就能够减少发展过程中外在的压力和阻力，并在一定程度上取得互利共赢的效果。商业贸易本质上具有互利互惠的特点，而不是"零和"。

从英国一方来看，大力发展商业贸易，使得英国的商品和服务不断向外输出，也给商品生产商、贸易中间商、服务提供商等带来了利润，有时这种利润还比较高。这给英国带来的利益是明显而巨大的。

从地缘政治对手方面来看，商品进口方和服务购买方也从这种商业贸易中得到了益处，包括弥补了自身产品生产和服务保障能力的不足，扩大了自身优势产品的出口，实现了双方的互通有无，保障了己方生产生活的正常开展。如拿破仑战争期间，就连法国、西班牙等与英国处于交战状态的国家，都不得不购买英国的商品。这种硬性需求对于法西等国也是客观必要的。也就是说，在出口与进口、购买服务与提供服务等贸易往来中，双方都能感受到实实在在的好处，这不论是从主观方面还是客观方面都会弱化双方的对抗，推动双方进一步的协调与合作。

另外，商品市场并不是固定不变的，其本身也是在不断扩大的。商品贸易市场的扩大，是经济社会发展规律的一种自然体现。英国在建设海洋强国、不断拓展海外贸易市场的过程中，除了有一部分是从其竞争对手手中获取的之外，更多的是国家贸易市场扩大的结果，包括各国经济实力的提升、市场需求的扩大、需求数量的增多、需求种类的增加、需求质量的升级等。一旦两国间矛盾得以缓和、关系得以协调，步入合作发展的良性轨道，则正常的贸易往来对双方的经济社会发展都会有推动作用。如英西战争之后，双方的贸易就上升到了一个新的层次，这对于两国都是非常有益的。

（三）贸易发展的持续性强化了英国的实力保障

地缘政治效应的强弱与海洋国家实力的强弱呈正相关关系。在各国的相互竞争与对抗中，稳固的经济始终是关键因素和基础支撑。在海外扩张的过程中，市场行为起到了组织作用。贸易所得的利润支持了欧洲的海外活动，使其规模年复一年地不断扩大。同时，随时准备使用武力也使利润得到保证。地球上没有其他任何一个地区能像欧洲国家那样有效地维持自己的军队[1]。

保罗·肯尼迪认为：英国海军的崛起和衰落与它经济的崛起和衰落的联系非常紧密。如果不考察英国经济，就无法理解英国海军。"海洋力量往往依靠商业和工业实力：如果后者相对衰落的话，前者也必将紧随其后。由于英国的海军崛起根源于其经济进步，同样，其海军的崩溃也源于它逐渐丧失的首要经济地位。"[2] 离开强大经济实力做支撑，一国所能采取的战略举措就会大大受到约束，进而反映在其对待竞争对手的态度和方法上。

英国作为海洋强国的崛起，离不开多种因素的共同作用。英国力量构成单元之间的互利共生关系给当时的人们乃至现在的历史学家留下了深刻的印象[3]。英国崛起必不可少的先决条件是：健康的经济、复杂的金融体系、商业技能和创造力、政治稳定，以及一支强大的海军。如果其他因素不突出的话，后者似乎不太可能强大起来。[4] 英国快速扩大的工业和对外

① 〔美〕威廉·H. 麦尼尔：《竞逐富强——公元1000年以来的技术、军事与社会》，倪大昕、杨润殷译，上海辞书出版社，2013，第133页。
② 〔英〕保罗·肯尼迪：《英国海上主导权的兴衰》，沈志雄译，人民出版社，2014，第363页。
③ 〔英〕保罗·肯尼迪：《英国海上主导权的兴衰》，沈志雄译，人民出版社，2014，第159页。
④ 〔英〕保罗·肯尼迪：《英国海上主导权的兴衰》，沈志雄译，人民出版社，2014，第160页。

贸易规模，使得政府能够利用新的财商来源。在前面的分析中我们可以明显感觉到，英国以对外贸易为主要形式的经济发展是持续不断地进行的，即便是在战争期间或者国内面临短暂动乱的情况下，其海外贸易也比较稳健。这一定程度上真正确保了英国在与其他国家的竞争与对抗中做到游刃有余、保持主动。18 世纪断断续续的战争使英国获得了其他任何国家都没有获得的最为巨大的胜利，在欧洲列强当中，它实际上垄断了海外殖民地及拥有遍及世界的海军权力。海军在 18 世纪取得决定性胜利使得商人占据了海洋贸易的最大份额，这本身就刺激了工业革命。英国在 19 世纪的特殊地位就源于其工业革命；而工业革命反过来为国家经济持续的增长提供了基础，使得它成为一种新型的国家——当时唯一真正的世界大国。工业化不仅加强了英国在商业、金融和航运领域的支配地位，也使英国以前所未有的经济潜力巩固了自身的优势①。

三　坚定奉行以均势理论为指导的地缘外交政策

在处理国际关系的长期实践中，英国人用"均势原理"来维系自己对欧洲大陆的影响，坚持"没有永久的敌人，没有永久的朋友，只有永恒的英国利益"这一原则，长期奉行欧洲"均势"政策。1525 年之后，亨利八世和沃尔西就意识到，必须在更为强大的法国和西班牙之间保持平衡。"自此，英国的大陆政策得以确定。那就是倡导和平与调停，支持均势以防止任何国家在大陆取得霸权或控制英吉利海峡。英格兰的海军安全及欧洲的均势成为两条伟大的政治原则。"英国前首相丘吉尔也说，"英国四百年来的对外政策，就是反对大陆上出现最大、最富于侵略性和最霸道的国家"，英国总是"参加不那么强大的一方，同它们联合起来，打败和挫败大陆上的军事霸主，不管他是谁，不管他统治的是哪一个国家"。这一均势政策清晰地反映了英国在长期的外交活动中所遵循的理念，即均势理

①　〔英〕保罗·肯尼迪：《英国海上主导权的兴衰》，沈志雄译，人民出版社，2014，第 163 ~ 164 页。

论。基于维持均势的外交政策，英国可以最大限度地转移并化解建设海洋强国过程中面临的外部压力和阻力，保持更多的自主性和灵活性，强化地缘政治推力。

（一）转移英国建设海洋强国的地缘政治压力

英国很早就形成了反对任何一个国家获得欧洲大陆的霸权、确保欧洲均势的意识，要求对欧洲大陆保持警惕，确保没有一个单一国家能够成功主宰整个欧洲大陆，这种对霸权的时刻警惕已经逐渐成为英国政治家优先考虑的外交理念。"均势"政策强调维持欧洲大陆的均势，反对任何大国谋求欧洲大陆霸权，确保自己能够巩固在欧洲大陆的沿岸基地，保持自己的制海权。

从地缘政治效应的视角看，维持欧陆的均势，是英国善于利用陆上矛盾来转移和分化其海上发展的压力和阻力的具体表现。不论是在欧洲大陆的战争，还是在海上的战争，伊丽莎白都没有彻底消灭西班牙的企图，而是适可而止，并不愿把西班牙帝国"打得支离破碎"[1]。其原因是多方面的，例如，当时英国不论是兵员还是财政等，都还不具备进行大规模战争的能力；西班牙的海上实力依旧十分强大。另外，还有一个更为重要的原因，即维持西班牙的相对强势地位，可以对欧洲大陆上的荷兰、法国的海上崛起形成一定牵制。如果西班牙完全没落，则海外发展的矛盾方就会转移到其他的国家，这对于英国来说并非好事。

英国在欧陆大陆的均势政策，不仅仅面向大陆，而是体现为"海上"和"大陆"战略的相辅相成。早在1742年，纽卡斯尔公爵就很明确地表述了这一战略意图的要旨："一旦在大陆上消除了后顾之忧，法国就会在海上超过我们。我一贯主张我们的海军应当保护我们在欧洲大陆上的盟国，借以牵制法国的力量，保证我们的海上优势。"[2] 德国历史学家路德

---

[1] 〔英〕保罗·肯尼迪：《英国海上主导权的兴衰》，沈志雄译，人民出版社，2014，第31页。

[2] 〔英〕保罗·肯尼迪：《大国的兴衰》（上），王保存等译，中信出版社，2013，第98～99页。

维希·德约说，"她一面朝向大陆以调试欧洲的均势，另一面朝向大海以加强对海洋的主导"。这一政策的实质是在维持陆上均势的同时，保持海上非均势，以夺取和保持英国的海洋霸权。具体而言，就是通过均势政策，使欧洲列强彼此牵制，重心只能集中在大陆，而被迫在海外贸易和殖民地争夺中处于弱势和收缩的状态，即便对英国的海外扩张心有不满，但由于列强相互间实力的制约，也只能是"心有余而力不足"，为英国进一步夺取海外霸权提供有利条件，最大限度地维护英国在欧洲大陆和海外的利益。

（二）强化英国建设海洋强国的地缘政治推力

由于自身的岛国地位、强大的海权力量和经济实力，英国可以便利地参与欧洲大陆力量的排列组合，从而掌握了国际政治斗争的主动权，成为欧洲力量天平上最关键的砝码。每当欧陆局势混乱，出现谋求欧洲霸权的国家时，英国为了自身利益需要必然加以干涉，以维持均势的局面。在1689年到1815年发生的7次战争中，向英国利益发起挑战的，是以陆地为基地的法国。确实，法国想把战争引向西半球，引向印度洋、埃及和其他地方，这几次战争虽然对伦敦和利物浦的商人至关重要，但并没有对英国的国家安全造成直接威胁。只有当法国战胜荷兰、汉诺威和普鲁士，在中、西欧主宰一切，使它有足够的时间集聚能够威胁英国海上霸权地位的造船物资这种前景出现时，才会产生对英国国家安全的直接威胁。所以，英国为了保护自身的长远利益，遏制波旁王朝（反拿破仑）的野心，必须给法国在欧洲大陆上的敌人以援助。

另外，英国也是欧陆国家利益受到威胁的相对弱小的国家不得不借重和依赖的。有时，欧陆国家为了让英国这个"政治天平"向己方倾斜，还不得不舍弃部分海外利益，以讨好英国，赢得英国的支持。而英国通过在战略和外交上扶弱抑强，在法理上强化建设海洋强国的必要性，加强海军建设的合法性更加凸显；在道义上获得了加分，有利于增强国际影响力和在国际政治上的话语权。正如舍威格教授指出的："英国从来没有能够给予她的盟国任何打击法国的意愿，但到 1813 年这些大国自己发现了这种至关重要的需求。它们现在需要英国提供的正好是英国力所能及的：需要金钱和武器以把这种意愿转化成为对共同敌人的胜利。"① 1814 年，英国提供了 1000 万英镑的资金援助，作为回报，奥地利、普鲁士和俄国等国家在反对拿破仑的战场上投入大量军队，以恢复欧洲的均势，保护本国利益。

四　根据国家利益需要灵活处理地缘政治矛盾

地缘政治效应是国家利益博弈的外在表现。在处理建设海洋强国所引发的复杂国际政治关系时，英国始终以国家利益为重，从扩大和维护国家利益的角度，灵活确定应采取斗争还是合作等策略。为了维护国家利益，英国在面对不可调和的主要矛盾时，敢于与战略对手开展针锋相对的武力对抗；在开展斗争时，英国精于研究和发现对手的战略缺陷，通过攻击对手的战略链条中最虚弱之处，破解对手战略体系，打乱对手战略部署，赢得战略竞争优势。当达到基本战略目的时，英国善于促成和解、和平的有利态势，"见好就收"，适可而止，以更好地维护国家利益。这种灵活的以国家利益为导向的斗争策略，有效节约了英国建设海洋强国的成本，促进了建设海洋强国效益的最大化。外向驱动效应、机会窗口效应、陆海互利效应的出现都与此策略运用有密切关系，同时一定程度上也大大缓解了对手聚合效应的产生和强化。

（一）敢于通过武力对抗维护国家利益

建设海洋强国、推进向海发展，和平方式无疑是最佳选择和最优选项。但在一个崇尚武力和霸权的时代，为维持既得海上利益和既有海上秩序，其他直接利益相关国家不可避免会强烈反对、抵制和压制英国的崛起和挑战。而英国为维护向海外发展的权益，在以和平方式无法解决双方矛

---

① 〔英〕保罗·肯尼迪：《英国海上主导权的兴衰》，沈志雄译，人民出版社，2014，第 160 页。

盾时，也敢于正面对抗，以战争的胜负来决定主导权的归属，通过战争来赢得发展的权利，营造建设和发展的有利环境。

英国在面临西班牙的打压时，最后选择了抗争，明确表示不接受西班牙和葡萄牙垄断世界的局面。在自身力量还相对薄弱时，敢于与强大的西班牙无敌舰队开展斗争，并随着自身实力的不断增强，逐步实现武力对抗由被动应对到主动攻击的转变，逐渐地掌握了主动权。

在与荷兰的竞争中，英国最初寻求通过谈判解决与荷兰的矛盾，争取海外贸易线路的份额。由于谈判未果，英国选择用武力来拓展本国利益，积极寻找机会与荷兰进行对抗。通过1652年至1674年三次英荷战争，英国人在同荷兰人的海上竞争中获得了最终的胜利，剥夺了荷兰的海上优势和海外贸易特权，抢到了荷属北美新尼德兰殖民地，排挤了荷兰在印度的势力，从而在海外发展中获得了越来越多的自主权和发言权。

1689年，法国与英国战争的爆发开启了两国一系列斗争的序幕，这种斗争至1815年达到顶点，126年里英法两国至少有64年处于战争状态。在法国海军与英国皇家海军之间旷日持久的制海权斗争中，英国基本掌握了海上主导权，并且不断强化这种主导权。在1793～1802年及1803～1815年的制海权斗争高潮时期，拿破仑为打破英国的海上封锁，挑战英国的海上主导地位，以及与英国争夺海外基地和海外殖民地，进行了种种努力。但就主要舰队进行的战争而言，基于舰船数量、技战术水平等方面的影响，英国屡屡获胜。对于法国来说，七年战争后的《巴黎和约》迫使其承认了英国的优势，但这个优势很快便受到挑战并被终结，而维也纳会议则是从根本上承认了英国的海洋主导权，对此包括法国在内的其他大国尽管做出了各种努力，但发现根本无法打破这种局面。伴随着拿破仑的战败，法国只能选择屈服于英国的海上优势。到1814年，拿破仑也不得不承认，"如果英国人愿意的话，在缔结和约时他们有足够的能力将这些占领的领地据为己有"[1]。

---

① 〔英〕保罗·肯尼迪：《英国海上主导权的兴衰》，沈志雄译，人民出版社，2014，第141页。

（二）精于在攻弱击虚中维护国家利益

英国在与对手的竞争中之所以能取得最后的胜利，既赖于自身力量的不断增强，也赖于对对手弱点的巧妙利用。西班牙、荷兰和法国三国作为英国建设海洋强国过程中的主要战略对手，都存在一些战略缺陷。英国很好地把握和利用了这些战略缺陷，使对手建设海洋强国的持续性和竞争力大大弱化，相应地增强了英国在竞争中的比较优势。

西班牙的战略弱点主要有三方面。第一，地缘政治环境方面，西班牙多方向受敌，有多对手竞争，既有海上的英国，也有陆上的法国和荷兰，致使发展重心不稳，征战接连不断，财力几乎耗尽，经济日益衰落，耗费了发展精力。第一次英荷战争后，英法结盟与西班牙的对抗对西班牙造成沉重打击，导致其之后一蹶不振。在这种情况下，西班牙面对其他竞争者往往心有余而力不足。

第二，发展模式方面，西班牙奉行"金银主义"，主要依赖殖民掠夺。西班牙在美洲大陆的矿产开发给其带来了巨大的利益，来自美洲的贵金属直接充实了西班牙的国库。这种通过经济掠夺的发展模式所获得的利益是单向的，对于殖民地人民而言可以说是毫无利益可言，因而更容易招致抵制和反对，发展的可持续性就会受到严重影响。

第三，手段运用方面，西班牙不太注重对海上战略通道的保护，海军没有把控制海上交通要道作为重要的使命和任务，因而本国商船面临海上劫掠往往无能为力、被迫就范。尽管西班牙建立了庞大的美洲帝国，但它始终未能控制美洲通往欧洲的海上交通线，缺少在大西洋上的制海权，因而被英国的袭扰弄得焦头烂额。这导致西班牙从殖民地掠夺的大量财富在运回本国的途中，被其他国家劫掠的风险大增，经济利益受到极大损害。

荷兰的战略弱点主要有两方面。第一，地缘政治环境方面，荷兰发展初期有着民族独立的艰巨使命，作为欧陆国家同时面临陆地和海洋两个战略方向。荷兰在反对西班牙哈布斯堡家族的长期斗争中，因本国缺少地面部队，只能依靠财政力量征募外国雇佣军和向外国联盟者提供津贴来维持。无法在欧洲陆上边境建立安全保障，也使荷兰海外拓展留下漏洞。第三次英荷战争期间，由于英法联合舰队败于荷兰舰队，英国于1674年与荷兰单独媾和，签订第二次《威斯敏斯特和约》，荷兰承认英国舰队拥有从西班牙的菲尼斯特雷角到挪威的这片海域的绝对控制权，并以20万英镑战争赔款的代价换取英国在法荷战争中保持中立。由于荷兰在随后的陆上战争中被法国击败，其庞大的商船队和舰队也失去了用武之地，整体实力大为削弱，而坐收渔翁之利的英国则借机逐渐解除了荷兰在海上的威胁，英国人在同荷兰人的海上战争中获得了最终的胜利。

第二，发展模式方面，荷兰海洋经济发展模式相对单一，以转口贸易为主。转口贸易是荷兰海洋经济的核心，具有明显的漏洞，在其市场份额遭到剥夺时，经济就会不断萎缩，综合优势不明显。在最初的海洋经济发展中，荷兰人依靠优质的服务、良好的信誉、低廉的价格赢得海上转口贸易的大量业务。但随着英国《航海条例》的出台，荷兰转口贸易受到沉重打击，逐渐由优势地位转为劣势地位。光荣革命后，两国基于政治上的特殊关系实现结盟，而"在海上方向，英国与荷兰友好对荷兰造成的损害常常不亚于与其为敌时。而当一个实力在不断地扩大，而另一个实力在不断地缩小时，两者的联合便成为巨人和侏儒的联合"。

法国的主要战略缺陷是战略重心不稳，过于关注欧陆霸权，海外发展动力不足。就地缘政治而言，法国首先是一个大陆国家，三面临海、三面向陆的地理特征使法国长期处在陆海势力的夹击之下，既面临与欧陆大国俄、普、奥的争夺，又面临海上强国英国的竞争。两个战略方向的压力和国家安全的双重风险与挑战，使得法国无法集中力量建设能够战胜英国海军的海上力量，因而始终未能成为世界海上霸主。拿破仑时期，称霸欧洲仅有陆战胜利是不够的，野心使法国不能容忍英国的海上强权。法国不满足于大陆强国的地位，还要争取海权大国的地位，想成为海陆兼备的大国。陆海联合战略的实施，必然要求在资源配置和力量运用方面，统筹兼顾陆上力量和海上力量的双向需求，资源分散使用不可避免。战争初期，在英国尚未完全动员起来并在欧洲大陆找到坚强的盟友之前，法国尚有精力支持在海外战场上围攻英国势力。而一旦欧洲再次结盟成以英国为核心的反法联盟，法国就只能将关注的重点放回欧洲，从而减少甚至停止向海外投放资源。法国既要在海上和贸易上与英国抗衡，又要面对几乎所有欧洲海陆大国的联合进攻，手忙脚乱地应付海、陆两个方向，经常顾此失彼：与海军强国进行的每一次战争都在一定程度上分散了法国对欧洲大陆的精力和注意力，因此打好陆战也不太可能。这为英国摆脱法国的海上竞争提供了战略突破口。

（三）善于在促成和解中维护国家利益

在谋求建设海洋强国的国家利益过程中，英国在达成战略目的的背景下，也注重寻求营造和平态势，通过适当兼顾他国利益诉求和主张，缓和双方或多方矛盾，避免将对手置于完全的"绝境"，导致双方矛盾从根本上激化，从而尽可能缓解建设海洋强国的负面效应，避免引发大范围的对手聚合，促进陆海互利效应的持续，保持良好的外部驱动环境，促进长期维护国家利益的战略环境的创建，从根本上服务于更好地维护国家战略利益。

英国在与西班牙、荷兰和法国的斗争过程中，并不是始终如一地坚持用武力解决问题，在占据武力对抗优势的情况下，也不是谋求彻底将对手击垮，而是在适当的时机寻求与对手的和解，使英国保持在协商谈判中的自主权和选择的余地。这种策略有英国寻求保持欧洲战略均势的考量，同时在对手看来，由于本国的"面子"得到一定程度的保留，其通常也会更容易对英国提出的条件做出一定的妥协。比如，在对荷斗争中逐渐占据上风的情况下，英国并没有将荷兰"一棍子打死"，而是仍然允许其在海上贸易航线中保持一定的贸易比例。1715 年以后，荷兰、西班牙和葡萄牙政府已无力保护它们的殖民地来抵挡欧洲所派遣的强大远征军的进攻。然而，这些老牌的海外帝国尚能勉强维持生存，而且没有蒙受真正重大的领土损失。这主要是因为法国和英国商人（或两者之一）能够合法地，或经过西班牙、葡萄牙和荷兰的帝国行政官员们的默许，非法地在他们控制的港口经商。这样就给了 18 世纪这两大海上强国商人贸易的实利，而不要求他们支付当地的行政费用。

促进和解、实现和平，还有利于避免孤立被动的局面。如七年战争期间，英国对海洋的控制非常彻底，胜利也是接踵而至，海上没有任何真正的威胁。如果英国政府继续延长和扩大战争，毫无疑问，其将能够把更为苛刻的条款加诸波旁王朝。但欧洲反普联盟的瓦解使皮特政府日益倾向于谋求和平。其中的重要原因，就是考虑到英国海上的过分强大可能刺激所有其他国家结成一个反英联盟，与皮特完全消灭英国所有敌人的愿望相比，这一倾向或许更为精明地看到了国际稳定的前提。在 1763 年签订的《巴黎和约》中，英国虽然收获颇丰，但还是有所保留，并且把马提尼克岛、瓜德罗普岛、玛丽－加朗特岛、圣卢西亚、哥瑞、百丽岛及圣劳伦斯的一部分归还给法国，把古巴和马尼拉归还给西班牙。很显然，如果英国对其他国家利益的关注不够，过于扩大自身海洋特权，而又对其他国家的限制过于严格，就容易出现被动孤立的态势和局面。这在美国独立战争中得到了特别明显的体现。

五　高度重视建设强大海军

英国高度重视海军建设，既把建设强大海军作为建设海洋强国的重要任务，又注重把建设强大海军作为塑造建设海洋强国有利地缘政治效应的重要工具和手段加以运用。强大的海军对英国塑造和扩大外向驱动效应、把握和利用机会窗口效应、保证和促进陆海互利效应发挥了重要作用，一定程度上也有效抑制了对手聚合效应的"发酵升级"。

（一）强大的海军是保护本土、干预欧陆的必要条件

维护本土安全是向海外发展的基本必要条件。相对于欧陆国家而言，英国与欧洲大陆一峡之隔只是为其维护本土安全多了一个基本的安全屏障，地理上的岛国地位只是赋予英国维护本土安全一个具有优势的地理条件，但并不是充分条件。只有强大的海军才是保护本土安全的关键依托和重要保证。

"海军至上主义"在英国的形成有着深刻的历史背景和现实动因。从地理上讲，海洋把英国与其强大的欧洲对手隔离开来，英国从中获益良多。这不仅意味着其不需要花费相当大的一部分资源去维持一支强大的常备陆军，而且确保了英国政府在面临国际紧张局势时的第一个反应是保证海军足够强大，能够抵挡入侵。外族想要占领英国，不论是从哪个方向，都必须穿过海洋。在早期遭受外族屡屡跨海登陆入侵的经历中，其慢慢形成了对建设强大海军的民族认同，形成了一种自觉的民族意识。只有具备强大的海军，形成强大的在本土周边近海的优势，才能有效御敌于海外，从根本上保证国土的安全和民族的独立，从而也为保证外向驱动效应提供前提。

从英国建设海洋强国的进程看，不论在哪一个阶段、哪一届政府上台、经济发展水平如何变化，海军都是国家资源投向的重点领域，是英国武装力量建设发展的优先方向。同时，作为岛国，英国的陆军实力比较弱小，要有效干预欧洲大陆，落实"均势战略"，达到遏陆争海的目的，必须借重和依赖的也是强大的海军。

（二）强大的海军是拓展市场、保护贸易的坚强后盾

在"零和"（甚至是"负和"）的重商主义世界里，英国较法国和其他欧洲竞争者而言，在军事上的成功是它崛起为经济强国的关键因素。因为"赢得一场战争的胜利是至关重要的，强权确实是富足的保证，皇家海军不仅为英国赢得了军事利益，也为其带来了经济繁荣"[1]。离开海军实力，英国要打破既有格局，在夹缝中发展壮大就显得非常困难。海军是保证海外贸易正常有序展开的力量，有时也是拓展贸易市场的工具。"在现代化之前的时期，发展的界限是由地缘政治决定的。即国家实力以及海军对遥远海域的本国商船所能提供的保护范围。"[2] 在建设海洋强国过程中，

---

① 〔美〕罗纳德·芬德利、凯文·奥罗克：《强权与富足》，华建光译，中信出版社，2012，第 335 页。

② 〔美〕罗纳德·芬德利、凯文·奥罗克：《强权与富足》，华建光译，中信出版社，2012，第 334 ~ 335 页。

拓展和保护贸易市场是英国海军的核心职能。

相对于法国而言，英国建设海军有着非常明确的使命牵引。1738 年，法国外交部的一位官员声称："是贸易产生了英国的财富，而贸易的成功则归功于英国海军的力量和制造业的扩张。"① 在全球范围内，虽然海军具有极强的进攻性和机动性，但并不能对陆上战争的走势产生直接影响，而且英国的经济结构和政治制度也决定了它不谋求单纯的领土扩张，而是利用海军优势为英国贸易和工业拓展新的发展空间，进而有效保护海外贸易市场。《航海条例》的贯彻和执行，离开海军就无法有效落实；商船远洋运输贸易，离开海军就无法保证安全；贸易市场的开拓和维持，离开海军就无法真正实现。为了保证英国商业帝国的安全和繁荣，英国海军注重保护航路、控制海洋，几乎控制了全球所有的海上战略通道。以此为导向，英国皇家海军的技战术、舰船装备、职能结构不断发展完善，从一支近海的以防卫本土安全为主要职能的弱小海军发展成为一支以保护海外殖民贸易为重要职能的全球霸权型的海军。

（三）强大的海军是战胜对手、消除阻力的根本工具

马汉曾分析指出，"海权的历史，虽然不全是，但是主要是记述国家与国家之间的斗争，国家间的竞争和最后常常会导致战争的暴力行为"②。在重商主义思想主导下的强权时代，海军在建设海洋强国中居于重要的战略支撑地位。地缘政治效应的演变取决于以海军为重要支撑的海权实力对比的转化。

从英国建设海洋强国的历程来看，西班牙、荷兰、法国等海洋强国对英国崛起的反应，都经历了由反对遏制到逐步妥协默认的过程。这种演变和转化的首要影响因素是哪一方在竞争对抗中获胜。战争结果直接影响着

---

① 〔美〕罗纳德·芬德利、凯文·奥罗克：《强权与富足》，华建光译，中信出版社，2012，第 374 页。
② 〔美〕A. T. 马汉：《海权对历史的影响（1660—1783）》，安常荣等译，解放军出版社，1998，第 1 页。

双方地位的互换和更替，并导致地缘政治效应出现转变。斯皮克曼认为：专门的地缘政治区域并不是由恒定不变的地形所规定的地理区域，而是一方面由地理所决定，另一方面由实力中心的动态转移所决定的一些区域。可见，地缘政治的空间性来源于地理属性，但同时受到特定空间内政治理论的运动等诸要素的影响①。如在贩卖奴隶航线上，随着英国的介入和其实力的强大，该空间领域上的英国和西班牙的两个政治力量之间的对比态势发生了变化，其产生的效应是主导权的变换。西班牙王位继承战中，尽管法国陆军具有明显的优势，但海上实力的悬殊使法国不得不再次妥协。在英国看来，"的确是英国的海军优势及她对法国殖民地的威胁迫使法国寻求和解"②。

需要指出的是，英国建设海洋强国地缘效应的保证力量，是一种综合性的力量，除了强大的海军之外，以商业和工业为代表的经济实力则处于更为基础的地位。并且，海军自身的建设发展也是与国家实力，特别是海洋经济的发展密不可分的。正如保罗·肯尼迪所认为的那样，"英国的海军崛起根源于其经济进步，同样，其海军的崩溃也源于它逐渐丧失的首要经济地位"③。英国凭借其不断壮大的海军、商船队和航运力量，在建立海外的征途中不断取得新的成果，最终建立起辉煌的"日不落帝国"。可以说，海权构成了"日不落帝国"的基础④。

当然，海权的构成要素绝不仅仅局限于作战舰只、武器和经过训练的人员，还包括岸基设施、位置优良的基地、商业船队和有利的国际联盟。一个国家行使海权的能力同样也基于其人口的特性和数量、政府的特性、经济的健康、工业生产的效率、内部交通线的发展、港口的数量和质量、海岸线的范围、本土及其基地和殖民地相对于海上交通线的位置⑤。胡杰

---

① 王道成、王华：《新视角·新思维·新探索——关于地缘与国家安全的思考》，国防大学出版社，2009，第10页。
② 〔英〕保罗·肯尼迪：《英国海上主导权的兴衰》，沈志雄译，人民出版社，2014，第100页。
③ 〔英〕保罗·肯尼迪：《英国海上主导权的兴衰》，沈志雄译，人民出版社，2014，第363页。
④ 胡杰：《海洋战略与不列颠帝国的兴衰》，社会科学文献出版社，2012，第385页。
⑤ 〔英〕保罗·肯尼迪：《英国海上主导权的兴衰》，沈志雄译，人民出版社，2014，第5页。

在《海洋战略与不列颠帝国的兴衰》一书中总结英国崛起的原因时，列出了四个方面的因素：充分利用有利的地缘政治环境、注重制度创新和文化建设、坚持发展以海军为核心的军事力量、掌握制定国际规范的主动权。因此，在建设海洋强国过程中，为了有效应对地缘政治的不利效应，引导地缘政治效应向有利于己的方向转化，最根本的还是要以综合性海权实力为保证。

第三章　俄罗斯海洋强国地缘政治效应研究

俄罗斯起源于基辅罗斯。8 世纪末期到 9 世纪初期，居住在斯堪的纳维亚半岛的瓦良格人在酋长留里克的带领下，征服了东斯拉夫民族，留里克自称王公，建立了留里克王朝。但瓦良格人最终被东斯拉夫人同化，开始使用斯拉夫语，崇拜斯拉夫神。留里克死后，其亲属奥列格（879～912 年）继位。10 世纪初，奥列格大公统一了几个不大的斯拉夫国家，并占领基辅城，建立了以基辅为中心的基辅罗斯国家。当时基辅罗斯的版图东起喀尔巴阡山，西至顿河，北起波罗的海南岸，南到黑海北岸。基辅罗斯建立后，同当时具有先进欧洲文明的拜占庭帝国进行贸易，促进了国家经济和文化的发展，基督教开始传入。11 世纪末期，由于封建割据，各王公之间不断进行战争，基辅罗斯最终分裂成为许多公国，国力大为削弱。13 世纪，蒙古人开始西征，横扫了几乎整个欧亚大陆，直至亚得里亚海，建立了横跨欧亚大陆的金帐汗国。14～15 世纪，位于基辅罗斯东北的莫斯科公国开始兴起。因其领地周围农业、手工业发达，物质力量雄厚，又是重要的水陆交通枢纽和通商重地，加上公国属地离蒙古直接占领的地区较远，莫斯科公国渐渐发展为东北罗斯政治、经济、文化中心。随着金帐汗国的衰落，莫斯科公国在伊凡三世的统治下，于 1485 年基本统一了全东北罗斯，摆脱了近两个半世纪的鞑靼统治，基本形成了统一的俄罗斯国家。伊凡三世与其继任者瓦西里三世不断兼并和蚕食扩张，俄罗斯国家的领土从 43 万平方公里扩大到了 280 万平方公里，北达白海，南至奥卡河，西抵第聂伯河上游，东到乌拉尔山脉的支脉，成为欧洲幅员最大的国家。

第一节　俄罗斯海洋强国的战略演进

经过不断的侵略扩张和政权更迭，俄罗斯虽然横贯欧亚大陆，成为地球上面积最大的国家，但因为它的北部海岸线面向常年封冻的北冰洋，其他邻海包括波罗的海和黑海，都必须通过狭窄的海峡才能与更宽广的海域相连，所以俄罗斯实际上是一个内陆国家，不具备成为海洋强国的优厚条件。自彼得一世起，俄罗斯实现海洋梦的历史跌宕起伏。直至叶卡捷琳娜二世时期，这个"天生条件"不好的国家开创了俄罗斯海上力量的黄金时代。

一 萌芽——俄罗斯的海洋梦

俄罗斯一直有着向海洋发展的渴望。早在伊凡雷帝时期，俄罗斯将向内陆扩展的方针改变为向海洋伸展。伊凡雷帝即位之初，就打开了同英国的通商关系，谋求同英国联姻，还恳请伊丽莎白女王派遣造船工程师和造船匠。作为对英国的酬谢，伊凡开放俄罗斯北部的阿尔汉格尔斯克港与英国进行贸易。并且，伊凡从英国、法国、西班牙及荷兰延聘教练人员，把战争与航运工业中比较实用的知识教给俄国人。伊凡建立一支小舰队，在争取出海口方面也进行了短暂而无力的尝试。但是由于缺乏有效的海军力量，收到的成效非常有限。罗曼诺夫王朝第二代沙皇、彼得一世的父亲阿列克谢同伊凡雷帝一样，他认识到俄罗斯进一步的发展需要获得波罗的海和黑海的出海口，还意识到想要达到此目的，必须有一支海军。但是在瑞典人和波兰人的勾结下，俄罗斯向海上方向发展的计划成为泡影。

在早期的海上方向的发展过程中，伊凡雷帝和他的继任者都清楚地了解到海军和打通出海通道对于俄国的重要意义。可是，他们当时都无法克服重重困难来实现各种海上目标。到了 17 世纪末期，俄罗斯虽然成为一个中央集权的国家，但经济落后，交流受阻，发展受限，海洋又成为俄罗斯突破桎梏的"稻草绳"，向海上发展成为重中之重。

（一）17 世纪俄罗斯经济开始发展，对外贸易迅速增长

16～17 世纪，俄罗斯是封建农奴制国家，同已经走上资本主义发展

道路的最先进的欧洲国家以及东方的中国相比，经济非常落后。这主要是由于俄罗斯的发展不断遇到非常不利的外部政治环境。16 世纪末期至17 世纪初期，由于国内各阶层之间频繁的斗争和此起彼伏的农民起义，加上外国势力的不断干涉，国家经济始终处于"混乱"时期。在这段战乱时期，人口大量流徙、死亡，土地大片荒芜，社会生产力遭到严重的破坏。不仅土地减少，城市居民也濒临破产。由于有纳税能力的农民和城市手工业者的减少，俄罗斯国库日益空虚，财政严重亏损。经过长期的战乱后，统治阶级为了稳定社会秩序、缓和社会矛盾、恢复生产，采取了若干有利于农业生产的措施，到了 17 世纪，农业生产逐步得到恢复和发展。但是由于小农经济和墨守成规的农业技术，农业生产的发展速度非常缓慢，城市手工业在 17 世纪也得到了发展，逐渐出现了商办企业、世袭领地企业、官办企业、外商办企业等资本主义萌芽的工场手工业。但是商品生产仍只是封建经济的补充，是封建主获得收入的辅助手段，自然经济仍占 17 世纪俄国经济的统治地位。农业和手工业的发展刺激着商业活动，密切了俄罗斯各地区之间的商业联系，在中央集权国家日益巩固的条件下，各地区性市场汇聚成了"全俄市场"。在全俄市场形成的基础上，俄罗斯同西方和东方国家的贸易也开始兴盛起来。"俄罗斯向外输出麻、钾、树脂、木材、铁、盐、麻布、皮革等，向英国、荷兰换取呢绒、金属、金属器皿、武器、火药、珠宝、香料、酒、糖、染料、棉布、纸、家具等。"① 显然，17 世纪初期的俄罗斯已基本具备美国海军战略理论家阿尔弗雷德·塞耶·马汉在其著作《海权对历史的影响（1660—1783）》中所提出的海权建立和发展的首要环节——"生产"。虽然当时俄罗斯所输出的大部分是原材料和附加值较低的工业品，但是不可否认其拥有了对外贸易的迫切需求，也有巨大的对外利益可图。因此，俄罗斯具有了发展海权用以扩大对外贸易的内在动力。

---

① 孙成木、刘祖熙、李建主编《俄国通史简编》，人民出版社，1986，第 136 页。

（二）远离欧洲政治中心，迫切需要政治、军事改革和对外
开放、交流

基辅罗斯建立后，多次与当时代表先进文明的拜占庭帝国进行战争和文
化交流，汲取了当时欧洲先进文明的营养，基辅也成为当时欧洲宗教与艺术
生活的中心之一。拜占庭帝国灭亡后，俄罗斯一直以东正教正统自居。13
世纪，由于蒙古的强势崛起和入侵，俄罗斯大有希望的文明前途也随之化
为泡影。俄罗斯在蒙古人的统治下，产生了一个影响深远的基本结果，那
就是使这个国家彻底远离了当时正在进入文艺复兴繁荣时期的欧洲，而面
向东方，接受了蒙古人纯粹的专制制度。蒙古人的统治结束后，又经过一
系列的对外战争和内部斗争，在政治、经济或文化教育等方面，俄罗斯都
远远落后于西欧一些国家。17 世纪末期，荷兰和英国资本主义的生产关
系已经确立，而俄罗斯仍是落后的封建农奴制生产关系。国内政治制度积
弊甚多，腐败丛生。沙皇政府和教会还进一步勾结，残酷镇压异教徒，加紧
文字控制，禁锢人民思想，造成了俄罗斯当时政治思想领域发展的停滞现
象，削弱了俄罗斯与欧洲先进文化的联系。由于宗教思想在俄罗斯占有绝对
统治地位，俄国各地长时期保持着愚昧落后的风俗，识字的人也寥寥无几，
科学技术与教育相当落后，文化交流充满重重障碍。"直到十八世纪初，西
方只知道有俄国这样一个名称，在西方的概念中，它是一个无定形的地理区
域，上面居住着分裂教会的野蛮人，他们仿佛忠诚于一个兼做神父的国
王。"① 俄罗斯要想改变落后的局面，首先要进行政治制度、军事制度等上
层建筑改革，与西欧政治文化先进的国家的文化与技术交流也势在必行。

（三）缺乏对外贸易和文化交流的便捷、有效通道

俄罗斯一直是一个"内陆"国家。在陆上方向，利沃尼亚骑士团、波

---

① 〔英〕莱斯特·哈钦森：《马克思〈十八世纪外交史内幕〉1969 年英文版的〈导言〉》，
中共中央马克思恩格斯列宁斯大林著作编译局资料室编《马列著作编译资料》（第 5
辑），人民出版社，1979。

兰、立陶宛等夹在俄罗斯与西欧之间，使俄罗斯同文化较发达的西欧隔绝，阻碍了俄罗斯文化教育事业的发展。波兰和立陶宛的封建主及日耳曼的骑士们害怕俄罗斯因推广教育而过于强盛，因此千方百计地阻挠其同欧洲建立经常的交往关系①。

在海上方向，由于蒙古人的统治和外国势力的不断干涉和侵略，波罗的海沿岸多次易手。只在俄罗斯北部高纬度的北冰洋的边缘海——白海有一个稳定的港口阿尔汉格尔斯克。这个出海口不仅远离国家的中心，而且港口常年冰封，一年仅有两三个月的类似"赶集"的集市贸易，并且从该港口到西欧的商业贸易也必须从更高纬度的海上通道绕过斯堪的纳维亚半岛才能达成。尽管如此，此港每年的贸易额也超过了 100 万卢布。1653 年，通过阿尔汉格尔斯克的输出额也达到了全年全部对外贸易额的 75%。除此之外，俄罗斯的其他对外贸易都需要通过长途跋涉的陆上运输，加上边境战事不断，各国阻挠甚多，陆上贸易时常中断，严重影响贸易安全。同时俄罗斯本土商人在商业竞争力方面不敌外商，贸易利润也大都进入外商的腰包。

欧洲三十年战争结束之后，瑞典成为当时波罗的海的头号强国，拥有强大的陆军和海军，是波罗的海的海上霸主，控制了涅瓦河、纳尔瓦河、西德维纳河和奥得河的航道，又占领了利沃尼亚的大部分。1617 年的俄瑞《克托尔鲍沃条约》以后，俄国丢失了波罗的海沿岸的一些城市，从波罗的海同西欧的全部贸易均被瑞典控制。瑞典国王古斯塔夫·阿道夫曾在瑞典国会上宣布："没有朕的旨意，俄国商人现在连一只船都不能在波罗的海出现……瑞典人现在可以根据自己的意愿领导俄国贸易。"②

早在 16 世纪，伊凡四世为了加强中央集权，巩固专制政体的统治，进行了一系列的行政和军事改革，开始从封闭走向积极的对外政策，对外推行大规模的领土扩张政策，而且有步骤地把国家向陆地扩展的方针改变

---

① 〔苏〕安·米·潘克拉托娃主编《苏联通史》（第 1 卷），山东大学翻译组译，生活·读书·新知三联书店，1978，第 302 页。

② 〔苏〕勃·恩·波诺马廖夫主编《苏联通史》（第 3 卷），莫斯科科学出版社，1967，第 134 页。

为向海洋伸展。在这个时期，白海和科拉半岛沿岸是其与西欧展开海上贸易的场所，为保护海上贸易安全，伊凡四世建立了一支小舰队。但是这条贸易航线漫长且常年冰冻。因此，为控制更安全的波罗的海的商路，俄罗斯与波罗的海沿岸国家进行了一场长达 25 年的利沃尼亚战争，但是以失败告终，其后的沙皇阿列克谢发动过夺取波罗的海的战争，但最终没有成功。随着经济的不断发展和对外贸易的扩大，俄国地主和商人越来越要求打破瑞典人的海上封锁，打通波罗的海的出海口。17 世纪末，黑海是土耳其的内海，土耳其在顿河河口附近建有坚固的亚速要塞。俄国船只无法进入黑海，更谈不上向地中海方向发展对外贸易。因此，直到 17 世纪末，虽然俄国国土面积已经居世界之首，但其仍属于一个封闭落后的内陆国家。因为缺乏海军力量，俄国一直未得到自己所向往的出海口，没能解决自己的地缘困境。

（四）陆上方向不断扩张，海上方向扩张是陆上方向扩张战略的重要支柱

自摆脱蒙古的统治后，莫斯科公国就开始迅速向周边进行扩张，通过军事威慑和对外战争，逐渐统一了东北罗斯各公国。1472 年，莫斯科公国在伊凡三世的统领下，兼并了彼尔姆地区。1500 年，又越过乌拉尔山，征服乌拉尔山以东的尤格拉，并迫使喀山汗国归顺莫斯科。1500 年，莫斯科公国通过与立陶宛的战争占领了谢韦尔斯克地区。瓦西里三世即位后，于 1521 年，兼并了梁赞公国，统一了整个东北罗斯。1514 年，又继续与立陶宛进行战争，兼并了古城斯摩棱斯克。伊凡四世即位后，征服了伏尔加河流域各汗国，并对克里米亚汗国的鞑靼人发动进攻。1558 年俄罗斯又与瑞典、波兰、立陶宛争夺利沃尼亚，一度占领波罗的海沿岸，但最终因对手联盟而失败。伊凡四世在位时期，也开始了向西西伯利亚的扩张，15 世纪末至 16 世纪初，俄罗斯兼并了西西伯利亚地区各国。到了 16 世纪，俄罗斯成为一个强大的多民族中央集权国家。17 世纪后期，俄罗斯通过与波兰和瑞典的战争，收复了波兰统治下的乌克兰和白俄罗斯地

区，恢复了前基辅罗斯的领土。

通过一系列的扩张战争，俄罗斯的领土不断扩大，但是仍未有效地获得波罗的海的出海口，而波罗的海的出海口对接下来的扩张战略的实施又至关重要，"对波战争再度说明俄国必须取得能同西欧交往的波罗的海港口，从而获得武器和弹药"[①]。重要的交往通道又完全被北边的瑞典和南边的土耳其所控制，因此向波罗的海和黑海进军，既是俄罗斯扩张的战略目标，也成为实现其进一步扩张战略的手段与途径。

二　起帆——彼得一世的海上崛起

1682 年彼得一世即位，其并没有真正掌握国家的政权，直到 1698 年，彼得镇压了索菲亚领导的射击军叛乱后才开始正式执政。执政以后，基于早期对海洋的兴趣，他逐渐形成了自己的海洋观，认为海洋对俄罗斯的政治、经济有着重要的意义。

第一，俄国要成为与欧洲列强比肩的大国，必须取得出海口和制海权。彼得一世认为要改变俄国落后的局面，一定要面向海洋，但是没有合适的出海口一直是俄罗斯的海洋强国之路上的障碍，俄罗斯建设海洋强国的首要战略目标，是获取便于进入海洋的出海口，改变"内陆"国家的地缘弱势，成为一个有稳定海洋通道的真正意义上的濒海国家，从而拥有进一步发展强大海权的地理位置和自然条件。争夺出海口向欧洲扩张成为俄罗斯建设海洋强国的必由之路。

第二，俄国需要通过发展海权，保护和拓展海外贸易，带动本国的经济发展，改变俄罗斯落后的经济状况，增加国内统治阶级的财富，进一步加强沙皇统治和维护国内稳定，提升综合国力，以继续服务于国家的扩张战略。

第三，俄罗斯要通过发展海权，加强与西方强国之间的政治上的联系

---

① 〔苏〕安·米·潘克拉托娃主编《苏联通史》（第 1 卷），山东大学翻译组译，生活·读书·新知三联书店，1978，第 391 页。

以及教育、文化等方面的交流，利用各种外交手段，改善国家发展的国际环境，提升俄罗斯的国家地位和综合影响力，最终使俄罗斯成为一个拥有强大海权与陆权的欧洲强国。为此，彼得一世为发展海权的第一步——争夺出海口制定了两条基本战略目标：一是向西夺取波罗的海出海口，挺进大西洋；二是向南夺取黑海出海口，开辟通向地中海的道路。

为实现这两条基本战略目标，彼得一世实施了一系列战略举措。

（一）全面进行军事改革

彼得一世的军事改革是和政治改革同时进行的。"改革是分三个阶段进行的，每一个阶段为七年：1700 年至 1707 年为积蓄力量阶段；1707 年至 1714 年为俄国荣跃兴盛的阶段；1714 年至 1721 年为建立良好秩序的阶段。"[①] 在彼得一世即位之前，俄国大部分的军队由没有受过系统军事训练的贵族民军组成。伊凡四世时期建立了一支装备火器的射击军，这虽然是一定意义上的常备军，但又区别于一般的军队。射击军主要由招募的手工业者、商人组成，缺乏良好的军事训练，还带着家属，有任务时执行任务，无任务时经营小手工业、商业。后来建立了步兵、龙骑兵、贵族骑兵，加强了军事训练，但也不是完全的正规军，因此在战争中付出了惨重的代价。

16 世纪至 17 世纪的欧洲战争，对于军事艺术、军事工程技术、军队的组织训练等方面的发展有着深远的影响，但是封闭落后的俄罗斯并没有受到这些成就的影响。随着彼得一世第一次远征亚速的失败、率领大使团出访、镇压射击军的反叛以及北方战争初期失利等一系列事件的发生，他感到俄罗斯军队无论在装备上还是组织形式上都无法适应战争的需要，全面的军事改革势在必行。

1689 年，彼得一世着手改组军队，首先采用义务兵役制保证士兵的来源，建立正规军队来代替贵族骑兵和射击军，并且聘请了大量外国人在

---

① 〔法〕亨利·特鲁瓦亚：《彼得大帝》，齐宗华、裴荣庆译，天津人民出版社，1983，第304 页。

俄国军队中担任顾问，开办各种军事学校和训练班，派遣俄国贵族青年到欧洲强国去学习军事理论和技术，大力培养军事人才，以保证军官的来源。彼得一世亲自主持制定了军事条令和章程，确定了军队的编制和组织原则。彼得一世认为，只有既拥有陆军又拥有海军的君主才是"双手俱全"的君主。建立正规的海军成为军事改革的重点。彼得一世在新成立的参政院下设立了海军院，专门制定了"海军章程"，确定了海上舰队的编制、战船的等级、海军官员相互之间的关系以及他们的权利和义务。在进行军事改革的同时，彼得一世还注重军事工业的发展，建立了大量的军工厂和可以建造大型海上战舰的造船厂。这次军事改革的成功，使俄国成为欧洲军事强国之一，为彼得一世的对外扩张奠定了坚实的基础。

(二) 对土耳其发动夺取黑海出海口的战争

彼得一世时期的俄罗斯，北边是具有强大军事实力的瑞典王国，控制着波罗的海沿岸；西边是北濒波罗的海、南接黑海的欧洲大国之一的波兰；南边是土耳其及其属国克里米亚汗国。俄罗斯建设海洋强国的战略，注定了它将会与这几个国家发生激烈的碰撞。

彼得一世首先决定夺取土耳其的亚速要塞，进入亚速海，站稳脚跟后向南进入由土耳其控制的黑海。亚速海是被克里米亚半岛与黑海隔离的内海，主要的河流有顿河和库班河，而土耳其的亚速要塞就建立在顿河的出海口上。

在俄土战争初期，俄罗斯没有海军，无法对亚速海沿岸要塞建立起封锁圈，致使第一次亚速城远征行动失败。这次失败证实了彼得对海军重要性的判断，要想夺取出海口，没有一支强大的海军是不行的。于是，彼得一世筹集经费，在顿河上游的沃罗涅日和第聂伯河支流杰斯纳河上建造了大量战船，并引进英国人才，建起了亚速海舰队，1699 年，在陆、海军协同作战下，俄罗斯最终夺取了亚速城，并在塔甘罗格建立了海军基地，抵御土耳其人和鞑靼人对亚速的反击。

亚速远征的胜利，使俄罗斯占领了亚速，但是还没有彻底解决黑海出海口的问题，并未获得与西方联系的海上交通线，也没有获得在黑海自由航行的权利。然而在获得亚速城后的十年内，由于俄罗斯的战舰被严冬的冰块严重破坏，舰队维护相当困难。考虑到黑海向西方的道路过于艰难，彼得一世将注意力转向了另一条战略路线——西出波罗的海，因此黑海舰队的情况越来越糟糕。当时的土耳其舰队仍然牢牢控制着黑海，1710年对亚速海进行了反扑。在战后签订的《普鲁特和约》中，俄罗斯最终放弃了所征服的全部南方领土，黑海出海口得而复失。黑海舰队的有些船只向土耳其人投降，有些船只开往其他河流，还有一部分被船员自己沉毁，俄罗斯第一支黑海舰队就这样寿终正寝了。当然，在这支舰队存在的16年中，俄国人为造船做出了很大努力，除较小的船只外，造出的战舰就有58艘，这也为俄罗斯海军的发展提供了宝贵的经验。

（三）发动北方战争，夺取波罗的海出海口

波罗的海位于欧洲北部，是介于斯堪的纳维亚半岛与东欧平原和中欧平原之间的狭长海域，属于大西洋的一部分，战略地位十分重要，是俄罗斯出大西洋的最短通道，有天然的不冻良港，可以说谁控制了波罗的海，谁就可以成为北欧霸主。

1700年前，在连续几个精明能干的统治者的治理下，瑞典已成为欧洲主要海陆军强国之一而雄踞北欧，控制着波罗的海沿岸，包括芬兰湾两岸、波的尼亚湾全部、波罗的海东岸和普鲁士几条河流的河口。这样，波罗的海大部分成为瑞典的内湖。俄罗斯要在波罗的海取得立足点，就必须与瑞典一决雌雄。

1700年后，彼得一世制定了力图达到四个目标的对瑞政策：一是占领波罗的海海岸；二是摧毁瑞典对俄国河流和湖泊的控制；三是建立一支强大的俄国波罗的海舰队；四是同瑞典舰队交战并消灭它[①]。为了做好应

---

①　〔美〕唐纳德·W. 米切尔：《俄国与苏联海上力量史》，朱协译，商务印书馆，1983，第32页。

对强敌的准备，彼得一世在 1697 年组织了一个由 200 多人组成的使团向西欧各国考察学习，并化名混入使团中，亲自学习西方先进的军事理论和造船技术。1698 年，彼得一世发现，同属波罗的海沿岸的波兰、丹麦等国同瑞典之间存在巨大的矛盾，于是加以利用，逐步达到其夺取波罗的海沿岸地区的目的。

北方战争初期，战事进行得不是很顺利。1697 年，年轻且具有杰出军事统帅能力的查理十二继任瑞典国王。1700 年，瑞典打败了"反瑞同盟"中的丹麦，迫使丹麦退出战争，并且在爱沙尼亚纳尔瓦村打败俄罗斯军队。由于查理十二战略上的失误，瑞典并没有乘胜追击俄罗斯人，而是进攻另一个对手波兰，且久攻不下，给彼得一世喘息的时间进行军事改革，以恢复军队的战斗力。彼得一世按照欧洲强国的模式对陆军进行了改革和训练，还设立了数所军事院校。俄国军队战斗力恢复后，开始在北方战争中逐渐取得胜利。1703 年攻占圣彼得堡后，俄罗斯第一次获得了通往波罗的海的出海口，这也为其建设海上强国铺平了道路，奠定了建设强大海军的基础。

在此基础之上，彼得一世创建了波罗的海舰队。这支舰队的主要目的就是夺取波罗的海沿岸控制权。在组建舰队时，彼得一世认为必须拥有比敌人更多的舰艇，于是开始实施庞大的造舰计划。到 1708 年，俄罗斯海军已经发展成为一支能与强敌抗衡的强大海上力量。1709 年，俄罗斯在波尔塔瓦击溃了瑞典，终结了瑞典的强国地位。此役后，俄罗斯开始向北欧进攻，俄罗斯舰队在多次海战中战胜了瑞典舰队。经过长达 21 年的"北方战争"，最终根据俄瑞签订的《尼斯塔特合约》，俄罗斯占领了波罗的海沿岸地区，取代瑞典成为北欧海上霸主，终于由一个内陆国家变成了濒海帝国，初步具备了成为世界海上强国的基本条件。

三　巅峰——叶卡捷琳娜二世的海上黄金时代

彼得一世去世后直到叶卡捷琳娜二世即位这段时间，先后经历了六个统治者——叶卡捷琳娜一世、彼得二世、安娜一世、伊凡六世、伊丽莎白一世、彼得三世。其中没有一个拥有出色的才能，对海军事务既不懂，也没有强烈的兴趣，在海上方向更没有取得重大成就，因此，俄罗斯建设海洋强国进程几乎处于停滞状态。

得益于彼得一世较为丰厚的海军实力家底，加之留下的能臣仍忠于职守，"波罗的海舰队仍然保持它的特性和彼得统治时期惨淡经营所获得的很高的国际威望。它也保持了对历史进程有决定性影响的能力"①。海军在几次有限的战争——波兰王位继承战、奥地利王位继承战、七年战争中表现尚可，重要的领土没有丧失，波罗的海出海口也没有失去。俄国依然在欧洲政局中占有一席之地。

1762 年，叶卡捷琳娜二世即位，与之前的六位君主不同，她非常关心海军事务，遵循了彼得一世的海军政策，也执行了彼得未完成的战略计划，并在海上力量建设与运用方面超越了彼得。1913 年出版的《俄国陆军和海军史》一书评论道："彼得一世最初建立的海军，只能承担一定的国家任务；叶卡捷琳娜二世时期的海军已经成为真正的国家海军，因为这支海军在遂行任务方面，已经有了十分明确的政治纲领。"②

（一）改善国际国内环境，加强海军建设

叶卡捷琳娜二世为赢得一段时间和平的国际环境，撕毁了彼得三世与普鲁士签订的军事同盟协定，撤回了俄罗斯的军队，从欧洲七年战争中脱身。这使俄罗斯保持了六年的和平稳定的发展时间，在此期间，叶卡捷琳娜二世在稳定国内形势的同时非常重视海军建设。

她网罗了大量的外国军官，包括海军上将塞缪尔·卡洛维奇·格雷格（英国）、海军上将查尔斯·诺尔斯（英国）、A. 麦肯齐海军上尉（英国）、塞缪尔·本瑟姆上校（英国）、A. 克鲁斯、J. H. 金斯伯根（荷兰）、约翰·保罗·琼斯（美国）等。在这些人的帮助下，俄罗斯新建了

---

① 〔美〕唐纳德·W. 米切尔：《俄国与苏联海上力量史》，朱协译，商务印书馆，1983，第66 页。
② 方江：《俄罗斯海军教育》，海潮出版社，2003，第 13 页。

海军基地，整顿了波罗的海舰队，恢复了军舰的建造。1760 年至 1780 年，波罗的海舰队建造的战舰不少于 90 艘。在第一次俄土战争后，俄罗斯又建立了新的黑海舰队。叶卡捷琳娜二世也非常关心海军军官的培养，派遣了许多贵族青年到国外，特别是到英国海军中学习和深造。在她的统治下，俄罗斯海上力量得到了显著的增强。

（二）夺取黑海出海口，称霸波罗的海

叶卡捷琳娜二世非常懂得有效地利用海上力量。她不懂海军装备与技术，"……但她的战略感却是了不起的。她在选择时机方面几乎从无失误，完全知道她能施加多大压力而不引起敌对行动。在和平时期的外交中，在战争中，她都能不断地、有效地利用海上力量，她也完全明白可以从远处发动进攻的海军力量的重要性"[1]。

1768 年第一次俄土战争（1768～1774 年）爆发，土耳其在法国的怂恿下，向俄罗斯宣战。叶卡捷琳娜以三项措施应对土耳其的战事：一是分两路出兵，一路从北方进攻克里米亚，另一路沿德涅斯特河向西推进；二是海军分舰队绕过欧洲，从地中海进攻；三是鼓动巴尔干半岛诸国特别是希腊人反叛土耳其。

1769 年，叶卡捷琳娜二世非常冒险地要求波罗的海舰队绕过欧洲大陆远征地中海，从地中海向土耳其发起进攻，以实现海陆两面夹击土耳其。这支冒险的舰队仅以 11 人死亡的代价赢得了切斯马战役的大胜，奠定了战局胜利的基础。1771 年，俄罗斯在爱琴海建立了地中海基地，以此作为跳板进军黑海。另一方向的俄罗斯陆军从北部夺取了顿河河口，建立了黑海舰队，从陆上方向威胁土耳其。通过两个方向的合作，俄罗斯重新夺得亚速，再次建立了亚速舰队。通过和约，俄罗斯彻底控制了亚速海以及亚速海通往黑海的出海口，获得了在黑海自由航行、通商并进入地中海的权利。

---

[1]　〔美〕唐纳德·W. 米切尔：《俄国与苏联海上力量史》，朱协译，商务印书馆，1983，第 68 页。

1787 年，第二次俄土战争爆发，土耳其企图恢复黑海地区的控制权。俄罗斯强大的黑海舰队在海军统帅和战略思想家乌沙科夫的指挥下，多次取得了对土耳其海军的重大胜利，并最终在阿克拉角海战中将其全歼，实现了对整个黑海地区的有效控制，并将德涅斯特河至现新罗西斯克的黑海沿岸划归俄国版图。

1788 年俄瑞战争爆发，瑞典乘俄土战争时机对俄宣战，企图夺回波罗的海的控制权。双方舰队之间进行了多次海战，俄罗斯在维堡海战的大胜，促成了和约的签订。俄国海军在波罗的海从此取得了一个多世纪的绝对优势。

（三）赢得海上自由权，促进海上贸易的发展

18 世纪后期，美国独立战争爆发，法国、荷兰和西班牙支持美国反对英国，英国实行海上封锁，拦截中立国船只，对中立国的海上自由与海外贸易造成较大的影响，引起了欧洲各国的愤慨。这项政策导致俄罗斯海上贸易的安全得不到保障，严重影响俄罗斯向法国和西班牙出口木材及船用材料，大幅缩减了海上利润。

为了抵制英国"无差别"的海上封锁政策，1780 年俄国发表了"武装中立宣言"，宣布中立国船只可以在交战国各口岸和交战国沿海自由航行，除战时禁运物资外，交战国不得劫掠中立国船舶。为此，俄罗斯派出了 3 支分舰队，分别在地中海、北海、大西洋巡逻，保卫俄罗斯商船航运的安全，有效促进了俄罗斯对外贸易的正常发展。

经过叶卡捷琳娜二世的励精图治，俄罗斯不仅稳固了波罗的海的霸主地位，打通了黑海的出海口，更是开创了俄罗斯海上力量的黄金时代，进而成就了俄罗斯的欧洲大国地位。

第二节　俄罗斯海洋强国地缘政治效应的表现形式

从彼得一世开始建设海洋强国开始，到叶卡捷琳娜二世迎来俄罗斯海上黄金时代，历时一个世纪。俄罗斯从莫斯科公国的弹丸之地迅速扩张成

一个横跨欧亚大陆的世界第一大国，从一个内陆国家发展成为拥有四个互不相连海域和漫长海岸线的濒海国家。作为"陆权论"所说的"心脏地带"的俄罗斯，它的"西进、南下、东扩"地缘战略和对外政策及实践必然对与其具有地缘关系的邻国、政治集团、海洋板块国家产生巨大的"作用力"。在这个世纪的欧洲态势多次重构中，俄罗斯成为欧洲政治态势变化的一个不可忽视的因子，诸多地缘政治效应共同发生作用，特别是外向驱动、机会窗口、对手聚合、陆海互利等效应非常明显。

一　外向驱动效应：英国战略需求客观助推俄罗斯海上崛起

16 世纪到 17 世纪中叶，世界贸易得到了空前的发展，英国、荷兰、法国的海外贸易得到了巨大的增长，欧洲的制造业随着贸易的扩大也得到了进一步的发展。西欧国家对工业原材料以及船用材料的进口也出现了大幅增长态势。俄罗斯是西方国家生产发展原材料的主要产地。西欧国家对俄贸易的巨大利益成为俄罗斯海上崛起的外向驱动效应的巨大诱因。正是因为与俄国发展贸易的渴望，西欧海上强国对俄罗斯海上方向的崛起，一直保持着一种暧昧的态度，尤以英国为甚。

从 16 世纪初开始，英国与俄国已经有了商业贸易的联系。16 世纪的俄罗斯处于贫穷落后的局面，当时的英国"对待俄国就如同对待一个殖民地一样"①。当时波罗的海的霸权属于谁，英国并不关心，也不准备支持瑞典或者俄国。对英国来说，它所关心的是自己在波罗的海的商业利益以及通过白海与俄国的贸易专利权。

17 世纪中期，俄罗斯"全俄市场"形成后，对外贸易的资源非常丰富，俄罗斯扩大对外贸易的需求也随着国内生产的发展越来越迫切。然而俄罗斯海上方向的贸易的缺失，不仅阻碍了俄罗斯自身经济的进一步发展，而且限制了英国与俄罗斯贸易利益的扩大，特别是阻碍了英国发展海上力量

---

① 〔苏〕达·梁赞诺夫：《卡尔·马克思论俄国在欧洲的霸权地位的起源》，中共中央马克思恩格斯列宁斯大林著作编译局资料室编《马列著作编译资料》（第 5 辑），人民出版社，1979。

所必需的船用材料的贸易。英国开始在贸易利益的驱使下选边站队。

在北方战争开始初期，1700年初，英国与瑞典签订全面防御条约，目的是维持波罗的海的均势，以保护英国在这一地区的商业利益，其中规定了"盟国中任何一方由自己或任何别人，无论以何种方式或在任何地点，无论从陆上或海上，进行损害另一方，使其丧失国土或领地的行动、谈判或尝试，均为非法；一方绝对不得协助另一方的敌人，包括反叛者和敌对者，以损害其盟国"[①]。条约还规定"……盟国中任何一方的臣民……不管是在海上还是在陆上，不管是作为海员还是作为士兵，无论如何都不应为他们（盟国中任何一方的敌人）效力，因此，应严刑峻法以警效尤"[②]。但出于扩大对俄贸易的需要，英国并没有实际对条约履行相应的义务。"在几乎整个这段时期，我们发现英国不断地支持俄国并通过密谋或以公开力量对瑞典作战，尽管这项条约从未废除，也从未宣战。"[③] 彼得一世为应对战事，大造舰船，"他在俄国国内找不到造船技师，就请来两名英国师傅理查德·布朗和彼得·本特为他服务，后来又请到英国、丹麦和荷兰的一些专家……到1705年，俄国舰队已有九艘巨型战舰和三十六艘较小的舰船，其中除俄国造的外，有些是向国外，主要是向英国和荷兰购买的"[④]。俄罗斯的舰队还聘请了大量的英国人担任海军军官。"忠于斯图亚特王朝的英国人帕特里克·戈登将军可能是彼得最重要的外国顾问。他使彼得紧紧跟上欧洲文学和科学的发展，协助他创建了俄罗斯海军，在这位年轻的沙皇访问西欧期间，甚至还代他管理过俄国。"[⑤] 在

① 〔德〕卡尔·马克思：《十八世纪外交史内幕》，《马克思恩格斯全集》（第44卷），中共中央马克思恩格斯列宁斯大林著作编译局译，人民出版社，1982，第297页。
② 〔德〕卡尔·马克思：《十八世纪外交史内幕》，《马克思恩格斯全集》（第44卷），中共中央马克思恩格斯列宁斯大林著作编译局译，人民出版社，1982，第299页。
③ 〔德〕卡尔·马克思：《十八世纪外交史内幕》，《马克思恩格斯全集》（第44卷），中共中央马克思恩格斯列宁斯大林著作编译局译，人民出版社，1982，第287页。
④ 〔美〕唐纳德·W.米切尔：《俄国与苏联海上力量史》，朱协译，商务印书馆，1983，第38页。
⑤ 〔美〕唐纳德·W.米切尔：《俄国与苏联海上力量史》，朱协译，商务印书馆，1983，第39页。

彼得一世的海军中，大量的英国人为他效力，这完全是与英瑞条约相悖的。

在叶卡捷琳娜二世时期，更是有许多英国军官为其服务，至于为什么没有"严刑峻法以警效尤"，是因为这是英国政府默许的。在北方战争初期，也就是英瑞条约签订的1700年，英国海军曾帮助瑞典占领厄勒海峡（亦称"松德海峡"），在帮助瑞典迅速击败丹麦上起到了一定的作用。但是随后就出现了180度的"转身"，特别是当汉诺威选帝侯乔治成为英国国王后，英国政府就站在了瑞典的对立面，参与了瓜分瑞典的同盟。1715年，英国将8艘军舰经汉诺威转借给丹麦，在1716年由彼得一世亲自指挥，准备入侵瑞典的肖楠。虽然计划没有顺利实施，但实际上，英国已然成为俄国的"帮凶"。在英国的"默默"帮助下，俄罗斯有效地控制了波罗的海沿岸地区，使以圣彼得堡为中心的对外贸易成功发展起来。"到1725年，俄国的出口货物价值相当于进口货物的两倍。"[1] "17世纪90年代，每年只有五六十条外国船只停靠阿尔汉格尔斯克。而在1720年开进波罗的海诸港的商船就有100多条，1725年超过650条。"[2] 英俄之间的贸易也随之扩大。由于英国领导层的多次变动，英俄之间政治利益矛盾时而激化、时而缓和，两国时常处于对立面，但是从未发生过大规模的冲突。并且英国一直给俄国支付1715年商定的补助金，换取俄国负责保护汉诺威不受普鲁士侵略的回报。

从1719年到1731年，英国与俄罗斯处于相互敌对的状态，这一时期，俄国从英国进口的主要商品比之前少了一半，英国的加工工业受到了直接冲击。为恢复之前的贸易利益，英俄开始重新接近。1734年英国同俄国签订了一项贸易条约，英国得到了俄国的最惠国待遇。长期以来，英国在欧洲的主要对手是法国，由于1741年奥地利王位继承战争的影响，

---

① 〔英〕J. O. 林赛编《新编剑桥世界近代史》（第7卷），中国社会科学院世界历史研究所组译，中国社会科学出版社，1999，第16页。

② 〔英〕J. O. 林赛编《新编剑桥世界近代史》（第7卷），中国社会科学院世界历史研究所组译，中国社会科学出版社，1999，第407页。

法国在瑞典、波兰、德国西部和土耳其的影响占优势，英国请求俄国签订同盟条约，并在1742年签订了英俄第一个防御同盟条约，直到七年战争英俄之间的同盟条约都没有遭到破坏。到了1766年，英国与俄国缔结商约，共同对付法国。因为法国与土耳其的联盟关系，俄罗斯对土耳其作战也受到了英国支持。"尽管（英国）土耳其公司或者——反正是一回事——英国驻君士坦丁堡使节发出呼声，尽管东印度公司的呼声越来越强烈，英国不仅没有对1768年开始的叶卡捷琳娜二世第一次对土耳其的战争提出抗议，而且还装作不知道开往地中海的俄国舰队事实上是受英国军官指挥的，并在英国海军司令部的协助下由英国水兵进行补充。"①

俄罗斯舰队远征地中海期间曾在英国的允许下停靠英国港口休整。"要不是英国人允许他们停靠英国港口作短期休息，他们还将受到更大的痛苦。"② "英国不但在整个战争过程中支持俄国舰队，而且当它获悉法国打算帮助土耳其消灭俄国舰队时，还提出强烈抗议。"③ 就连叶卡捷琳娜二世提出反对英国海上霸权的《武装中立公约》时，英国还一直认为俄国是英国的天然盟友。"当俄国代替衰落的奥地利成为中欧主宰者的时候，当俄国威胁波兰独立的时候，当它打算瓜分瑞典的时候，当它无情地往东向奥斯曼帝国推进的时候，英国的政治家们都善意地观望着。他们一心惦着来自法国的危险，对俄国在近东和印度对英帝国利益所构成的威胁熟视无睹。"④

到了1788年，俄国的扩张政策与英国企图在欧洲维持均势的计划发生尖锐矛盾，英国成为俄国最危险的公开反对者。法兰西第一共和国在建

---

① 〔苏〕达·梁赞诺夫：《卡尔·马克思论俄国在欧洲的霸权地位的起源》，中共中央马克思恩格斯列宁斯大林著作编译局资料室编《马列著作编译资料》（第5辑），人民出版社，1979。

② 〔美〕唐纳德·W.米切尔：《俄国与苏联海上力量史》，朱协译，商务印书馆，1983，第70页。

③ 〔苏〕达·梁赞诺夫：《卡尔·马克思论俄国在欧洲的霸权地位的起源》，中共中央马克思恩格斯列宁斯大林著作编译局资料室编《马列著作编译资料》（第5辑），人民出版社，1979。

④ 〔英〕莱斯特·哈钦森：《马克思〈十八世纪外交史内幕〉1969年英文版的〈导言〉》，中共中央马克思恩格斯列宁斯大林著作编译局资料室编《马列著作编译资料》（第5辑），人民出版社，1979。

立后，成为欧洲各国的眼中钉，英国对俄罗斯的不满态度很快转变。1799年，英国与俄国以及其他国家组成了第二次反法同盟。除了在保罗一世后期，英俄有过短暂的交恶时期，其余时间，英俄基本都保持着良好的外交关系。"在那个世纪的末尾，正如皮特牧师先生所说，英国外交界公开信奉的正统的信条已经是：'把大不列颠和俄罗斯帝国联在一起的纽带是自然形成的，是破坏不了的'。"①

综合来看，出于贸易利益考虑以及维持欧洲大陆均势的需要，英国对于俄罗斯的海上崛起客观上起到了助推的作用，尽管这并不是出于英国的本意，而只是一种利用。

二　机会窗口效应：欧洲乱局持续动荡

在彼得一世和叶卡捷琳娜二世时期，俄罗斯海上力量崛起所能影响的区域仅限于欧洲。而在这个崛起的关键时期，不管是群雄并立的欧洲，还是积贫积弱的东欧诸国，都处于长期纷争的乱局之中，为俄罗斯海上崛起提供了一段较长时期的"机会窗口"。

（一）欧洲乱局不断为俄罗斯寻求出海口提供"机会窗口"

俄罗斯发动北方战争夺取波罗的海出海口之时，西欧最为强大的海上强国英国、荷兰、奥地利都深陷西班牙王位继承战中，无暇东顾。英、荷、法等瑞典盟国不能向瑞典提供军事和物资方面的援助，为彼得一世发动北方战争提供了最佳的机会。"三十年战争"后，瑞典与波罗的海的其他国家矛盾重重，也为俄罗斯促成反瑞同盟创造了有利的条件。欧洲大乱局在西班牙王位继承战后一直在延续，持续了几乎整个 18 世纪。叶卡捷琳娜二世初期，七年战争造成的欧洲混乱形势为俄罗斯继续挺进黑海提供了机遇。奥斯曼帝国长期以来处于欧洲诸国的敌对位置，特别是黑海周边

---

① 〔德〕卡尔·马克思：《十八世纪外交史内幕》，《马克思恩格斯全集》（第 44 卷），中共中央马克思恩格斯列宁斯大林著作编译局译，人民出版社，1982，第 265 页。

国家向来与土耳其敌对，这又为俄罗斯向南扩张提供了借口和便利。纵观整个 18 世纪，"西欧大国为了扩张自己的势力，为了相互排斥，几乎都把俄国看作可以利用来牵制自己的直接敌人的力量，这当然为俄国提供了插足欧洲事务的机会"①。"……俄国自知它与其他国家没有任何共同利益，但是每一个国家却必须分别认识到它与俄国有排斥所有其他国家的共同利益。"② 不管是英国对付法国、法国对付普鲁士、普鲁士瓜分波兰，还是欧洲建立反法联盟，等等，如此众多的相互矛盾、相互利用关系，为俄罗斯纵横捭阖、走向海洋提供了充足的机会。

(二) 周边地缘环境为俄罗斯提升自身地位提供了 "机会窗口"

俄罗斯的崛起得益于欧洲乱局的大环境，更得益于有利的周边地缘环境。彼得一世时期，瑞典这个看似强壮的巨人，却强敌环伺。汉诺威选帝侯觊觎不来梅和费尔登；勃兰登堡 – 普鲁士选帝侯妄想得到瑞典所占的西波美拉尼亚；波兰希望收复利沃尼亚；丹麦国王想要收回丢失的领土和地位；而俄罗斯企图寻求波罗的海的出海口，打破瑞典的贸易封锁，对芬兰湾至德维纳河的波罗的海沿岸垂涎三尺。貌似强大的瑞典就像一个待宰的羔羊，成为多个国家觊觎的美味。

到了叶卡捷琳娜二世时期，东欧乱局更是为俄国强大提供了外部机遇。"北部是瑞典，它的实力和威望正是由于查理十二作了入侵俄国的尝试而丧失的……南部是已成强弩之末的土耳其人和他们的纳贡者克里木鞑靼人……波兰……处于完全土崩瓦解的状态；它的宪法使得任何全国性的行动都无法采取，因而使它成为邻国可以轻取的战利品……在波兰后面是另一个似乎已最终陷入完全崩溃状态的国家——德国。从三十年战争的时代起，德意志罗马帝国就只是一个名义上的国家……"③ "1762 年……国

---

① 陈乐民：《〈十八世纪外交史内幕〉笔记》，《中国社会科学院研究生院学报》1987 年第 1 期。
② 〔德〕卡尔·马克思：《十八世纪外交史内幕》，《马克思恩格斯全集》（第 44 卷），中共中央马克思恩格斯列宁斯大林著作编译局译，人民出版社，1982，第 269 页。
③ 〔德〕恩格斯：《俄国沙皇政府的对外政策》，《马克思恩格斯全集》（第 22 卷），中共中央马克思恩格斯列宁斯大林著作编译局译，人民出版社，1965，第 19～22 页。

际形势从来不曾这样有利于沙皇政府推行其侵略计划。七年战争把整个欧洲分裂成两个阵营。英国摧毁了法国人在海上、在美洲、在印度的威力，然后又把自己在大陆上的同盟者普鲁士国王弗里德里希二世抛给命运去摆布。这后者，在1762年，……已经濒于毁灭……"① 叶卡捷琳娜二世的强势使俄罗斯帝国顺理成章地成为周边态势的主动掌控者。

三　陆海互利效应："两只手"支撑俄罗斯发展

俄罗斯最初是一个"内陆"国家，只拥有一支实力不强的陆军，缺乏海上力量一直限制着俄罗斯的发展。彼得一世建立了海军，改革了陆军，充分发挥"陆海互利"效应，从陆上和海上两个方向共同作用，支撑着俄罗斯的发展。

（一）俄罗斯的扩张战略的顺利实施，是海上力量和陆上力量相互配合的结果

俄罗斯建设海上强国，首先要取得出海口，这是一个必需的战略步骤，而这个步骤的实施主力应该说并不是海上力量，而是陆上力量。没有陆军在陆上方向的胜利，不可能获得波罗的海沿岸；但没有海军海上方向的存在和支援，出海口也不可能得到稳固和扩大，还是会像伊凡四世时期那样得而复失。

北方战争期间，首先在陆上方向，彼得一世在塔尔瓦会战中被查理十二击溃。但彼得一世抓住了查理十二进攻波兰的契机，大力进行了军事改革，建立了一支庞大的正规军。据统计，陆军正规军达到27万人，非正规军为10.9万人；共有兵团105个，龙骑兵团37个。军队规模已经超过英国、西班牙、瑞典与丹麦，仅次于法国。这支陆军最后在波尔塔瓦战役中取得北方战争中陆上方向的决定性胜利。

---

① 〔德〕恩格斯：《俄国沙皇政府的对外政策》，《马克思恩格斯全集》（第22卷），中共中央马克思恩格斯列宁斯大林著作编译局译，人民出版社，1965，第25页。

彼得一世取得波尔塔瓦战役的胜利只是解决了地面战争力量对比的问题，可是瑞典在波罗的海仍然拥有强大的海上力量。为了取得最终胜利，俄罗斯大力加强海上力量的建设，稳固波罗的海的出海口。1701～1709年，共花费629.6万卢布用于海军建设，差不多是俄罗斯两年的全国总收入。1714～1721年在圣彼得堡建立了大型战列舰队，共建造了686艘船舶。海上力量的发展，为扩大海上贸易提供了坚强的保护，同时扩大的海上贸易所带来的资金又进一步增强了俄罗斯的整体军事实力，为其实施陆地扩张战略提供了强大的物质基础和力量准备。

俄罗斯通过海上贸易获取的经济利益，究竟为其整体军事力量特别是陆上力量的建设提供了多少财政支援，这已经不可考证，但这些收入肯定是俄罗斯加强军事建设的重要资金来源，陆上力量建设从中受益颇多。

（二）俄罗斯国际地位的提升，是海上方向和陆上方向共同作用的结果

俄罗斯在18世纪开始崛起为欧洲大国而被西方认可，不仅因为其海上力量的逐渐强大，也因其陆上力量的雄厚。强大的海上力量，扩大了海上方向的影响力，提升了俄罗斯的国际影响力，使俄罗斯获得了陆上方向的话语权，进而促进俄罗斯国际地位的进一步提升。俄罗斯能顺利地瓜分瑞典、波兰，在陆上方向取得成果，也正是因为海上方向的强大为陆上胜利提供了坚强的支援和后盾。正是因为这种"陆海互利"效应，俄罗斯的"两只手"才非常健全，才能在获得波罗的海出海口之后，又挺入黑海，继而三分波兰，不断扩大势力范围。两个战略方向的联动使俄罗斯取得了北方战争、俄土战争的胜利，两个战略方向的"互利"更是奠定了俄罗斯迎来海上黄金时代的基础。

四　对手聚合效应：敌对联盟多变、松散、短暂

沙皇俄国时期，海洋军事强国战略为俄国从贫穷落后的农奴制国家发展成为强大的欧洲大国提供了必要条件。这样一个雄踞东欧的大国，具有

雄厚的战争潜力和战略纵深，将成为俯瞰西欧的"北极熊"。在北欧直接对北欧霸主瑞典构成直接威胁，在海洋方向对英国的海洋霸主地位、在陆上方向对法国的陆地霸主地位造成间接威胁。同时，俄罗斯不管是西进，还是南下、东扩，都主要是通过长时期的陆地战争进行的。当时在中东欧地区，小国众多，各国对领土的诉求交织，加上民族宗教矛盾，各国之间矛盾错综复杂。东欧大国如奥斯曼帝国、波兰等国都逐渐衰落。俄罗斯在海洋强国之路上多次瓜分这些国家的领土，也改变了周边国家的版图，使得东欧各国的领土主权和控制区域重新分配，也在一定程度上激化了民族和宗教矛盾，为后续各种战争的爆发提供了温床。这样一种格局就使得这几个国家成为俄罗斯的对手，也遭到现存海洋强国以及这些利益受损的敌对国家的负面反应，使其不可避免地会形成反对联盟。

北方战争之前，英国人为了发展北方贸易，维持波罗的海的均势，站在支持俄罗斯的立场上。英国和荷兰本来希望看到北方战争能在波罗的海建立起一种最佳的平衡，这意味着限制瑞典，同时不允许战胜者中的某一方占据优势，特别是俄罗斯。然而俄罗斯借势崛起，英国不知不觉"把俄国扶植成为那里的一个海上大国"①。

北方战争的胜利为俄国在国际舞台上争得了前所未有的席位，尤其是与当时强大的英国相角逐的地位。俄罗斯通过发展圣彼得堡的对外贸易，几乎垄断了波罗的海的船用材料的贸易，"控制欧洲所有造船材料总库的两把钥匙"②，反而威胁了英国的海上地位，然而此时英国却"不再能够控制那个海上的均势了"③。同时，"英国商人担心，如果俄国抢占通海的良港，俄国将用自己的船只与各国通商，而不是通过英国人与荷兰人的中

---

① 〔德〕卡尔·马克思：《十八世纪外交史内幕》，《马克思恩格斯全集》（第44卷），中共中央马克思恩格斯列宁斯大林著作编译局译，人民出版社，1982，第330页。

② 〔德〕卡尔·马克思：《十八世纪外交史内幕》，《马克思恩格斯全集》（第44卷），中共中央马克思恩格斯列宁斯大林著作编译局译，人民出版社，1982，第328页。

③ 〔德〕卡尔·马克思：《十八世纪外交史内幕》，《马克思恩格斯全集》（第44卷），中共中央马克思恩格斯列宁斯大林著作编译局译，人民出版社，1982，第330页。

介发展贸易"①。俄国在黑海地区的扩张，也直接威胁英国在近东的利益。英法有识之士认为，"如果沙皇实现他的宏伟计划，他将由于摧毁和征服瑞典而成为离我们更近和更可怕的邻居"。"时间必将向我们证实，把俄国人赶出波罗的海现在应该是我们的内阁的首要目的。"② 1716 年，俄国之前答应汉诺威的不来梅和费尔登地区又许诺划给了普鲁士，引起了英国国王兼汉诺威选帝侯乔治一世的不满。1717 年俄国、法国、普鲁士签订《阿姆斯特丹条约》，更激怒了英国。英国又站在了俄国的对立面，采取行动分化"北方同盟"。1719 年开始集中力量建立一个全欧洲的广泛的反俄联盟。英国以瑞典在北德意志的大部分领土为交换条件，勾结普鲁士，瓦解了"北方同盟"。英国与普鲁士、荷兰组成了三国同盟，共同遏制俄罗斯在波罗的海方向的发展。1720 年，亲英的瑞典政府与英国签订了联合防御条约，阻止波罗的海成为俄国的内湖。

俄罗斯建设海洋强国，与瑞典、土耳其发生冲突战争，也受到英国的戒备防范。随着俄罗斯建设海洋强国战略的推进，英国、瑞典等国企图建立反俄联盟。然而，由于这种联盟是松散的，可变因素太多，加上英国最大的敌人一直是法国，这种短暂的可变的敌对同盟不足以阻止俄国的强大，实际上英国并没有采取实际有效的军事行动阻止俄国在波罗的海的扩张。

在俄罗斯崛起过程中，法国与土耳其联合阻止俄罗斯向黑海方向的利益拓展，这些也都是建设海洋强国"对手聚合"效应所带来的必然结果，但是就如前面所提到的，俄国总是成为各个派别拉拢打击对手的对象，因而这些联盟都是松散的、短暂的，不足以撼动俄罗斯的崛起。

第三节　俄罗斯海洋强国地缘政治效应的形成原因

俄罗斯作为"内陆"国家，通过较长时期的努力，最终成为海洋强

---

① 王绳祖主编《国际关系史》（第 1 卷），世界知识出版社，1995，第 177 页。
② 〔德〕卡尔·马克思：《十八世纪外交史内幕》，《马克思恩格斯全集》（第 44 卷），中共中央马克思恩格斯列宁斯大林著作编译局译，人民出版社，1982，第 284、330 页。

国。从俄罗斯建设海洋强国的历程来看，其面临诸多有利的地缘政治效应。这些有利地缘政治效应的累积，最终成就了其在18世纪的海上崛起。这些有利的地缘政治效应，既与18世纪整个欧洲动荡的大环境有关，也离不开俄罗斯综合运用政治、外交、经济、军事等手段进行科学的地缘战略指导。

一　适时调整战略方向，持续增强外向驱动效应

两线作战，对任何一个强大的国家来说都是很难应对的，俄罗斯建设海洋强国期间由于战略目标的要求，可能面临两线作战的窘境。战略方向选择正确与否，关乎俄罗斯战略目标能否实现，更关乎战略行动是否能得到外部势力的支持。

俄罗斯在崛起之初就认识到，它的主要敌人有两个：瑞典和土耳其。而限制俄罗斯海上方向对外贸易的主要敌人是瑞典。

瑞典素有"北欧海盗"之称，由斯堪的纳维亚半岛几个松散的省份逐渐融合而成。从13世纪末开始，之后几个世纪一直实行向东扩张的政策，与俄罗斯之间冲突与战争不断。在莫斯科公国兴起的一段时间内，瑞典不断入侵俄罗斯，干涉俄罗斯的发展。在16世纪之前，瑞典在地理上存在严重缺陷，"它到北海去只有一条出路，那就是丹麦沿海省份和挪威沿海省份之间的一狭条陆地；从波罗的海通往西欧的路线掌握在丹麦人手中……瑞典东部的地位跟西部同样脆弱，只因为邻近俄罗斯和立窝尼亚的条顿骑士团国家，那里的主要商业中心是勒瓦尔，它自认为有独霸俄罗斯贸易之权"[①]。于是瑞典开始采取冒险的对外侵略政策，"国家的主要目的就是领土扩展和战争"[②] 从此成为瑞典长时期的外交策略。瑞典国王埃克斯十四世及之后的几位君主都企图占领芬兰湾南岸，以控制途经维堡的俄罗斯贸易，坚持向东扩展的政策。"控制俄罗斯贸易路线的侵略计划，

---

① 〔瑞〕安德生：《瑞典史》，苏公隽译，商务印书馆，1980，第210页。
② 〔瑞〕安德生：《瑞典史》，苏公隽译，商务印书馆，1980，第211页。

形成了此后一百五十年瑞典历史的基础。"① 这一战略计划不仅仅是控制俄罗斯波罗的海方向的贸易计划，而且要控制整个俄罗斯的贸易，以查理九世为代表的瑞典君主还有着控制北冰洋的野心，觊觎控制俄罗斯通过白海水道的北方路线。1617 年，瑞典与俄罗斯签订了一项对自身有利的和约，占领了从芬兰湾内湾附近一直到拉多加湖为止的整个区域，使控制通往波罗的海的俄罗斯商业口岸、保卫芬兰边境安全的战略目标得以实现。

由于几代君王的努力，瑞典逐渐摆脱了孤立状态，王权得到了巩固，经济得到了发展。若干年以后，瑞典成为北欧地区军事力量非常强大的国家，既有经过军事改革而强大的陆军，也有足以称霸波罗的海的海上力量，波罗的海的沿岸大部分都在瑞典的统治之下，几乎所有重要港口都掌握在瑞典手中，俄罗斯在波罗的海的对外贸易都是依靠瑞典作为中介，受到瑞典人的控制。对于俄罗斯来说，摆脱瑞典对本国经济的控制，与西欧强国直接贸易，提升贸易收益，成为其打破波罗的海桎梏的最大驱动力，也直接得到了英国等强国在外交上的支持，因为英国维持其强大的海上力量所需的船用材料，绝大多数产自俄罗斯。

彼得一世在土耳其方向没有取得决定性的进展，之后，他做出了重要的战略选择，认为要使俄罗斯真正融入欧洲，取得与英国等欧洲强国的直接贸易权，最重要的任务就是取代瑞典成为波罗的海之主。于是在参加北方战争前，俄罗斯加速与土耳其媾和以结束黑海方向的战事，全身心投入与瑞典的波罗的海之争。查理十二在波尔塔瓦失利后，鼓动土耳其进攻俄罗斯，彼得的外交系统发挥了巨大的功效，通过外交工作以及大量的贿赂、威逼利诱的方式拉拢土耳其领导阶层，瓦解了瑞典与土耳其的两面进攻计划，从而再次避免两线作战，获得北方战争的胜利，取得了波罗的海的出海口，实现了战略目标。波罗的海方向取得的胜利，对英国扩大北方贸易也起到了直接推动作用，牵制了英国在波罗的海的外交行动。这次战略方向的选择，在一定程度上符合英国的利益，增强了英国支持俄国崛起

---

① 〔瑞〕安德生：《瑞典史》，苏公隽译，商务印书馆，1980，第217页。

的外向驱动效应。如若俄罗斯继续以进入黑海为其战略方向，不仅很难在这个"半内海"的环境下打开一扇畅通无阻的海洋大门，也将无法获得英国的强劲支持，反而成为与英法争夺地中海利益的强劲对手，其也将面临英法等海上强国的直接干预与挑战，导致俄罗斯的海洋强国之路难以走远。

叶卡捷琳娜二世在位期间，俄罗斯战略方向南移，企图夺取黑海出海口。但是北方的瑞典在古斯塔夫三世的带领下趁火打劫，俄罗斯又面临两线作战的困境，但北方的战事逐渐向有利于俄罗斯的方向发展。由于反土联盟的奥地利退出了对土耳其的战争，虽然与瑞典的战事对俄罗斯非常有利，但叶卡捷琳娜不想继续两线作战，想尽快结束与瑞典人的不必要的战争，专心致志应对土耳其的战事，她提出了非常宽松的条件与瑞典媾和：完全恢复战前的领土和政治状态。虽然俄罗斯丧失了进一步在波罗的海方向攻城略地的机会，但是瑞典由于战事消耗过甚，又未取得战果，国力急剧衰退。此战后，俄罗斯取得了俄瑞海上力量对比的绝对优势，从而开启了俄罗斯海上力量的黄金时代。

二　广泛使用联盟策略，确保掌握地缘政治竞争的主动权

俄罗斯寻求出海口主要有两个方向，一个是瑞典控制的北边的波罗的海，一个是土耳其控制的南边的黑海。对当时国力并不强盛的俄罗斯来说，独立对瑞典或者土耳其作战都是不可能完成的任务。这样，与欧洲其他国家组成同盟，破解地缘劣势，成为彼得一世外交工作的一个重要使命。

彼得一世执政后，同奥地利、威尼斯、波兰结成同盟，与土耳其作战。俄罗斯取得亚速后，同盟国出于各自的利益考虑，倾向于与土耳其媾和。为了彻底解决黑海出海口问题并巩固反土同盟，1697年彼得一世派遣特使出使维也纳，同奥地利、威尼斯缔结了为期三年的进攻土耳其的同盟条约，条约规定不缔结单独合约并协调三国的军事行动。同年，为进一步扩大并巩固反土联盟，以"巩固昔日的友爱，完成整个基督教的共同事业"为名，彼得一世组建并亲自参加的"大使团"前往西欧开展外交工

作。但是当时西欧各国的注意力并不在东欧，而早已经集中在正在进行的西班牙王位继承战上。西欧国家不可能参与反土耳其同盟，连已在反土同盟中的奥地利都急忙与土耳其媾和以腾出手来应对欧洲两大阵营的对抗。"大使团"的外交任务没有完成，俄罗斯进一步取得黑海出海口成为不可能的事。在此背景下，俄罗斯并没有继续单独与土耳其对抗，而是迅速调整了对外政策方向：从瑞典人手里抢夺波罗的海的出海口。

实行新的对外政策方针时，彼得一世仍没有忘记寻找盟友。波兰不甘心于丧失根据《奥利瓦和约》转入瑞典手中的里夫兰吉亚；丹麦曾被瑞典夺走斯堪的纳维亚半岛南部；普鲁士和萨克森希望从瑞典在欧洲大陆的领地捞点好处。这样一拍即合，反瑞典同盟就正式成立了。虽然北方战争初期，瑞典强势出击，先后击溃丹麦和波兰，但是同盟国的参战吸引了查理十二的注意力，给俄罗斯的军事改革赢得了时间，为俄罗斯最终战胜瑞典奠定了基础，改变了俄罗斯在欧洲列强中的地位。

寻找盟友的策略，不仅在彼得一世时期发挥了巨大的作用，在叶卡捷琳娜二世时期同样收到积极的效果。俄奥联盟对土作战，为取得黑海出海口奠定了胜利的基础。虽然各盟友之间都有自己的战略考虑，也经常不能正常履行盟友的义务，但是无可否认，联盟的建立很大程度上改善了俄罗斯建设海洋强国的外部环境，减少了西欧国家的干扰，也提升了俄罗斯在欧洲国家中的地位和话语权。

三 审时度势，主动作为，积极利用、塑造和延续有利的地缘战略环境

1697 年 3 月，彼得一世率俄国"大使团"出国。大使团的任务之一就是设法保持和扩大反对土耳其的同盟。彼得一世在国外进行了频繁的外交活动，了解到当时的欧洲形势。他发现奥地利为了腾出手来参加即将爆发的对法战争，正在同土耳其谈判，不愿续订反对土耳其的同盟条约。他还发现，波罗的海沿岸国家特别是波兰和丹麦同瑞典存在商业冲突和领土争执，可以利用。此外，西欧各国的关注点是欧洲两大阵营的对抗——西班

牙王位继承战争。英、荷、法等瑞典盟国不能给瑞典提供军事和物资方面的援助，他认为这正是发动北方战争的最佳时机。因此，他决定根据形势变化，调整对外政策，推迟解决黑海问题，把夺取波罗的海出海口和侵占波罗的海沿岸地区提上日程。彼得一世认为西欧各国不可能过多地干预俄罗斯海上方向的行动，甚至可能会因为需要俄罗斯的加入，而帮助俄罗斯完成这个艰难的任务。

事实上，彼得一世的判断是正确的，当时的国际环境为俄国争夺海洋控制权提供了较好的条件。欧洲国家的注意力都放在了西班牙王位继承问题上，形成了英国、荷兰和奥地利为一方，法国和西班牙为另一方的两大集团。作为西欧海上强国的英国、荷兰和陆地强国法国正在进行争夺欧洲大陆霸权的斗争，英国和荷兰两大海上强国还企图利用俄国对土耳其作战，以拖住土耳其盟友法国的手脚，削弱和分散法国的军事力量，迫使土耳其在西班牙王位继承战争中不对奥地利构成威胁，于是对俄国的行动视而不见。彼得一世审时度势，抓住这个千载难逢的良机，发动了北方战争。

俄罗斯在大的有利环境中，还通过努力主动制造了更加有利的局势。北方战争之前，势弱的俄罗斯人想要独自夺取波罗的海出海口，是一个不可能完成的任务。此时，一心复仇的丹麦，还有一个唯恐天下不乱的波兰国王兼萨克森选帝侯，为各自的利益，都打着对付瑞典的算盘，俄罗斯雇用了"金牌红娘"——受瑞典压迫的德国贵族帕特库尔为这三个国家"牵红线"，反瑞典的"北方同盟"正式成立。

叶卡捷琳娜二世初期，俄罗斯周边没有一个大国，周边的国家或是分崩离析、趋于衰败，或是你争我夺、趋炎附势。环顾周边，竟然找不到能与俄罗斯相抗衡的国家，除了趋于没落的奥斯曼土耳其帝国和国内政局不断动荡的瑞典王国，就只有一个要到100多年后才能统一的德意志民族。实施战略计划的良机稍纵即逝，叶卡捷琳娜二世没有让机遇从手中溜走，为其实现海上强国梦想选择了"天时"。18世纪波兰崩溃，已成为一个极度衰弱和不能执行独立政策的国家。这样一个国家，很有可能被仇视俄国的欧洲列强所利用，成为现实的威胁。

为阻止波兰成为法国、瑞典或其他任何威胁俄国的欧洲国家的附庸，叶卡捷琳娜二世极力使波兰成为服从俄国的势力来改善俄国的西部环境。1763 年，波兰国王奥古斯特三世逝世。叶卡捷琳娜二世和普鲁士的弗里德里希早已预见到波兰会出现国王缺位情况，立刻提出由他们的候选人继承波兰王位。叶卡捷琳娜二世提出，"要找一个有益于帝国利益的人，他除了我们之外，任何方面达成他的功业的希望都不会给予满足"[①]。为此，俄国用三万军队镇压了波兰爱国者的反抗，然后又使用巨额钱财贿赂波兰反动的大贵族，确保了她的傀儡上位，从而控制了波兰的内部事务。叶卡捷琳娜二世还力求保持波兰和瑞典一直受俄罗斯随意摆布的宪制无政府状态。其后，叶卡捷琳娜二世以"信教自由"和"民族原则"为幌子，分三次伙同普鲁士、奥地利瓜分波兰，彻底摧毁了几近崩溃的波兰，使波兰成为俄罗斯的附庸，阻止了波兰成为敌对势力的马前卒，使西部周边战略环境有利于俄罗斯进一步巩固波罗的海和黑海的成果。恩格斯就曾一针见血地指出，"1700 年至 1772 年的波兰历史，不过是俄国人在波兰篡夺政权的编年史"[②]。

综上，与其说俄罗斯正确实施了建设海上强国的战略，不如说时代选择了俄罗斯崛起。当然，对俄罗斯来说，在被时代"抓阄"的过程中，其主动抓住了转瞬即逝的机遇，扼控住了周边局势，利用小国联盟击溃瑞典，利用俄奥联盟击败土耳其，又利用欧洲战乱时机三次瓜分波兰，等等，不断地利用周边有利于自身的战乱环境，既不让任何一个强国崛起，也不让任何一个域外大国进驻周边。俄罗斯就这样千方百计地延长对自身有利的"机会窗口"，最后让崛起的光环照到了自己身上。

当然，对彼得一世来说，其也有对机会判断失误的时候。1710 年波尔塔瓦战役胜利后，在逃亡的瑞典查理十二和法国的积极怂恿下，土耳其

---

① 〔苏〕鲍爵姆金主编《世界外交史》（第 1 分册），葆和甫、吴祖烈译，五十年代出版社，1950，第 266 页。

② 〔德〕恩格斯：《工人阶级同波兰有什么关系》，《马克思恩格斯全集》（第 22 卷），中共中央马克思恩格斯列宁斯大林著作编译局译，人民出版社，1982，第 28 页。

向俄国宣战，要俄罗斯归还在上一次俄土战争中被占领的亚速。彼得一世率领的 38000 人左右的队伍被包围，土耳其以 5 倍于俄军的兵力占领了普鲁特河两岸的广大地区。然而，土耳其统治者高层内部对于同俄罗斯开战的目的和规模的看法并不一致，苏丹及其首相属于温和一派，他们宁愿在很短的时间里结束战争，要回失去的领土是唯一愿望，于是建议避免不顾一切地去战胜顽强的对手。但是这些主张遭到以克里米亚汗王杰列夫特·格莱为首主张利益最大化者的抵制，他们要求彻底消灭被包围的俄军，进攻俄罗斯南部地区，同时与瑞典缔结盟约。土耳其内部"鸽派"和"鹰派"之间的分歧使得俄土停战和谈成为可能。瑞典查理十二的鼓动因为俄罗斯的外交和行贿最终没有成功。但土耳其通过和谈协定赢得了这次战争的胜利，彼得一世也以交换亚速海和 1700 年取得的其他地区为代价，保证了俄罗斯同瑞典斗争时有一个安全的后方。在这场战争中彼得一世全身心投入战争，亲自领军，亲自制订军事计划，但这些并不符合俄罗斯的现实条件和当时巴尔干的实际状况。出现了重大失算，某种程度上与波尔塔瓦的胜利有关。战胜查理十二后俄军盛行乐观、骄傲自满情绪，特别是轻信了有关巴尔干基督教民众准备掀起大规模反对土耳其统治的错误情报，导致自己差一点成为他们的牺牲品。这场失败的普鲁特河战役表明：俄罗斯没有足够的力量应对两线作战，而奥斯曼帝国和欧洲国际关系的客观局势为彼得一世占领土耳其北部大块领土提供的机会总体上不多。[1]

四　精心协调与欧洲大国的外交策略，缓解地缘政治主要矛盾

俄罗斯建设海洋强国，势必对欧洲大国特别是既有海洋强国英国的利益造成直接或间接的损害。为了避免产生矛盾冲突，俄罗斯在建设海洋强国的整个过程中，都避免向欧洲大国直接挑战，就连开战也尽量找借口，避免形成"对手聚合"态势。在发起北方战争时，"彼得反复表白他只是

---

① 陈新民：《十八世纪以来俄罗斯对外政策》（上），中央党校出版社，2012，第 56 页。

想收回祖先的失地卡累利阿、因格里亚和利沃尼亚部分地区。甚至他进军利沃尼亚的借口都是非常可笑的，说是要报复当年匿名随大使团路过里加时所受的冷遇"[1]。无论在彼得一世时期还是在叶卡捷琳娜二世时期，虽然英国与俄罗斯之间也时常发生对抗，但是纵观俄罗斯海洋强国建设进程，俄英关系基本处于友好的状态。当然这里有英国均势外交的功效，但也是俄罗斯主动协调英国关系带来的成果。

在北方战争期间，为了缓解英国政府的敌对情绪，俄罗斯采取了各种手段：激发英国商人对与俄国进行贸易的兴趣；与西班牙谈判缔结进攻同盟反对英国，以推翻汉诺威王室而重立斯图亚特王室。同时俄罗斯还与斯图亚特王室的代表进行谈判，作为对英国施加压力的一种补充手段。

18世纪初期，英国同俄罗斯的直接贸易只占英国全国贸易的一小部分，从俄国的进口只有从瑞典进口的一半不到。由于俄国没有波罗的海的出海口，从瑞典进口的商品的大部分，尤其是维系海上霸权的造船材料，原来都是俄国的产品，英国购买俄国的原材料必须通过瑞典中介，然而瑞典人对英国商人十分苛刻。英国的俄罗斯公司就认为，如果俄国在波罗的海得到出海口，它就可以通过俄罗斯公司向欧洲出口俄国所生产的货物，从而使其贸易和利润大大增长。因此，英国商人热衷于亲俄反瑞。在北方战争期间，商人通过大力宣传鼓动，包括贿赂、请愿和示威，促使政府介入反对瑞典的战争。"那时，有关的集团就为贸易和海运业发出呼声，全国都糊里糊涂地予以附和。"[2] 商人的反瑞情绪影响了英国的对外政策，也促成了英俄结盟反对瑞典。尽管后来英俄关系曲折多变，但是由于经济上的利益关系，英国没有对俄罗斯的强大进行过分的限制和阻碍。俄国为了拉拢英国为其服务，放弃了关于造船材料的出口税，并在西班牙进攻葡萄牙时借给英国15000名俄国士兵。而为了反对法国，英国每年支付一笔

---

[1] 〔法〕亨利·特鲁瓦亚：《彼得大帝》，齐宗华、裴荣庆译，天津人民出版社，1983，第136页。

[2] 〔英〕莱斯特·哈钦森：《马克思〈十八世纪外交史内幕〉1969年英文版的〈导言〉》，中共中央马克思恩格斯列宁斯大林著作编译局资料室编《马列著作编译资料》（第5辑），人民出版社，1979。

补助金来推进俄国在瑞典和土耳其的政策。

当然，在彼得一世和叶卡捷琳娜二世时期，俄国人也不是一味地站低姿态拉拢英国，在有些重要利益面前，他们也做些小动作来"欲擒故纵"。在彼得时期，俄国曾与英国的敌人——法国接近，刺激英国的神经。叶卡捷琳娜二世更是组织了一个武装中立同盟，发表了一个反英的《武装中立宣言》，严重损害了英国的利益。但是这些动作并没有把英俄关系推向深渊，反而把英俄关系越拉越近。《武装中立宣言》宣布后，在俄土战争期间，英国还曾开放港口为俄罗斯南下的波罗的海舰队补给停靠修理提供支持。可见俄罗斯掌握了同海洋强国的斗争策略，为其成为海洋强国减少了阻力。

俄罗斯寻求出海口并不是以称霸海洋为目的，而仅仅是为了自身的可持续发展，虽然在波罗的海地区无法避免与该地区的海上霸主瑞典发生战争，但是就整个欧洲来说，其并没有与当时的海洋强国英国、荷兰以及法国有太多的利益纠葛。因此，这些海洋强国也犯不着为难俄罗斯。俄罗斯建设海洋强国初期的战略和措施符合英国等海洋强国的需求，外向驱动效应就更加明显。事实上，在俄罗斯建设海洋强国的整个过程中，其绝大多数的战略举措是符合英国海上利益的拓展的。

俄国在北方战争中攫取其既得利益，与其协调法国的外交关系也分不开。在北方战争中，法国是支持瑞典的。为了迫使瑞典接受俄国开出的苛刻条件结束战争，彼得一世开展外交活动，极力拆散法瑞同盟。1717 年 5 月，他亲率代表团到巴黎与法国政府进行谈判。此时，正值法国在西班牙王位继承战争中失败，法国政府急于寻找新盟友。彼得一世正是利用这一点，诱骗法国放弃支持瑞典的传统政策，与法国签订条约，"法国答应到1718 年法瑞同盟条约期满后，停止支付给瑞典每年 60 万塔列尔的补助金，法国政府还答应充当俄瑞谈判的调停人，并保证俄国得到在波罗的海攫取的地区"①。

---

① 北京大学历史系《沙皇俄国侵略扩张史》编写组编《沙皇俄国侵略扩张史》（上卷），人民出版社，1979，第 118 页。

可见，面对建设海洋强国的"对手聚合"效应，俄罗斯纵横捭阖，远交近攻，极力地控制"对手聚合"效应带来的负面影响。俄罗斯以欧洲整个局势的变化为契机，通过不断改变自身的同盟策略，采取经济拉拢、适度竞争等措施，以接近和保持与英国的外交关系的正常发展，并且采用利益均沾等策略，瓦解反俄同盟。同时，从共同利益出发，联合符合自身战略实施的国家，共同对付与战略计划有严重冲突的国家，以摆脱被孤立的窘迫局面。通过这些策略的运用，俄罗斯控制了"对手聚合"效应带来的负面影响，推动了海洋强国的建设进程。

五 注重陆海军种、战略方向的联动配合

作为"内陆"国家，俄罗斯在向海洋扩张过程中，对陆地扩张战略也一直非常重视。扩张战略的另一个重要组成部分——海上方向的扩张，有力地推进了其陆地扩张战略。正如彼得的"双手理论"一样，俄罗斯在海上力量和陆上力量建设上没有偏废。两个方向互为动力，为俄罗斯实现建设海洋强国的最终目标提供了强壮的臂膀。在建设海洋强国过程中，俄罗斯注重各军种之间的联动，由于海军的建立，彼得在北方战争以及俄土战争中充分使用这"两只手"互相配合以完成战略任务。

在叶卡捷琳娜二世在位期间，不仅陆、海军种之间实现了联合，在不同战略方向上也进行了联动配合。1769 年，在俄土战争期间，俄罗斯波罗的海舰队就实施了一个非常冒险的计划，从波罗的海绕行北海、英吉利海峡、大西洋、直布罗陀海峡直达地中海，从地中海方向对土耳其进行夹击，取得了切什梅海湾战役的巨大胜利，进而与陆上方向联动，最终夺得了黑海出海口。战争中陆、海军以及战略方向的联动使俄罗斯"双手俱全"，确保其能两线坚固、稳中取胜。

第四章 日本海洋强国地缘政治效应研究

日本是一个位于东亚大陆外边缘地带的岛国，四面环海，资源贫乏。随着西方殖民势力大举入侵东亚地区，特别是日本国门于 1853 年被美国军舰打开后，其开始效仿欧美，逐步走上建设海洋强国之路。通过明治维新，日本军事力量特别是海军实力不断增强，并先后取得了中日甲午战争和日俄战争的胜利，一跃成为东亚海上强国。然而，20 世纪上半叶，日本在"大陆政策"牵引下不断扩大地缘战略目标，企图向陆控制中国、向海控制太平洋，引发多种不利地缘政治效应的持续作用，终致失败。

第一节 日本海洋强国的战略演进

近代日本建设海洋强国是以扩充海军、准备战争、称霸海洋为主轴的。明治早期，选择了发展海军、侵略亚洲邻国之路，并通过甲午战争初步夺取中国周边海域制海权；进而竭力扩充海军、打败沙俄，向成为东亚海洋霸主目标迈进；最后，无节制扩充海军军备，走向建设"大东亚共荣圈"称霸西太平洋之路而以全面失败告终。

一 走上发展海军、侵略亚洲之路（1853～1894 年）

随着明治维新的实施，面对西力东渐，日本选择了发展海军、侵略亚洲的军国主义扩张之路，并通过甲午战争打败中国，夺取了中国周边的制海权。

（一）日本建设海洋强国是在西力东渐、明治维新的大背景下起步的

首先，西力东渐造成的殖民危机迫使日本开始思考海洋强国建设。

1853 年 7 月，美国海军准将佩里率领四艘烟囱里冒着黑烟、船身也漆成黑色的军舰驶进江户湾，强硬要求日本人接受美国国书。惊恐的日本人把这次事件称为"黑船事件"。6 个月后，佩里舰队再次闯入，并强迫缔结日美《神奈川条约》，日本的国门终于被美国打开，延续了 200 多年的"锁国令"变成废纸。此后，列强纷纷效仿美国，强迫日本签订了一系列不平等条约。面对欧美列强来自海上的入侵，日本国内的"攘夷"势力尤其是个别实力较强的地方藩国一度想拒敌于国门之外，但和中国一样以失败告终。1863 年，英国把舰队开进鹿儿岛湾，发动了针对萨摩藩的"英萨战争"，鹿儿岛街市几乎付之一炬；1864 年，美、英、法、荷联合镇压坚持"攘夷"的日本长州藩，发动下关战争，四国联合舰队出动军舰 17 艘、兵 5000 余名、大炮 288 门，派遣陆战队登陆摧毁了岸上炮台，并勒索赔款 300 万美元。

列强入侵引发的民族危机促使日本国民寻找救国之路，提出各种海上防御对策。其中，日本海防论的先驱林子平敏锐意识到幕府的"锁国海防"存在致命的缺陷，提出"开锁国，放海禁，加强海防"，指出"海国必须拥有相称的武备。首先，应明了海国既有容易遭受外敌入侵的弱点，也有易于拒敌于国门之外的长处。其弱点在于入侵者若乘军舰并顺风而来，会在极短的时间内顺利抵达日本。日本若无防备，便难以抵挡。为御敌于国门之外，需依仗海战。此即海防战略之独特之处"①。幕末日本的思想家横井小楠也是海防论的极力倡导者，且其理论已具有初步的海权论性质，可作为日本海权论的最初代表。他在其名著《国是三论》中认真总结了世界各国发展海运与否的经验教训，就海运和海军的发展有精辟论述，指出："中国面临大海，文物制度久已发达……因此，上至朝廷，下至百姓，有自傲自大之风，不愿主动求市场与知识于海上。终于沦落到受他国侵略的地步"；"欧洲面积小，物产寡，故必须求助他国。为此，欧洲

---

① 杜小军：《近代日本的海权意识》，南开大学日本学研究中心编《日本研究论集》（总第 7 集），天津人民出版社，2002，第 260～261 页。

各国自然努力发展航海力量……尤其英国乃欧洲西部一隅之孤岛，因此，更重视发展航海事业，扩大殖民地以实现国家之富强"①。他还进一步认为，日本作为岛国的地理特征，如果靠陆战守卫，让敌人"横行近海，阻碍日本海运，切断日本全国的退路"，日本将"不及开战，即已溃败"，因此"日本必须大力发展海军"②。

需要指出的是，在这个时期提出海防主张的日本人大多是了解国际大势者，他们的海防论自问世起就包含着效仿欧美，通过海外侵略求强的思想理念；同时，由于自古与朝鲜半岛和中国大陆为邻，日本的扩张思想又具有浓厚的大陆扩张的历史积淀。在幕府末年，"海外雄飞论"流行于日本，其代表人物佐藤信渊提出日本的北侵、南进两大扩张方向。他一方面认为"在当今世界万国之中，皇国易于攻取之地，莫如中国之满洲"，"其地与我日本隔水相对800余里，顺风举帆，一日夜便可至其南岸。而中国之衰微也必当从取得满洲开始"，如此"朝鲜、中国次第可图也"；另一方面，又鼓吹"攻取吕宋、巴剌卧亚"，"以此二地为图南之基，进而出舶，经营爪哇、渤泥以南诸岛，或结和亲以收互市之利，或遣舟师以兼其弱，于其要害之地置兵卒，更张国威"③。其后，曾被明治政府很多政治家奉为师表的吉田松阴，又在1855年提出"得失互偿"理论，主张日本用侵略亚洲海陆邻国之得，弥补列强压迫日本之失，并建议"北则割据满洲之地，南则占领台湾、吕宋诸岛……"④

其次，明治亲政后选择了海外殖民掠夺之路。在"黑船事件"发生后，幕府被迫与美、荷、俄、英、法依次签订了不平等的通商条约，总称"安政五国条约"，从此日本被迫全面开国、开港。"安政五国条约"在"亲善""友好"的名义下将日本置于半殖民地地位。在开国后，日本对

① 杜小军：《近代日本的海权意识》，南开大学日本学研究中心编《日本研究论集》（总第7集），天津人民出版社，2002，第261页。
② 杜小军：《近代日本的海权意识》，南开大学日本学研究中心编《日本研究论集》（总第7集），天津人民出版社，2002，第262页。
③ 大畑笃四郎「大陆政策论の史的考察」『国際法外交雑誌』68巻5号，1970年。
④ 安藤昌益『日本思想大系45』岩波書店、1977、426頁。

外贸易迅速增长，导致黄金外流、物价飞涨，农民、城市贫民和下级武士生活艰难，农民与地主、城市贫民与富有阶层、下级武士与幕藩统治者的矛盾加剧；一些地方藩阀通过发展资本主义和对外贸易，实力大增、拥兵自重，萨摩、长州、水户等强藩与幕府的矛盾加深。内外矛盾的交织上升，推动了日本"尊王攘夷"浪潮高涨，以"萨长同盟"（指萨摩藩和长州藩结成的联盟）为主力的强藩与下级武士相结合形成强大的政治军事势力，在19世纪60年代掀起了声势浩大的倒幕运动，要求幕府将"大政"归还倾向维新变革的天皇。

1868年日本明治天皇在维新势力的支持下实现了亲政，发布"王政复古大号令"，建立了明治新政府。同年，新政府在以萨、长两藩为骨干的倒幕势力支持下，与幕府发生了"戊辰战争"。在战争中，尽管幕府拥有较强的海军实力，但因为民心尽失，陆战连连失利，最终放弃了海上反击计划，新政府军"无血入城"占领了江户。在明治政府完成倒幕大业后，萨摩藩筹建的海军成为明治海军的骨干力量，而惯于陆战的常州藩军阀则成了近代日本陆军的骨干。此后，近代日本海军在战略决策权和地缘安全战略导向上与陆军的斗争，都与上述两藩高级将领之间的争权夺利密切相关。

明治天皇亲政后，很快就面临国家战略的选择问题。面对列强环伺的战略环境，摆在明治政府面前的只有三个战略选择：一是抵抗列强的殖民侵略，维护国家独立；二是屈服于列强，沦为半殖民地；三是结好列强，通过侵略中国等亚洲邻国以自肥。此时，欧美列强把中国作为侵略的主要对象，更倾向于把日本改造成侵略亚洲的帮手。19世纪60年代，英国的驻日总领事兼外交代表阿礼国（R. Alcock）曾表示："日本是我国在东方拥有重大利益的前哨，即使没有贸易，也不能破损这大英帝国链环的一节，若其他强国从日本退出，日本也可能成为沙皇世界帝国的一环，使太平洋处于俄国势力之下。所以，为对抗俄国，英国必须保有日本。"为此，他提出了利用日本对抗俄国的建议①。19世纪70年代，美国驻日公使德

---

① 井上清『条約改正』岩波書店、1963、6頁。

朗（C. E. Delong）提出："我一向认为西方国家代表的真实政策，应当是鼓励日本采取一种行动路线，使日本政府彻底反对这种主义（指闭关自守或与中朝联盟），使日本朝廷与中国及朝鲜政府相疏离，使它成为西方列强的一个同盟者。"为此，他提出把日本变成"列强的同盟者"①。事实上，列强对日本的上述认识恐怕还受以下因素的影响：第一，欧洲列强对东亚的入侵路线，经马六甲海峡由西向东北方向延伸，而日本正处于该路线的末端、航程最远，征服成本和通商成本比殖民东南亚和中国高；第二，在东亚国家中，日本属于典型的资源贫国，对欧美列强来说恐怕是掠夺价值最低的国家之一；第三，日本位于大陆东侧边缘地带，且逼近中国最富庶的东部地区，对太平洋东岸的美国来说，是入侵中国最好的战略跳板。由此可见，在欧美殖民者眼里，日本的主要价值不在于财富和市场，而主要体现在地缘战略及作为殖民帮凶上。

　　欧美列强对日本的地缘价值定位是为日本追随欧美、侵略中国之路提供诱因。这意味着如果日本转换外交政策取向，为列强的东亚政策服务，就可能实现自保乃至坐大。这些诱因与日本国内政治互动的结果，使明治新政府毫不犹豫地走上了结好欧美列强，推行海外扩张、掠夺邻国以自肥的战略路线。1885 年，日本著名思想家和舆论鼓动家福泽谕吉发表《脱亚论》，提出脱离亚洲国家行列，与西洋之文明共进退。对四面环海的日本而言，当海外扩张的路线确立后，建设海洋强国就成为其必然的战略选择。

　　明治维新为建设海洋强国的成功起步提供了牵引和基础。在近代，一个国家要成长为海洋强国，离不开两大基本要素：一是拥有较强的近代工业基础，能够建设强大的海上舰队和商船队；二是拥有近代化、高度集权的国家指导和军事指挥体制。明治新政府建立后，明治天皇颁布"五条誓文"学习和模仿西方，推行"废藩置县""殖产兴业""四民平等""文明开化"等政策，大力在经济、社会、军事等领域推行近代化改革，基本

---

① 王芸生编著《六十年来中国与日本》（第 1 卷），生活·读书·新知三联书店，2005，第 106 页。

满足了上述两个要素。

首先，在经济领域，日本建立了近代税收制度，大力发展资本主义经济，为海洋强国建设提供财源和产业保障。19世纪70年代中期，日本完成了税制改革，初步建立了近代国家财政制度，实现了经济上的中央集权，使日本政府得以有效集中资源发展海上力量。在产业领域，日本大搞殖产兴业，奖励官民发展近代工业，扶植建立了三菱、三井等近代化的垄断性企业，在短短的15年（1870～1885年）内大大改变了工业落后的面貌，初步实现了近代资本主义工业化，国力大大增强，为日本发展海上力量提供了较强的产业基础①。戴季陶曾在谈及近代对外侵略时表示："日人以一小国，而欲求扩张其国力于世界，于是以联合者为侵略之手段，以维持实业者为发展国力之手段方针，日人之用心苦矣。"②

其次，在政治领域，通过废藩置县、改革军制，确立了政治和军事集权，为建设强大的海军提供了体制保证。明治新政府在倒幕完成之后，通过战争、谈判等手段很快统一了日本。政治上消除了藩国，建立近代国家政治体制，将全国的权力集中于天皇及其领导的内阁；军事上设立陆军省、海军省，将全国军权集中于天皇，并强制实行义务兵役制。上述政治和军事改革使得日本天皇集全国军政大权于一身，有足够的权威调用全国的人力、财力推进海军建设。比如，在19世纪80年代，为了能拥有与中国北洋海军相称的装备，日本天皇号召举国大兴海军，上至天皇，下至公卿小吏，纷纷捐款补国库之不足。

最后，资本主义经济改革为日本建设海洋强国提供了原动力。与静态的自然经济社会相比，对利润的疯狂追求是资本主义社会演进的深层动力。纵观近代欧美国家的海洋强国建设，其根本动力无不源于资本主义对利润和物质财富的极端渴望。通过明治维新，近代日本造就了以天皇家族、财阀为主体的资本集团，正是它们靠战争发财的欲望膨胀推动着日本

---

① 〔日〕依田憙家：《近代日本与中国　日本的近代化——与中国的比较》，卞立强等译，上海远东出版社，2003，第418～419页。
② 唐文权、桑兵编《戴季陶集》，华东师范大学出版社，1990，第308页。

在明治维新时期走向了殖民掠夺型的海洋强国建设之路。

（二）明治时期日本的海洋强国建设以富国强兵为目标

明治天皇亲政后，就提出富国强兵之略，以强兵为富国之本。明治天皇在 1868 年 3 月发布的御笔信宣称："朕安抚尔等亿兆，终欲开拓万里波涛，布国威于四方，置天下于富岳（富士山）。"[①] 从而明确了以对外扩张实现国家发展的军国主义基本国策。1869 年 7 月，日本外务大臣柳原前光在《朝鲜论稿》中声称："皇国为绝海之一大孤岛，此后纵有相应之兵备，但保全周围环海之地于万世，且与各国并立，皇张国威，乃最大难事。朝鲜是北连满洲、西接鞑清之地，若使之绥服，实为保全皇国之基础，将来经略进取万国之基础也。"[②] 但是，朝鲜乃中国的属国，日本要侵朝必与中国为敌，而与中国为敌则必然牵涉到夺取中国周边制海权的问题。1882 年 8 月，时任日本参事院长的山县有朋向明治政府提出题为《关于扩充陆海军的报告》的"意见书"。在这份"意见书"中，山县写道："倘若我邦至今仍不恢复尚武之传统，扩大陆海军，以我帝国为一大铁甲舰力展四方，以刚毅勇敢之精神运转之，则曾被我轻侮之近邻外患，必将乘我之弊……"[③]

从执政者战略论述和海洋强国建设实践看，明治时期日本建设海洋强国目标可分为由近及远的三个层次：一是近期目标，谋求对华海上优势，打败北洋海军，侵占朝鲜和中国部分领土；二是中期目标，夺取日本"周围环海之地"，与列强并立；三是夺取世界霸权，"布国威于四方，置天下于富岳"。而在整个明治时期，日本建设海洋强国基本以第一、第二层次的目标为主。

（三）明治日本海洋强国建设是一个有规划、渐次展开的战略进程

19 世纪 70 年代，日本明治维新刚刚起步，经济实力很弱，海军要超

① 吴廷璆主编《日本史》，南开大学出版社，1994，第 370 ~ 371 页。
② 米庆余：《近代日本的东亚战略和政策》，人民出版社，2007，第 58 页。
③ 大山梓『山縣有朋意見書』原書房、1966、119 頁。

越中国需要相当多的时间和努力。因此，在军备计划完成前，日本海军虽然以中国为作战对象，但仍不能不奉行"国土专守防御"原则，采取海军沿岸哨戒与要塞拱卫相结合的守势防御战略。然而，经过 1882～1888 年的军备大扩张之后，日本海军与中国海军之间的实力差距大幅度缩小，其发动侵略战争的现实性和信心明显增强，开始露出了"攻势战略"的本性，着手制订具体的对华作战计划。1887 年 2 月，日本参谋本部完成了侵华战争战略方案即《征讨清国案》的制定。该方案分为"彼我形势""作战计划""善后处置"三篇。其中，"彼我形势"中写道，日本要像英国那样保持富强，"欲维持我帝国之独立，伸张国威，进而巍然立于万国之间，以保持安宁，则不可不攻击支那，不可不将现今之清国，分为若干小邦……由是观之，清国终究不是保持唇齿之国。是为战略论者不可不深以为意者。最当留意者，适值时运，故而当乘其尚在幼稚，折其四肢，伤其身体，使之不能活动，始可保持我国之安宁，维持亚细亚之大势也……自明治维新以来，（我国）常常研讨进取之术略，首先征讨台湾，继而干涉朝鲜，处分琉球等，皆断然以同清国交战之决心而决然行之，实为应继续之国策"。在"作战计划"中写道："欲使清国乞降于阵前，最上策之手段，是以我海军击破彼之海军，攻陷北京，擒获清帝。"在此期间，从对华作战角度，日本海军提出和拟定了种种方案，基本构想是："应陆海军并进，攻陷旅顺口之后，进攻北京"，"我军前沿部队，当击破敌之北洋舰队及旅顺军港，以大连湾以西即金州半岛，作为我军攻击北京之第一根据地"①。

为了满足"大陆政策"的需要，日本在 1872 年同时设立陆军省和海军省，并加紧扩充海军军备，以打败北洋海军为目标。日本海军自创建开始就以侵略亚洲邻国为出发点。1870 年明治政府"创设海军的建议"中指出，"为断然阻止俄罗斯南下，要尽快建立强大的海军，以便将来把朝鲜纳为属国时，遏制俄罗斯从西部侵入"。但是，日本海军在明治元年初

① 米庆余：《近代日本的东西战略和政策》，人民出版社，2007，第 115～116 页。

创时仅有军舰 6 艘，计 2000 吨，5 年后虽经百般努力也仅有小舰艇 17 艘，总计 13000 吨，其实力仅能满足沿岸警备需要。在 1874 年日本侵台事件发生后，中国清政府已经意识到来自日本的战略威胁，一度积极发展海军，到 19 世纪 80 年代，已略具规模，舰艇总数超百艘，总吨位雄冠东亚。日本要打败中国海军，就必须在军备上扭转弱势。

1882 年朝鲜发生"壬午事变"后，日本加快了入侵朝鲜的军备进程。1883 年，山县有朋在呈报天皇的"对清意见书"中提出四点建议：①迅速建造铁甲舰；②建设海峡炮台，加强沿岸防御；③对清外交以和平为方针；④做好对清（中国）作战准备。于是，与陆军扩充相适应，海军制订了军舰总数 42 艘、总吨位 6 万吨的八年发展计划。然而，海军是最花钱的军种。作为国穷民寡的岛国，日本扩充海军军备面临严重的经济和财政瓶颈。尽管日本在明治维新过程中积极发展资本主义经济，近代工业化取得了很大进展，但这一时期日本内乱不已，财政预算仅仅为镇压叛乱、稳定局势就入不敷出，海军军费扩张甚为困难。不过，面对财政困难，急于对外扩张、打败中国的明治政府仍竭尽全力搜刮财富造舰。为取得对北洋海军的实力优势，明治天皇视"海军建设为当今第一要务"，亲自过问重大军备问题，1887 年带头从皇室内库中赐拨 30 万日元，全日本的华族富豪随之大量捐款。1888 年 2 月，海军大臣西乡从道向国会提交海军扩充案，提出两年后海军军舰要达到 39 艘、总吨位 58000 吨，直逼中国海军 65000 吨的总吨位。1889 年，海军大臣桦山资纪进一步提出 12 万吨的建设需求。通过朝野努力，1885 年至 1894 年的 10 年间，日本向国外订购的军舰达 16 艘①。到甲午战争前夕，日本海军总吨位达到了 62000 吨，规模上基本与中国海军持平。攻者有心，防者无意，日本海军在战争方略、指导体制、装备发展等方面处处针对中国海军，事实上已基本确立了对华优势。1894 年 7 月 19 日，日本联合舰队就开始了对中国海军的进攻作战。

---

① 海军军事学术研究所中国军事科学学会办公室编著《甲午海战与中国海防》，解放军出版社，1995，第 257 页。

甲午战争胜利后，日本意图割取中国辽东半岛和台湾及澎湖列岛等附属岛屿，进而掌控渤海、黄海、东海的制海权，并以台湾为前进基地，进一步向东南亚扩张。但是，在《马关条约》签订后，沙俄联合法国、德国实施干涉，迫使日本以索取巨额赎金为前提将辽东半岛"归还"中国。"三国干涉还辽"之后，日本还是占领了旅顺、威海卫等沿海要地，基本掌握了中国自渤海、黄海至东海辽阔海域的制海权。不过，为应对来自沙俄和德国、法国远东海军的巨大压力，日本决意与英国联手。日本外务次官小村寿太郎当时向英国表示："日本同意英国租借威海卫，同时希望将来日本政府在维护增进利益时得到英国的同情和援助。"① 为此，在割取台湾后，日本宣布台湾海峡不设防，并于1898年侵华日军即将撤出威海卫时，在未经中国同意的情况下，就私相授受，把威海卫交给英国②，从而逐步形成了日本与英国联手掌控中国周边海域的格局。

二 向成为东亚海洋霸主的方向迈进（1895～1921年）

明治晚期与大正时期，日本建设海洋强国基本上服从和服务于大陆扩张；先是倾国力发展海军，打败了沙俄；后又参加第一次世界大战，暴露出侵吞中国、称霸西太平洋之志。

（一）内外形势发生重大变化，日本建设海洋强国的野心滋长

首先，甲午战争后，东亚战略形势在四个方面发生了重大变化。①日本在东亚的地位跃升，受到英国等列强关注。甲午战争的胜利使列强对日本的军事扩张实力刮目相看。1900年八国联军侵华时，受英国之邀，日本在其海军支援下派出了22万人，成为出兵最多、作战效率最高的国家；到1901年，日本海军已拥有远东最强的舰队，但与沙俄海军总实力相比仍差距甚大，被迫借日英同盟弥补实力差距。两国在结盟前就形成了共同

---

① 鹿島守之助『日本の外交政策』鹿島研究会、1966、122頁。
② 鹿島守之助『日本の外交政策』鹿島研究会、1966、122頁。

压制中国、牵制其他列强的地缘安全合作结构。早在1898年，侵华日军在即将撤出威海卫时，就私相授受，把威海卫交给英国。这样一来，威海卫英军不仅可与驻旅顺日军共扼京津海上门户，而且可作为日本驻"南满"军队的后援。②英俄在欧洲和东亚的地缘政治矛盾加剧，英国为维护在远东的军事和外交优势被迫与日本结盟。沙俄先是建立俄法同盟，把英国作为共同敌对国；继而强占中国东北，加紧与英国争夺在华势力范围。英国在欧洲和远东两线受俄牵制，战略上陷入了两线作战的被动局面。为扭转困局，英国不得不放弃"光荣孤立"政策，通过建立英日同盟，借助日本力量应对沙俄的步步紧逼。③美国忧心沙俄的扩张挑战其"门户开放"政策，危及其占领中国市场的前景，支持日本与沙俄展开战略竞争。在日英同盟成立后，美国不断支持和鼓励日本与沙俄对抗，成为日本的"非正式盟友"。④日俄围绕朝鲜和中国东北的争夺进入白热化阶段，日本急需帮手。日本一向对朝鲜半岛方向的安全形势十分敏感，甲午战争后已经把所谓"利益线"扩展到中朝边界附近，其大陆政策布局也是先从朝鲜半岛切入，进而谋取中国东北，而俄国的扩张方向正好遮断日本的上述战略路径。因此，日俄两国的地缘政治矛盾就具有根本性，难以调和，而且俄国在加紧构筑西伯利亚铁路，一旦竣工，地缘竞争态势将对日非常不利。山县有朋曾在其《军备意见书》中表示，西伯利亚铁路一旦竣工，俄军从首都出发十几日即饮马黑龙江，"该铁路完工之日即朝鲜多事之时"①。

其次，日俄战争之后，全球及东亚战略形势发生新的重大变化。①英法收缩远东兵力，日本海军坐大东亚。战后，英俄矛盾因俄国战败明显弱化。此时，德国推行的"世界政策"全面展开，英德矛盾成为国际安全关系的主要矛盾。为了对付德国不断膨胀的海军力量，英国、法国等海军强国被迫从远东收缩兵力回防欧洲，日本海军在东亚的优势地位更加突出。1914年，第一次世界大战爆发后，英、法、俄在欧洲方向自顾不暇，英国多次哀求日本履行盟友援助义务，为日本在远东拥兵自重、趁火打劫提

---

① 渡辺利夫「極東アジア地政学と陸奥宗光」『環太平洋ビジネス情報』7巻26号、2007年。

供了非常有利的战略机会。②日英同盟得到强化，两国以海上同盟为纽带合霸远东。日俄战争尚未正式结束，日英两国就签订了第二次同盟条约。在新的盟约中，日、英明确承担了对方受到攻击时相互援助的军事义务，日本对英军事合作范围甚至扩大到了印度，两国确立了以日本海军为主力，双方合作掌控远东及中国周边海域制海权的态势。这种合作优势在第一次世界大战期间得到充分体现，战争爆发后英国远舰队被迫回防欧洲，英国为防止德国在远东的舰队乘机袭击威海卫、香港，遂要求日本海军支援。结果，日本海军尽歼德国在远东的海军舰队。但是，第一次世界大战爆发后，面对德国陆、海两个方向的进攻，英国衰相毕露，不得不哀求日本履行同盟援助义务。日本海军趁势展开南下战略，一方面在援助上虚张声势，另一方面乘机攻取德国在远东和太平洋的殖民地。③美国海军进军西太平洋，日美太平洋争霸矛盾凸显。美国虽在日俄战争中偏袒日本，但日本早已视美国为潜在敌人。早在1900年，日美海军就因"厦门事件"发生过摩擦。厦门事件的原因是日本借口其设在厦门的本愿寺被纵火，派遣陆战队企图占领厦门港。对此，美国表示抗议，并派遣军舰和陆战队登陆实施威慑。面对美国的压力，日本政府接受了伊藤博文的建议，放弃了对厦门港的占领。但同年底，当美国提出占领福建三都澳作为其海军煤站时，同样遭到日本的反对而作罢①。1901年，日本海军总务长斋藤实在要求增加军备投入时声称，"美国威胁之大，是俄罗斯威胁不能比的"②。日俄战争后，日本海军开始把美国视为主要假想敌。在日英同盟条约改订谈判中，日本海军大臣山本权兵卫甚至婉转表达了对美国菲律宾舰队的警惕，反对英国把驻扎在香港的5艘驱逐舰召回本国③。但是，日本的"担心"并未得到盟友英国的理解。1907年之后，面对迅速壮大的德国海军，英国等欧洲国家为应对本部局势纷纷把远东海军撤回欧洲，"远东遂形成

①　北岡伸一『後藤新平』中央公論社、1978、63 – 68頁。

②　髙橋文雄「明治40年帝国国防方針制定期の地政学的戦略眼」『防衛研究所紀要』第6巻第3号、2004年3月。

③　髙橋文雄「明治40年帝国国防方針制定期の地政学的戦略眼」『防衛研究所紀要』第6巻第3号、2004年3月。

了日本海军和美国海军一对一的局面"①。是年，美国把日本海军视为其在远东的主要威胁，以日本为假想敌制订了"橙色作战计划"。不过，当时美国海军虽然总吨位大大超过日本海军，但缺乏越洋作战能力，其远东舰队和菲律宾的基地仍很脆弱，只能对日采取守势。因此，日俄战争之后，日美在太平洋的矛盾犹如刚刚点燃的火苗，在两国关系的底层一点点地、不引人注目地燃烧，并不时被两国合作、友好的外交辞令所掩盖。1914 年，巴拿马运河开通，美国大西洋舰队进入太平洋的距离缩短了 1 万海里，至菲律宾的距离缩短了一半。日美太平洋争霸的现实性由此大大增加，20 多年后终于蔓延成太平洋战争。④国际海权竞争趋于激烈，海军战略在日本国策中的地位进一步增强。1890 年，美国战略理论家马汉发表了《制海权对 1660 年至 1783 年历史的影响》，此后又在 1893 年、1905 年、1911 年相继发表了《制海权对 1793 年至 1812 年法国革命和法帝国历史的影响》《制海权与 1812 年战争的关系》《海军战略》等著作，不断为美国海军吹响海洋扩张的号角。马汉倡导的"海权论"很快风靡世界。美国以马汉的"海权论"为导引，通过美西战争拉开了向西太平洋大举扩张的帷幕，成为日本夺取远东海洋霸权的"远虑"。同时，在欧美列强中，"大海军主义"开始盛行，掀起了新一轮海军军备竞赛和海洋扩张浪潮。国际形势的变化使海军在日本整体扩张战略中的地位增强了。1896 年，几乎囊括了日本政界精英人物的"东邦协会"全文翻译出版《海上权力史论》。该会会长副岛种臣在译著序言中写道，"我国（日本），乃海国也"，如果熟读马汉著作，掌握了"制海权"，日本即可支配太平洋通商，控制海洋，击败敌人②。该书在日本迅速掀起一股"海权风"，日本政府对马汉之说非常推崇，甚至试图高薪聘马汉为日本海军的特别顾问，后遭拒绝而未成。

　　最后，军国主义制度的强化和经济实力的增强激起了日本建设海洋强

---

① 高橋文雄「明治 40 年帝国国防方針制定期の地政学的戦略眼」『防衛研究所紀要』第 6 卷第 3 号、2004 年 3 月。

② 平間洋一「マハンが日本海軍に与えた影響」、日本政治経済史学研究所、『政治経済史学』1993 年 2 月、29－48 頁。

国的新野心。从政治角度看，军国主义制度逐步形成和强化。该制度主要具有以下特点：①明显的半封建半资本主义性质，"人治"优于"法治"，大政决策权集中在以天皇为核心的少数军事政治寡头手中；②武装集团在国家政治体制中居于优先地位，凌驾于经济、外交等其他部门之上，军事可以反向控制政治，行政部门却不能干预军事；③统治集团把"强兵"作为"富国"和维持政权的基本手段，并建立了一整套服务于对外侵略的统治机制。由于战略决策权掌握在极少数陆海军高级将领和政治寡头手中，决策的稳健性取决于这部分人之间权力结构的平衡性和天皇的战略素养。在该时期，日本统治阶层中存在一个政治军事经验丰富、在政军两界都有权威的元老集团，明治天皇本人也具有很高的战略素养，故日本的海洋强国建设和海军发展的战略设计比较周到。

从经济角度看，日本通过迫使中国签订丧权辱国的《马关条约》勒索到巨额赔款，以此为基础采用了金本位制，从而提高了自己在世界经济中的地位，日本的资本主义经济有了迅速发展，从而为日本扩张海军、发动日俄战争提供了有利条件。日俄战争后，日本由于未能像甲午战争那样从沙俄勒索到巨额战争赔款，财政、经济一度比较紧张，海洋强国建设被迫控制规模。但是，第一次世界大战爆发后，日本大发战争横财，1914年到1920年的6年间，日本从背负10亿9000万日元债务的国家变为拥有27亿2000万日元的债权国[①]。日本报纸甚至叫嚷："钱太多了头疼。"[②] 在贸易领域，战争期间美国和中国快速升格为日本第一大、第二大出口市场，而日本对英联邦年出口额占出口总额的比重却徘徊于 1/5 ~ 1/3[③]。到第一次世界大战结束时，"日本已纸醉金迷，在做太平洋领袖之梦了"[④]。

（二）侵略扩张得手促使日本建设海洋强国目标走向膨胀

首先，日本建设海洋强国的目标虽一度摇摆，但终定位于服务大陆政

---

①　〔日〕升味准之辅：《日本政治史》（第 2 册），董果梁译，商务印书馆，1997，第 504 页。
②　平间洋一『日英同盟——同盟の选择と国家の盛衰』PHP 研究所、2000、123 - 124 页。
③　東洋経済新報『明治大正国勢総覧』東洋経済新報社、1975、455 - 463 页。
④　平间洋一『日英同盟——同盟の选择と国家の盛衰』PHP 研究所、2000、116 页。

策。近代日本对外扩张虽主要体现在大陆政策方面，但始终存在陆海双向扩张的特征。早在甲午战争前夕，当日本陆军为夺取中国北部辽东半岛摩拳擦掌时，日本海军就在谋划侵占台湾，为南下海洋扩张做准备。结果，这两种扩张意图都被大本营纳入战争规划之中。甲午战争之后，日本海军在国内政治和日军中的地位大大上升，开始不甘心一心辅佐陆军从事大陆扩张，试图维护战略上的独立性，南下海洋扩张。日本历史学家中冢明在研究甲午战争史时，曾在福岛县立图书馆发现日本大本营在甲午战争初期的"同太平洋战争相关的构想（草稿）"。从该构想内容看，在1894年之前，日本就已存在以台湾为跳板、南下海洋扩张的计划。比如，该构想关于台湾及澎湖列岛曾有如下表述。

"澎湖岛是水深、湾宽、四时无风浪之忧的良港。其位置扼台湾海峡之咽喉，扼黄海和中国海之咽喉，同我国之对马岛一样，都是东南亚最重要的要冲。因此，同旅顺、威海卫一起，把它归属于我国，以遏制清国之首尾，不仅能削弱其抵抗力，而且对于将来称霸于东亚，控制太平洋海面，都是极为重要的"；"香港实是包藏英国祸心之地。能顺利掣肘英国祸心，抑制其猖狂的要地，只有澎湖岛"，"如果意在谋取未来东洋全局的和平，则必首先使此要地成为日本的军港，不可不在此设置军备。但是，要可靠地领有孤立于台湾海峡之澎湖岛，则必须同时领有台湾，并派大约一个师团驻于台湾"；"日本要想与欧洲列国并驾齐驱争雄于东亚，就必须寻找新物产的产地，增加财源。而吕宋地处东西两洋交通要冲，未来必将成为东洋商业中心。如果我国获得好机会，吕宋亦是我国必须占领之地区。占领台湾不仅是占领吕宋之阶梯，而且从地理上来说，台湾与我琉球列岛相连，占领台湾是最合理的。何况从我日本帝国的自卫防御来说，台湾也是必须领有的"①。

这一史料表明，日本"南进"海洋扩张的规划，早在甲午战争前夕就

---

① 〔日〕中冢明：《还历史的本来面目——日清战争是怎样发生的》，于时化译，天津古籍出版社，2004，第89～91页。

有了雏形。然而，日本海洋扩张战略目标的分化势头不久即受到日俄矛盾的有力抑制。面对沙俄这个三国干涉还辽的主角、日本大陆政策的最大障碍，日本海军与陆军同仇敌忾，视其为"新敌"。不过，一直到1900年之前，日本陆海军与沙俄军队实力悬殊，为培聚国力，休养生息，制定了"北守南进"的战略方针，即在北面，对俄国咄咄逼人的扩张势头以防御为主，用"磋商与谈判"等政略手段虚与委蛇；在南面，却积极采取攻势，继占领台湾及澎湖列岛之后，又向福建扩张势力①。1900年之后，日本经过数年努力，国力、军力大增，统治者开始下定对俄战争决心，战略方针从"北守南进"调整为"北进南守"。在上述情况下，日本海军尽管希望模仿英国走"岛屿帝国"道路，但当核心统治集团下定对俄进行战争决心之后，仍不能不暂时收敛南进欲望，在大陆扩张方面支持陆军的行动，确定战胜沙俄海军，夺取日本海、黄海制海权，协助陆军歼灭俄陆军的战争目标。

其次，日俄战争后，日本开始跨越东亚大陆近海，窥伺太平洋。在日俄战争之后，日本海军在远东各国中再没有富有挑战性的对手，称霸太平洋的战略欲望逐渐开始高涨。海军的战略目标扩大为夺取东亚大陆近海制海权，开始考虑以台湾为跳板实施"南进"的问题，但此时日本大陆政策已基本展开，海军的战略行为仍受到陆军大陆政策的强烈牵制。1907年4月，日本制定了近代史上第一个系统规范的军事战略《帝国国防方针》。该方针的主要内容包括：①确定日本的国防在东亚采取攻势战略，强调境外作战、主动进攻；②指出日本虽属于岛国，但"国防当然不得偏重陆海之一方，何况隔海在满洲及韩国已扶植了利权之今日"，应在确保大陆利权的同时，向海洋方向发展；③假想敌以俄国为第一，美、德、法诸国次之；④在军备上，陆军应最重视俄国，依据俄可能在远东使用的兵力，以攻势为度实施战备；海军应最重视美国海军，以攻势为度备战②。

《帝国国防方针》的上述规定实际上是陆海军相互牵制的结果。该方

---

① 王颜昱：《日本军事战略研究》，军事科学出版社，1992，第69~70页。
② 黑川雄三『近代日本の軍事戦略概史』芙蓉書房、2003、69-80頁。

针一方面高度肯定已经获得重大进展的大陆政策,另一方面也为海军南下扩张预留了政策空间。在假想敌判定上,该方针则对陆军、海军主张"兼收并蓄",实际上造成了陆军以俄国为主要假想敌,海军以美国为主要对手的并立局面。此时,尽管"大陆政策"已被明确定位为主要国策,但日本海军的独立性明显增强,再不愿满足于协助陆军推行大陆政策,开始以称霸太平洋为目标,积极酝酿"南进"问题。

所谓"南进"就是控制西南太平洋,占领日本以南海域诸岛及东南亚地区。"南进论"的内核早在幕府末年就已存在。到明治中期,日本向南洋扩张的舆论勃兴。1887 年,学者志贺重昂考察南洋诸岛、大洋洲后出版《南洋时事》一书,首次明确提出南洋问题,主张振兴在南洋的商业活动,实现海外雄飞。此后日本国内"南进"的呼声渐涨,《新日本图南之梦》(菅沼贞风)、《南洋经略论》(田口卯吉) 等鼓吹南进的著作纷纷问世。1910 年,"南进论"著名人士竹越与三郎出版《南国记》,声言日本作为岛国而向大陆用力发展是不利的,"日本的未来不在北而在南,不在大陆而在海洋,日本人民应注目的是变太平洋为我湖泊"①。该书出版后甚为畅销,使"南进论"广播于世②。到大正时期,日本民间"南方热高昂"并影响国策。大正 4 年,由日本政、官、财实力人物创建"南洋协会",提出要积极"开拓南洋"③。

(三) 日本的海洋扩张从东亚近海渐次向西太平洋拓展

首先,通过日俄战争夺取日本海和鄂霍次克海制海权。在甲午战争结束后不久,日本就开始以战胜俄国及其盟友的海军舰队为目标,扩充海军军备。1895 年 7 月,海军司令西乡从道在向内阁提交的一份文件中表示:"主力舰队要以装甲战舰为中心,包括巡洋舰以下各种舰船。由于将来要

---

① 周伟嘉:《海洋日本论的政治化思潮及其评析》,《日本学刊》2001 年第 2 期。
② 〔日〕安冈昭男:《日本近代史》,林和生、李心纯译,中国社会科学出版社,1996,第405 页。
③ 大畑笃四郎『日本外交政策の史の展開』成文堂、1983、236 頁。

派到东洋（黄海、日本海）去，所以这支舰队必须具有与一国或两国舰队作战的能力。"[1] 此后，日本海军开始了以实现"六六舰队"编成为内容的军备扩张。根据帝国议会通过的海军两期扩充计划，日本海军要在 10 年内建 106 艘舰船，排水量为 15.3 万吨。此间，日本海军还派员赴美考察潜艇，并在日俄战争爆发后购买了先进的"霍兰"潜艇，组建了日本历史上第一支潜艇部队。

到日俄战争爆发前，日本海军主力总吨位近 17 万吨，编成了 3 个舰队。这支力量已经超过了俄太平洋分舰队，但与俄海军总兵力还有较大距离。但是，由于日英同盟的缔结，日本海军的战争信心空前增强。1904年 1 月 12 日，海军大臣山本权兵卫就海军战略方针在御前会议发言："我陆海军已大致完成 60% 的作战准备，随时可以出动。而俄国海军，仅目前派到远东的就可与我全海军兵力相匹敌，若加上本国其他地方的兵力，其实力则大于我一倍以上。因此，一旦开战，我海军所采取的战略方针是，首先歼灭远东之敌舰队，尔后截击从俄国本土开来的其他部队，以期将其各个击破。"[2] 也正是考虑到与沙俄海上争锋的国力、军力不足，日本早在 1902 年就与英国结成军事同盟，并多次召开双边会议，商讨两国的海上战略配合问题。

此后，日本海军经过数年扩充逐渐获取了相对俄太平洋舰队的实力优势，并制订了四种情况下的对俄作战计划：当俄舰队分别部署于旅顺和海参崴时，日本海军以主力击溃旅顺舰队，另一支夺取对马海峡制海权；在俄驻旅顺、海参崴舰队会合的情况下，日本海军力争于会合前将其各个击破，会合后则实施主力决战；在俄舰队不主动出击的情况下，日本海军部署于对马海峡，呈随时出动态势。战争开始后，日本海军重演偷袭故技，于 1904 年 2 月突然向俄在旅顺的太平洋分舰队发起进攻，并经过数月激战歼敌大部。1905 年 5 月，日联合舰队在对马海峡与俄波罗的海舰队决战

① 王颜昱：《日本军事战略研究》，军事科学出版社，1992，第 87 页。
② 〔日〕外山三郎：《日本海军史》，龚建国译，解放军出版社，1988，第 59 页。

并一举歼灭之，对取得战争的胜利发挥了决定性作用。日俄战争以后，日本的海洋霸权从东海、黄渤海向北延伸，基本掌握了日本海、鄂霍次克海的制海权，沙俄在远东的海岸和在中国的势力范围，均在日本海军的俯视之下。

其次，通过第一次世界大战夺取西太平洋霸权优势。1907年的《帝国国防方针》在"军备标准"中规定，"海军军备以在东洋对诸想定敌国中我最重视之美国海军采取攻势为度"，也就是说，日本海军军备的扩充以美国在远东能够使用的兵力为基准；在"帝国国防所需兵力"中规定，海军一线舰队所需最少兵力为20000吨战列舰8艘、18000吨巡洋舰8艘，即要构建所谓"八八舰队"。但是，当时美国与日本海军实力对比是2∶1，以当时的国力、财力，日本谋求与美实力对等是不现实的，加之日本在日俄战争中军费消耗甚巨却未得到分毫赔偿，财政空前困窘，所谓"八八舰队"计划未能付诸实施。在这种情况下，日本海军战略家佐藤铁太郎提出了"对美七成"的军备标准，即迎击国舰队兵力至少要达到进攻国舰队的七成，进而"依托地利和战术优势捕捉胜机"①。一直到太平洋战争爆发，日本海军在军备上都在坚持这一最低标准。

第一次世界大战的爆发为日本国力的膨胀和霸权扩张提供了十分有利的机会。在英国对德宣战后，日本政府和元老立即召开会议，一致认为"这次欧洲大乱，对日本国运之发展，乃大正新时代之天佑。日本国必须立即举国团结一致，享受此上天之佑"，"确立日本对东洋之利权"②，并很快决定，以履行日英同盟条约义务为借口对德宣战。1914年8月15日，日本向德国发出最后通牒，要求德国无条件、无代价地将胶州湾交给日本，并限8天内答复。8月23日，日本以履行日英同盟条约为借口，对德宣战，强占青岛、胶济铁路以及德属太平洋岛屿。1915年1月18日，日本向袁世凯政府提出了意在灭亡中国的"二十一条"。到第一次世界大战

---

① 黑川雄三『近代日本の軍事戦略概史』芙蓉書房、2003、83 - 84頁。
② 島善高「近代日本における天佑とGottesgnadentum」、『早稲田人文自然科学研究』第45号、1994年3月。

结束时，日本海军已成为西太平洋第一大海军，俨然以霸主自居。

第一次世界大战还为日本经济提供了"一夜暴富"的机遇。大战期间，日本大发战争横财，1914 年到 1920 年的 6 年间，日本从背负 10 亿 9000 万日元债务的国家变为拥有 27 亿 2000 万日元的债权国①。由于财力趋于雄厚，1918 年日本海军甚至提出了"八八八舰队"计划，要求建造 8 艘战列舰 2 队、8 艘巡洋舰 1 队，共计 24 艘军舰，但由于计划投入过于庞大，遭到国会反对，到 1920 年调整为"八八舰队"计划。不过，空前庞大的海军军费开支还是对当时日本经济形成了巨大压力，以致海军被国内舆论抨击为"亡国造舰"。在此背景下，日本不得不响应美国的倡议，于 1922 年在华盛顿签订了限制海军军备的条约，停止全面执行"八八舰队"计划。

三　走向全面扩张和战败（1922～1945 年）

昭和时期，随着军部法西斯体制的完全确立，日本建设海洋强国逐渐摆脱了服从服务大陆政策的主线，以实施"南进"、袭击珍珠港为标志，走向了全面海洋扩张，但最终归于失败。

（一）日美、日中矛盾扩大和国内全面法西斯化促使日本建设海洋强国走向癫狂

首先，对外矛盾急剧扩大促使日本最终走向全面海洋扩张。第一次世界大战使远东国际形势及列强海军势力消长发生重大变化。英、法属于惨胜，国力消耗甚巨。英国海军世界第一的宝座岌岌可危，法国海军战时遭受重创，需要恢复；两国在远东海域限于守成，无力采取攻势。美国则大发战争财，经济、军事实力急剧膨胀。美海军实力从世界第四跃至第二，成为英国之后又一个拥有两洋舰队的海上军事强国。1914 年，巴拿马运河开通，美海军获得可迅速向太平洋集中兵力的地理优势。因此，在巴黎和会上，美国总统威尔逊挟强大国力提出"十四点计划"，摆出领导世界

---

① 〔日〕升味准之辅：《日本政治史》（第 2 册），董果梁译，商务印书馆，1997，第 504 页。

的架势。远东殖民竞争的主要棋手已变为美日两家，而美日之争又突出体现在对华政策和海洋扩张上。战后，世界海军强国掀起了海军军备竞赛，但又不堪财政重负，被迫开展裁军谈判。日本在华盛顿会议签署海军军备条约，试图巩固在西太平洋的海上霸权地位，但由于美国海军向西太平洋进军节奏加快，日美海上军事矛盾不可避免地日益加剧。此时，日本海军已明确把美国锁定为主要假想敌，把中国视为次要假想敌，一边筹划战时如何迎击东面来袭的美国舰队，一边谋划战时如何封锁中国海岸。

在美国看来，日本独占中国的政策不仅直接威胁到美国的在华利益，而且最终会把美国人赶出亚洲大陆和西太平洋[①]。日本占领太平洋德属岛屿等于割断了美国本土—夏威夷—菲律宾的地缘连线，更引起了美国的焦虑。两国通过华盛顿会议，虽然就远东势力范围和限制海军军备达成了妥协，但在西太平洋相互视为威胁已成事实。在日本被迫接受美国提出的海军军备限制比例的当晚，时任海军军令部长的加藤宽治就挥泪狂喊："同美国的战争现在就开始了！我们一定要报仇！"[②]

20世纪20年代的华盛顿体系曾暂时缓和了日美之间的海洋霸权争夺。但是，该体系由于轻视中国民族解放运动的存在和影响，把欧亚大国苏联长期排斥在外，所以平衡和制约日本军备、军事扩张的能力很有限。1923年，日本再次修改国防方针，把美国作为主要假想敌，俄、中次之。此后，日本海军不断挑战国际海军军备条约限制，最终于1934年12月宣布到期废除1922年签署的华盛顿海军条约和1930年签署的伦敦海军条约；1936年1月宣布退出伦敦海军裁军会议，摆脱了一战后所有国际条约的约束，进入"无条约时期"——这意味着日本要彻底颠覆该体系确立的西太平洋海洋秩序，建立自己的霸权。此时，美国尽管已经把日本视为其在太平洋方向的主要威胁，但受欧洲局势的制约，并未对日本破坏华盛顿体系的行动和扩张动向给予有力牵制。

---

① 杨生茂主编《美国外交政策史1775—1989》，人民出版社，1991，第309页。
② 〔日〕信夫清三郎编《日本外交史》（下），天津社会科学院日本问题研究所译，商务印书馆，1980，第504页。

20 世纪 30 年代，欧洲上空战云越来越浓厚，英法等国都尽量将驻扎在远东的海军抽调回国，西太平洋的权力真空越来越大。这种情况使得日本海军中的"舰队派"以为有机可乘，强烈主张扩充舰队，南下夺取欧美殖民地盘。然而，"南下"势必直接侵犯英美传统的海洋势力范围，意味着要和老牌、新兴的海权大国迎头相撞。而对于英美特别是美国的实力，日本统治者中仍不乏头脑清醒者。可以说，此前日本大洋扩张虽谋划很久，但未如"大陆政策"那样全面展开，对美英实力的恐惧乃重要原因。日本海军的一些高级将领如山本五十六、米内光政等都对与美开战缺乏信心，山本曾表示："看看底特律的汽车工业，得克萨斯的油田和遍布美国全国各地的兵工厂，便不难得出应得的结论"；"如果一定要同美国交战，我只能坚持一年到一年半，再长，就很难说了"①。

进入 20 世纪 30 年代中期，纳粹德国迅速崛起，开始酝酿大规模的世界扩张计划。日本在 1931 年发动九一八事变，在 1937 年发动全面侵华战争，企图吞并中国，将亚洲收入囊中。日本的侵略政策不仅严重危及中华民族的生存，而且直接挑战美国对华"门户开放"政策和其主导建立的华盛顿体系。因此，在日本全面侵华战争爆发后，美国经过一番踌躇和盘算之后，逐渐加大了对华援助力度。1937 年 8 月 25 日，日本海军第三舰队宣布封锁中国从上海至汕头的海岸，9 月 5 日又宣布封锁北起秦皇岛、南迄北海口的中国海岸，企图切断中国获得外援的通道，阻止一切战略物资进入中国，以此逼迫依赖外援抗战的国民党政府投降②；1939 年 5 月 26 日，日本海军宣布："第三国在中国海岸之航行，一律实行封锁。"③ 但是，美国仍凭借海运优势，自 1938 年开始自印度洋口岸经滇缅公路向中国输送援助物资。1940 年秋，日本不顾美国反对，与德、意两国缔结法西斯军事同盟。美国进一步加大援华力度，在滇缅公路被切断后，采取海运与空运相结合的方式，开辟了充满艰险的"驼峰航线"，源源不断向中

① 〔日〕阿川弘之：《山本五十六》，朱金等译，解放军出版社，1987，前言。
② 孙鹏达：《抗战时期的中外国际交通线》，《纵横》2000 年第 12 期。
③ 齐春风：《抗战时期中日经济封锁与反封锁斗争》，《历史档案》1999 年第 3 期。

国提供援助。

在扩大援华的同时，美国对日经济制裁一步步趋于严厉，相继断绝了对日废钢铁出口和石油贸易。1939年，日本试探"南进"，3月宣布对南太平洋诸岛的领土要求，4月宣布占领海南诸岛。对此，美国的反应是于是年7月宣布废除《美日商约》，翌年又开始对日禁运。本来，日本的军需物资"只靠来自日本以及中国被占领区的'日元集团'是不够的，还必须从欧美国家及其势力范围进口"①。由于制裁趋于严厉，日本已难以靠贸易手段从上述国家和地区获取物资，急于下"外南洋"夺取英、美、荷的殖民地以缓解战时经济危机。此时，原本对与美开战尚存怯意的海军因担心石油问题也决定冒险一搏，而一直把未能使中国屈服归咎于美英支持的日本陆军也开始寄希望于从海上隔绝中国的外援通道，长期因战略方向争持不下的陆、海军终于在扩大海洋侵略上达成"一致"。

1939年德国法西斯率先在欧洲挑起第二次世界大战。到1940年下半年，德国军队利用"闪电战"横扫欧洲大陆，并动用海空军反复轰炸英国本土，一时间法国沦亡、英伦三岛岌岌可危，在远东拥有殖民地的欧洲各国均自顾不暇，美国也把关注焦点置于欧洲。深陷"中国事变"的日本军部大受鼓舞，企图重施一战故技、趁火打劫，借助其国内一片"不要误了公共汽车"的叫嚣，迅即与德国、意大利签订了三国同盟条约，加入了法西斯阵营。日本海军也改变了对南进的慎重立场，决心乘机夺取欧洲各国在东南亚的殖民地，以获取石油等战略资源支撑战争机器。

其次，国内全面法西斯化促使日本加速走向太平洋战争之路。从政治角度看，到了昭和时期，确保日本国策统一决策的元老集团不复存在，昭和天皇志大才疏，内阁、议会无力控制陆海军矛盾，海军内部又分裂为"舰队派""条约派"，相互争斗不休。日本在建设海洋强国的过程中，在目标确定、资源统筹和战略手段运用方面频频出现矛盾和混乱。到20世纪30年代前后，主张遵守海军军备条约、控制军费开支的政治家都接连

---

① 〔日〕依田憙家：《简明日本通史》，卞立强等译，上海远东出版社，2004，第323页。

遭到排挤甚至暗杀，海军军备扩张在政治上最终陷入无节制状态，而军备实力的增强又不断刺激海军的战略欲望，导致国家对外扩张的战略目标越来越大。1936年，日本发生"二二六事件"，军部乘机全面掌管了国防、外交及其他大权，国内政治完全失去对其的制约，日本军部得以肆意决策，制订了以侵吞中国、称霸西太平洋为目标的海洋强国建设计划。

从经济角度看，1929年世界性经济危机大爆发，日本对外出口遭遇全面打击，国内经济一片萧条，贫苦人卖儿卖女的招贴随处可见。严重的经济危机促使三菱、三井等大财阀把获取利润的目光聚焦在战争军需上，日益与军部勾结在一起酝酿扩大对外侵略，极力鼓动海军扩充军备，公然宣称，与其搞没有结果的贸易谈判，"不如索性随波逐流，和军部携起手来，确保东洋市场，倒是捷径，更为便利"，"有钱搞会谈，派特使，还不如用来造军舰"[1]。可以说，财阀靠战争发财的欲望膨胀既是日本建设海洋强国的原动力，又是促使日本铤而走险，断然挑起太平洋战争，最终走向覆亡的深层原因。

（二）日本海洋强国建设的战略目标失去理性、极度扩大

在明治时期，日本就已经确立了宏大而富有野心的海洋强国建设目标。到了昭和时期，日本建设海洋强国目标虽然基本坚持了明治天皇确定的大方向，但在形势判断和阶段性目标制定方面逐渐失去明治天皇的战略理性，走向无节制的扩大化。具体表现在三个方面：一是确保对美海上优势，挫败美国太平洋舰队的西进；二是夺取整个西太平洋霸权；三是建立远至印度洋，囊括中国、东南亚、印度以及南太平洋诸国在内的"大东亚共荣圈"。其具体设想正如"东亚战争之父"石原莞尔于1931年4月在其《欧洲战争史讲话》中所主张的：兵分两路，陆军进攻"满洲"占领中国大陆，海军则攻占菲律宾、关岛、夏威夷、中国香港以及新加坡等美英军事基地，以获取西太平洋的制海权。到30年代中期，"南进论"在日

本统治集团内部已有很多支持者。他们叫嚣：帝国有三条生命线，第一条是中国东北，第二条是内南洋，第三条是外南洋（太平洋的西部和南部除内南洋以外的地区）；中国东北和内南洋已经在握，下一步该夺占外南洋了①。

1936 年 4 月，日本海军向内阁"五相会议"呈报国策大纲，指出西南太平洋是帝国的国防和经济的关键地区，因此提出了所谓两线作战的总体战②。8 月，广田内阁制定《国策基准》，规定"在确保帝国在东亚大陆地位的同时，向南方海洋方向发展"，并要求海军"能足以对抗美国海军，确保西太平洋的制海权"③。由此确立了陆海双向全面扩张的政策。同年，日本海军主持制定的《国策要纲》依据上述规定，表示"南方各国对日本国防与经济最为重要"，在慎重对待美、英、荷压迫的同时，要做好南进的军事力量准备，以备万一，这说明日本已经开始认真考虑对英、美等开战的问题。

1940 年 6 月 28 日，日本外相有田八郎发表《国际形势与帝国立场》，公然把东亚新秩序范围扩展到"南洋"；8 月，日本政府提出"大东亚共荣圈"计划。这个"共荣圈"不仅包括其长期经营的东亚大陆以及今天的东南亚地区，还要控制东经 90 度到东经 180 度、南纬 10 度以北，从印度洋西部到太平洋中部的辽阔海域④。此时，日本的海洋扩张意识同大陆扩张一样呈癫狂状态。1941 年 6 月，日本内阁次官会议决定将每年 7 月 20 日定为"海之纪念日"，"以向国民普及宣传海洋思想，推动皇国发展"。"为从海洋方向打开时局"，动员国民和船舶奔赴太平洋战场，1942 年 12 月，日本大政翼赞会将《奔赴大海》指定为地位仅次于国歌的"国民歌曲"，在学生兵出征时齐唱。而日本海军在袭击珍珠港得手后，"南进"一度势如破竹，几乎使佐藤信渊当年的扩张之梦变为现实。

---

① 赵振愚：《太平洋战争海战史 1941—1945》，海潮出版社，1997，第 23 页。
② Michael A. Barnhart, *Japan Prepares for Total War*, Cornell University Press, 1983, p. 44.
③ 王颜昱：《日本军事战略》，军事科学出版社，1992，第 205 页。
④ 王屏：《近代日本的亚细亚主义》，商务印书馆，2004，第 287 页。

（三）日本的太平洋霸主之梦在太平洋战争的硝烟中走向破碎

20 世纪 20 年代的华盛顿体系曾暂时缓和了日美之间的海洋霸权争夺局面。但是，该体系由于轻视中国民族解放运动的存在和影响，把欧亚大国苏联长期排斥在外，其平衡和制约日本军备、军事扩张的能力很有限。1929 年的世界性经济危机促使日本军国主义加紧输出战争，试图通过掠夺外部资源和市场渡过难关。

1930 年之后，日本海军完全摆脱了限制海军军备条约对日本海军发展的限制，以美国为对手大肆扩充军备。此时，日本海军逐渐对航空母舰在海战中的重要性有所认识，并把其作为扩军重点，但并未因此放弃"大舰巨炮"思想。1938 年 3 月，日本三菱重工业公司开始秘密生产排水量达 6.4 万吨的军舰"武藏号"，该舰装有九门口径为 46 厘米的大炮，是当时世界上最大的军舰。

然而，由于日美国力存在巨大差距，当两国放手展开竞争后，日本海军几乎不可能获得对美装备优势。日本海军的舰艇吨位与美国海军的比例在 20 世纪 30 年代末达至 0.8∶1 后，即丧失了上升潜力，一路下滑[①]。到 1941 年，日本海军实力已下滑到美军的 72.5%，在这种情况下，对日本来说及早开战尚有些许胜算，开战越晚，获得胜利的可能性就越小。因此，日本海军以偷袭方式率先向美国发难，一方面是其攻势战略的传统使然，另一方面也是日美海军军备竞争消长的态势所迫。但是，一旦美国的战争机器全面开动，巨大的战争潜力爆发出来，尽管日本海军竭力动员，仍无法在拼消耗中取胜，败局几乎是肯定的。因此，日本在袭击珍珠港、挑起太平洋战争后，海军虽然曾一路高歌猛进，势力西至印度洋东部、南至澳大利亚近海、东至夏威夷以西，但在中途岛海战后，国力、军力后劲渐失，逐渐露出败象。到 1945 年 8 月无条件投降前夕，日本海军总人数竟然膨胀到 130 万人，达到其海军史上的最高峰，但军人素质低下、军队

---

① 黒川雄三『近代日本の軍事戦略概史』芙蓉書房、2003、196 頁。

纪律涣散，主战舰艇已丧失编队作战能力，到了崩溃的边缘。

第二节　日本海洋强国地缘政治效应的表现形式

纵观近代日本建设海洋强国的历史，明治早期和中期的有限扩张较好地利用了国际矛盾，形成了持续较久的机会窗口效应；但在明治晚期之后，海洋扩张和海军建设逐渐失去自我节制，导致对手聚合效应不断增强，陆海同害效应不断加重，资源黑洞效应始避终现。

一　机会窗口效应：持续较久

在明治与大正时期，日本建设海洋强国的战略机遇之所以能保持较长时期，一方面在于日本战略上的老谋深算和自我节制，另一方面也缘于中、俄长期内外交困，未能有效对日本实施战略遏制和牵制。

（一）欧美列强基于战略私利，长期纵容和利用日本扩张

在1894年之前，东亚海上安全关系中的矛盾包括三类：中国与欧美列强的矛盾、列强之间的矛盾、中日矛盾。其中，前两类矛盾处于主要地位。此时，欧美列强侵略东亚的战略矛头集中指向中国而不是日本，英、美在东亚还面临沙俄这个十分贪婪的殖民竞争对手。在欧美殖民者眼里，日本资源贫乏、国民贫穷，战略价值不在于财富和市场，主要体现在独特的地缘位置上，可以利用日本作为殖民帮凶。英、美两国甚至希望把日本改造成侵略中国、抗衡沙俄的帮手。

在上述背景下，19世纪后期和20世纪初，日本的海洋强国建设得到了当时的海洋霸主英国和新兴海洋强国美国的支持。其中，第一次世界大战前，英、美等国对日本的海洋扩张以纵容利用为主。在19世纪后期，英国对日本大力发展海军基本上持积极支持的姿态。1873年后，英国不但派出由海军少校道格拉斯带领的、34人组成的教官团，协助日本建立海军军校，而且成为列强中接收日本海军军官留学生最多的

国家①。甲午战争前夕，在日本拥有的 12 艘巡洋舰中，有 4 艘为英国制造；英国还与日本签订了比较平等的《新通商航海条约》，向日本承诺，若中日开战，不以上海为战场，英国将采取中立，从而使日本有恃无恐，不宣而战，发动了甲午战争②。与英国相比，美国对日本发展海军、海洋扩张的纵容支持也十分积极。早在 1874 年，美国驻日公使德朗就专门向日本推荐前驻厦门领事李仙德充当军事顾问，支持日本发动侵台战争。1894 年甲午战争爆发前，美国还有意向日本派遣军事顾问助战，甚至利用驻华使馆外交特权，窝藏包庇日本间谍，提供军事情报。

甲午战争后，日本东亚地位跃升，受到英、美等列强的关注。此时，英国外交正值"一个关键时期的开端"——"大英帝国在帝国主义列强瓜分世界的狂潮中成了众矢之的，帝国的边疆到处经受着空前沉重的压力"③。为了对付俄国、维护在远东的军事和外交优势，英国不惜放弃"光荣孤立"政策，与日本结成军事同盟，积极支持日本发动日俄战争。该时期，美国也视沙俄为其在亚洲推行"门户开放"政策的主要障碍，积极为日本筹措战费准备对俄战争。当日本初战取得胜利时，美国总统罗斯福兴高采烈地表示："我将对日本的胜利极为满意，因为日本在为我们赌博。"④

日俄战争中日本的胜利使英国更加重视日本对于英国在远东制衡其他列强、协助其维护殖民利益的重大价值。因此，战后日英同盟得到强化，两国以海上同盟为纽带合霸远东。日俄战争尚未正式结束，日、英两国就签订了第二次同盟条约。在新的盟约中，日、英明确承担了对方受到攻击时相互援助的军事义务，日本对英军事合作范围甚至扩大到了印度，两国确立了以日本海军为主力合作掌控远东及中国周边海域制海权的态势。尤其是随着德皇威廉二世"世界政策"的展开，英国逐渐把德国视为其维持

① 〔日〕外山三郎:《日本海军史》，龚建国译，海军出版社，1988，第 14～16 页。
② 吴廷璆主编《日本史》，南开大学出版社，1994，第 477 页。
③ 王绳祖主编《国际关系史》（第 3 卷），世界知识出版社，1995，第 331 页。
④ 吴廷璆主编《日本史》，南开大学出版社，1994，第 518 页。

欧洲乃至全球海洋霸权的主要障碍。为了对付德国不断膨胀的海军力量，英国被迫从远东收缩兵力回防欧洲，遂通过第三次英日同盟条约，为日本"压担子"，要求日本承担协助防卫印度的责任，依托日本海军镇守远东，腾出兵力参与欧洲博弈，即在远东由英日联手维持优势，英国海军乘机收缩至欧洲海域以对付德国①。

（二）中、俄等国长期内外交困，未能有效遏制日本坐大

按照地缘政治关系的一般规律，国家对邻国的强大总是存在一定的担忧心理。因此，当日本全力建设海洋强国，采取攻势战略，企图凭借强大的制海权对亚洲攻而取之的时候，中、俄必然会成为最大的受害者，完全有理由、有必要予以防范、制衡和牵制。事实上，早在1874年日本侵台事件之后，中国就意识到日本威胁的存在；李鸿章筹建北洋海军的重要出发点，就是要"与日本角胜于海上"；在日本吞并琉球、挑起朝鲜壬午兵变后，中国倍感威胁，也一度加快了海军建设进程②。但是，由于清廷长期内外交困，政治腐败、海军建设决心和力度不够、军事改革严重滞后，加之英、美等列强助日制华，中国最终败于甲午战争。而战后对日巨额赔款、割台湾、失朝鲜，更使日本的海洋强国建设倍增财力、占据地利。

同样地，日本的海上崛起和咄咄攻势，也引起了沙俄的警惕和牵制。在甲午战争后，为防止日本坐大威胁其在远东地位和在朝在华利益，沙俄联合德国、法国采取了"三国干涉还辽"的政策，迫使日本将依据《马关条约》割取的辽东半岛归还中国。此后，俄对日本国内对俄备战的叫嚣也十分警惕，宣称要解决与日本争执的问题，"必须靠刺刀，而不能靠外交笔墨"，并加快修建西伯利亚铁路、扩充远东陆海兵力③。然而，沙俄

---

① 黑羽茂『世界史上より見たる日露戦争』致文堂、1960、60‒61頁。
② 刘虹、叶自成：《试论李鸿章的对日外交思想》，《中州学刊》2003年第2期。
③ 〔俄〕亨利·赫坦巴哈等：《俄罗斯帝国主义——从伊凡大帝到革命前》，吉林师范大学历史系翻译组译，生活·读书·新知三联书店，1978，第357页。

在内政外交和军事建设方面也面临与中国相似的、严重的问题，结果在日俄战争中同样成为败者。日俄战争后，沙俄国内政治经济危机加剧，后又发生革命战争，重建远东舰队遥遥无期，根本无力东顾。结果，日俄战争之后，日本在远东再无域内大国掣肘，得以长期称雄于从千岛群岛到台湾的辽阔海域。

二　对手聚合效应：不断增强

1911 年明治天皇去世后，大正天皇即位，日本进入大正时代。此时，日本海军实力已雄冠远东，成为列强殖民博弈的有力"选手"。但是，随着"元老集团"的衰落和新天皇继任，日本海洋强国战略决策的平衡性和稳健性明显削弱，对手聚合效应日益明显。

（一）英、美等国对日政策逐渐由纵到防

明治天皇去世后，日本称霸远东的野心日益膨胀，不愿在英日同盟中扮演仆从国的角色，其国内舆论把第三次英日同盟比喻成"当英国在远东的看门狗"。1914 年，第一次世界大战爆发后，英、法、俄在欧洲方向自顾不暇，英国多次哀求日本履行盟友援助义务，但日本却把欧洲国家陷入全面战争视为称霸远东的"天赐良机"，一方面对英国的援助请求推三阻四，一方面乘机要挟中国签订"二十一条"，暴露出独吞中国的野心。对于日本操弄"二十一条"暴露的勃勃野心，英国已开始有所警惕和牵制，在外相格雷专门针对"二十一条"中的"第五条"警告日本"不要做过头！"时，日英同盟的政治基础已被日本的侵略政策蚕食殆尽，同盟之友谊已被日本透支了①。

日俄战争后，美国海军进军西太平洋，日美太平洋争霸矛盾凸显。日俄战争后，日本海军遂开始把美国视为主要假想敌。在日英同盟条约改订谈判中，日本海军大臣山本权兵卫甚至婉转表达了对美国菲律宾舰队的警

---

① 重光葵『昭和の動乱（上）』中央公論社、1960、26 頁。

惕，反对英国把驻扎在香港的 5 艘驱逐舰召回本国[①]。但是，日本的"担心"并未得到盟友英国的理解。1907 年之后，面对迅速壮大的德国海军，英国等欧洲国家为应对本部局势纷纷把远东海军撤回欧洲，"远东遂形成了日本海军和美国海军一对一的局面"[②]。是年，美国把日本海军视为其在远东的主要威胁，以日本为假想敌制订了"橙色作战计划"。不过，当时美国海军虽然总吨位大大超过日本海军，但缺乏越洋作战能力，其远东舰队和在菲律宾的基地仍很脆弱，只能对日取守势。因此，日俄战争之后，日美在太平洋的矛盾犹如刚刚点燃的火苗，在两国关系的底层一点点地、不引人注目地燃烧，并不时被两国合作、友好的外交辞令所掩盖。1914 年，巴拿马运河开通，美国大西洋舰队进入太平洋的距离缩短了 1 万海里，至菲律宾的距离缩短了一半，从而使美国海军得以加大进军西太平洋的力度。

在上述背景下，美国巧妙利用日本与英国、中国的矛盾，于 1921 年主持召开华盛顿会议，翌年签订《九国公约》《四国条约》《五国海军条约》，并成功瓦解了已存续 20 年的英日同盟。英日同盟的瓦解使得日本建设海洋强国、实施海洋扩张失去了最有力的国际支柱。此后，日本与英美之间的关系从以协调合作为主，逐步转向以竞争对立为主。

（二）全面扩张最终导致中、美、英、苏联手抗日

自明治维新始，日本就怀揣侵吞中国、称霸东亚的战略企图。但是，在明治时期，日本惧于英、美、俄的战略威势和对其在华殖民利益的关注，对外扩张以大陆为主要方向，而对中国大陆的侵略又以蚕食及局部侵略为主。然而，第一次世界大战后，日本因战争红利而国力骤然膨胀，虽然在华盛顿会议上碍于局势不得不签订《九国公约》，却毫无履行诚意，

---

① 高橋文雄「明治 40 年帝国国防方針制定期の地政学的戦略眼」『防衛研究所紀要』6 卷 3 号、2004 年 3 月。

② 高橋文雄「明治 40 年帝国国防方針制定期の地政学的戦略眼」『防衛研究所紀要』6 卷 3 号、2004 年 3 月。

以 1927 年《田中奏折》出笼为标志，正式走上了侵华道路，先以九一八事变独占中国东北，再以七七事变挑起全面侵华战争，进而推行"南进"，向英美发起挑战。

日本全面扩张直接导致了中日战略对抗的升级以及日本与美、英、苏等国矛盾的深化。首先，美、英等国与日本渐行渐远，在绥靖中走向战场。在第一次世界大战期间，日本提出意图侵吞中国的"二十一条"，趁火打劫侵占山东，成为英日同盟瓦解、美国以"门户开放"政策制衡日本的重要原因。从 1931 年开始日本制造九一八事变、策划成立伪满洲国，欧美国家为保护其在华利益，支持国联接受中国申诉，并通过拒绝承认伪满洲国的合法性的决议。日本全面侵华战争爆发后，随着 1939 年日军"南进"和 1940 年缔结德意日三国同盟，英、美与日本的战略矛盾最终不可调和。七七事变发生后，美国政府在行为上一度保持"静观与忍耐"，政治上却拒绝承认日本侵略行为的正当性；1938 年 11 月之后，美国开始向中国提供贷款；1940 年 9 月以后，美国禁止向日本出口航空汽油、机器部件和废钢铁，并大幅度加大经济和军事援华力度；1941 年 12 月珍珠港事件爆发后，中美正式成为共同抗日的盟国[①]。与美国相比，英国在日本全面侵华战争爆发后，担心远东及在华殖民利益受损，曾较长时期推行对日绥靖政策，甚至不顾国际公义关闭滇缅公路，几乎陷中国于绝境；珍珠港事件的爆发彻底打破了英国的远东绥靖政策，不得不于事件爆发当日与美国一起对日宣战。其次，苏联视日本为威胁，先援华，后给日最后一击。1937 年 7 月，中国与日本进入全面战争状态后，苏联日益感到日本的紧迫威胁，于 1937 年 8 月首先与中国签订《中苏互不侵犯条约》，截至 1941 年 10 月，先后向中国提供了大量实质性的军事援助，包括军事顾问、志愿人员和飞机、火炮、枪支弹药等大量作战物资[②]。1941 年 4 月，德国侵苏战争在即，苏联为避免两线作战，与日本签订《苏日中立条约》。但

---

① 林宇梅：《美国援华贷款与中国抗战》，《民国档案》2003 年第 4 期。
② 陈九如：《苏联援华抗日政策评析》，《民国档案》2001 年第 4 期。

是，1942 年 1 月，苏联与美、英、中一道领衔签署《联合国家宣言》，实质上形成了共同对日的局面，不久就秘密做出对日作战承诺。1945 年 8 月 8 日，苏联宣布废弃《苏日中立条约》，对日宣战。

三　陆海同害效应：终难避免

明治维新以后，日本建设海洋强国，先是通过发展海军、夺取中国周边制海权，在英美海洋国家纵容下，走上侵略大陆之路，引发与中、俄（苏）大陆国家的地缘政治对抗；后因全面侵华受挫，走向了"南进"、与英美海洋国家进行战争之路；最终，陷入了同时与大陆国家和海洋国家为敌的境地。

（一）凭海军强推"大陆政策"，导致中、苏对日同仇

明治维新后，日本的扩张政策首先将主要矛头指向了中国；日俄战争后，日本得以独占朝鲜、侵入中国东北地区的南部。1910 年，日本逼迫朝鲜签订《日韩合并条约》，正式吞并朝鲜半岛。吞并朝鲜和侵占"南满"使日本原本作为四面环海岛国的地缘政治属性发生了重大变化，"大陆政策"从此一发不可收拾。

日本"大陆政策"的展开使得日本同时陷入与中、苏两个大陆国家的地缘政治对抗。日本"大陆政策"一步步实施，导致中国与日本的战略矛盾不断扩大和深化，中国人民抵抗的广泛性、坚决性不断增强。1937 年日本全面侵华战争爆发后，日本凭借强大的海军，一方面封锁中国周边近海，企图切断中国的外援通道；一方面深入中国江河内水，支援其陆军在中国大陆的作战。面对日军全面侵华战争，中国人民空前觉醒，形成了全民族抗日统一战线，在辽阔的国土上与侵略者殊死缠斗。

就在日本挑起九一八事变之时，苏联早已取代腐朽不堪的沙俄帝国，日益成长为强大的社会主义强国。面对日本独占中国东北的侵略行动及此后的全面侵华战争，苏联作为欧亚大陆国家、中国的邻国，深切意识到唇亡齿寒，一方面积极援助中国抗战拖住日本，一方面向远东地区增派重

兵，并在 1938 年日本挑起的"张鼓峰事件"和"诺门坎事件"中给日以沉重打击，有力牵制了日本关东军，阻止其向中国内陆增兵，从而客观上一度形成中、苏联手在东亚大陆共同对付日本军国主义的局面。

（二）陆困而"南进"导致与英、美海洋国家为敌

日本全面侵华战争爆发后，由于中国人民的全面抗战，加之苏联等国的对华援助和对日牵制，日本原指望速胜的侵华战争，在 1938 年武汉会战后趋于长期化、"泥沼化"。而且，中国共产党领导的敌后抗战，又打破了日本统治者通过掠夺中国资源以战养战的构想，国小人寡、资源不足的劣势逐渐凸显。为封锁中国的海上接受外援渠道，夺取战争必需的石油、矿产等资源，日本走上了"南进"之路。然而，东南亚地区及附近海域，是欧美列强的传统势力范围，新加坡及南海航线是英国保持远东影响力和在华殖民利益的要地，菲律宾是美国的殖民地。如果说日本全面侵华已经制造了与英、美等国在中国大陆问题上的对立，那么"南进"则意味着要驱逐英、美在远东陆地和海洋的利益和影响，势必导致与英、美海洋国家的直接战略对抗。

（三）陆海同害效应凸显，日本军国主义迅速败亡

珍珠港事件直接导致日本在与中国为敌的同时，与英、美等海洋国家进入战争状态，不得不实施陆、海两线作战，导致陆海同害效应。这突出体现在三个方面。一是战略力量分散，陆海两个方向力量不足的问题都趋于严峻。在中国大陆，由于亿万中国军民的殊死抵抗，日本不得不在中国战场常年保持 27～29 个师团（100 万人）的庞大兵力，并将全部经费的 35% 用于对付中国。其结果，日军"南进"之后，尽管海军一度势如破竹，占领了西太平洋的辽阔地区，但陆军只能抽出 20% 的兵力配合占领[①]；而受中国战费支出的制约，海军舰艇和飞机的扩充到 1942 年也到

---

① 李雯：《国际视野下的中国抗日战争》，《天津市社会主义学院学报》2015 年第 2 期。

了极限。二是资源获取渠道萎缩,战争资源迅速走向枯竭。在"南进"之前,日本对华作战必需的石油、钢铁等资源尚能从英、美等国及其控制的殖民地购入。珍珠港事件之后,不但从美国进口的渠道完全断绝,由于中国军民的顽强抵抗,日本也无法实现从中国攫取资源的企图;东南亚资源虽然比较富饶,但1943年之后美军的海上封锁日益严密,难以运至日本本土。因此,到1944年日本军需生产已"完全陷于崩溃状态"①。三是中、苏与美、英合作夹击,日本两面受敌,本土难全。中、美对日宣战后,中国在坚持本土抗战的同时,还派出大量兵力入缅与英美协同作战;同时,中、美空军还以中国大陆为出击地和落脚点,对日本本土实施大规模轰炸,使日本飞机生产能力下降60%～70%,煤电产量下降50%,石油储备下降59.9%,战时经济濒于崩溃,军民战争信心遭到沉重打击②。

四　资源黑洞效应:始避终现

近代日本建设海洋强国直接服务于其攻势国防战略。从各国战略实践看,攻势战略一般要比防御型战略需要更多的战略资源;而且属于容易树敌的战略,很容易增加新的敌人,从而导致战略成本投入滚雪球式地增加。

(一) 明治时期游走于资源黑洞的边缘

明治日本的战略目标以打败中、俄大国为要。然而,该时期的日本人口不过4000多万,国土不及中国的1/20,与中、俄为敌只能倾国力而战,具有"赌国运"的性质。在甲午战争前后两年,日本为了备战,共投入军费2.4亿日元,相当于1894年日本全国公司资本总和的2.45倍③;为凑

---

① 〔日〕日本历史学研究会编《太平洋战争史》(第4卷),金峰等译,商务印书馆,1962,第66页。
② 纪树:《二战中美军对日战略轰炸的"艺术"》,《中国国情国力》2002年第4期。
③ 〔日〕依田憙家:《简明日本通史》,卞立强等译,上海远东出版社,2004,第250～251页。

足战争费用、扩充海军军备，上至天皇、下至小民均捐资助战，全国竟有7.4%的人口参加捐献，连孩子的零花钱、妓女的嫖资都被收罗①。到甲午战争结束时，日本已"倾全国之精锐"，"沿海守备几乎空虚"，而"国内守备兵力"之少，"早呈不能控制之势"②。而在日俄战争时，日本海军舰艇总吨位扩充到甲午战争前的4.5倍，导致"在生产力和财政方面"，"有着巨大困难"，在17.2亿日元的战费支出中，22%是通过不断增税所得，38%是国内发行债券筹得，40%不得不通过向英、美筹集外债解决③。战争结束时，日本参战总兵力达到108万人，是常备兵力的5倍，"日军缺员已难以补充，乡村已无多余的壮丁"④。换言之，此时的日本人力资源已到最大限度，财力资源主要依靠借债和战争。

由此可以看出，早在明治时期，在攻势战略下，日本以海军军备为主的海洋强国建设就已接近其当时国力的极限，处于资源黑洞边缘。日本之所以能够在这两次战争中取胜，很大程度上是因为中国、沙俄都存在严重的政治腐朽、内政不稳、当权者继续战争的意志不坚决等问题；而日本当权者之所以在甲午战争后面对"三国干涉还辽"忍辱退让，在日俄战争后面对沙俄拒绝战争赔款的局面仍执意签署和约，也都有战争资源陷入枯竭的原因。

（二）大正、昭和时期一步步陷入资源黑洞

明治时期，日本建设海洋强国还能顾及国力、财力的局限性，对外战争尚可"止于不得不止之处"。到了大正和昭和时期，则战争越打越大，对手越打越多，一步步跌入了资源黑洞，尤其是日军"南进"、对英美开战后，日本海军建设的资源黑洞效应就空前凸显出来。

在开战前，日本海军军舰吨位相当于美军的70%，作战飞机数量与美

---

① 关捷等总主编《中日甲午战争全史》（第1卷），吉林人民出版社，2005，第315页。
② 〔日〕中塚明：《还原历史的本来面目——日清战争是怎样发生的》，于时化译，天津古籍出版社，2004，第196页。
③ 〔日〕依田憙家：《简明日本通史》，卞立强等译，上海远东出版社，2004，第261页。
④ 穆景元等：《日俄战争史》，辽宁大学出版社，1993，第355页。

军可用于对日作战的飞机数量大体相当。然而，美国工业产值是日本的 9 倍，造船能力是日本的 4～5 倍，飞机制造能力是日本的 10 倍[1]；而在钢铁、石油等基本资源储备方面，日本更难以望美之项背。战端开启后，为尽量缩小与美军的差距，日本"把资金、资材、劳动力一切都集中到军需生产方面"，1944 年军需开支增加到 1941 年的 3 倍，占当年国民生产总值的 41%，非军需开支被强行压缩到国民生产总值的 38.9%；为解决军工生产劳动力不足的问题，强征 12～39 岁的未婚妇女参加劳动，甚至动员聋哑人、盲人到飞机制造厂工作；为解决兵员不足问题，把男子服役年龄的范围扩大到 15～60 岁。尽管如此，日本的战争资源消耗仍远远超过其掠夺、动员努力的成果，其结果是"在军事失败之前战争经济已经崩溃"[2]。

第三节　日本海洋强国地缘政治效应的形成原因

纵观近代以来日本的海洋强国建设，在地缘政治效应的把握与应对上，明治时期能够把握各类地缘政治机遇，积极消除诱发不利地缘政治效应的因素，到大正和昭和时期则缺乏对自身自然地理与地缘环境的准确分析，缺乏对地缘政治态势的策略塑造，更缺乏灵活应对不利地缘政治效应的多样手段，各类不利地缘政治效应持续作用，终致建设海洋强国走向失败。

一　对地缘政治机遇十分敏感并善于把握

自明治维新到大正中期，日本的海洋强国建设能够对地缘政治环境做出较为清醒的判断，对海洋强国建设导致的地缘政治效应能够有前瞻性的研判，并采取有效措施兴利除弊，实现本国地缘政治利益的最大化。

---

① 〔日〕外山三郎：《日本海军史》，龚建国等译，解放军出版社，1988，第 131～132 页。
② 〔日〕日本历史学研究会编《太平洋战争史》，金峰等译，商务印书馆，1962，第 65～66 页。

第一，顺应东亚地缘政治从封闭走向开放的大变局，做出建设海洋强国的战略决策。在古代东亚地缘政治环境中，日本的存在是独立的、安全的和孤独的。在古代农业社会，日本单凭自身国力根本无法超越中国和摆脱在地区的边缘化；由于古代航海技术的落后，日本的外交圈子被局限于东北亚，也很难在更广的范围内纵横捭阖，无论是寻求盟友制衡中国，还是实现霸权野心。公元663年的"白村江战役"和16世纪末丰臣秀吉侵朝的惨败，均反映出地缘战略环境对日本统治者称霸东亚雄心的巨大制约。然而，当历史进入近代，封闭性的古代东亚地缘政治体系被欧美列强的坚船利炮击成碎片，东亚被逐步纳入欧美主导的全球政治体系中，从而使日本地缘战略环境为之一变。首先，"西力东渐"为日本摆脱地区"孤独"提供了条件。日本尽管与其他东亚国家一样，面临列强殖民侵略造成的民族危机，但战略视野和活动空间却骤然开阔。可以设想，如果传统的东亚地缘政治环境未被打破，日本就难以摆脱地区"孤独"，成就海洋军事强国。

其次，19世纪末，西方列强角逐东亚的新地缘政治格局的形成，为日本在崛起过程中，利用矛盾拓展国际战略空间，寻求盟友弥补自身实力之不足提供了现实的可能性。

最后，欧美列强对日本的地缘价值定位为日本与欧美强国为伍、实施侵略扩张提供了诱因。如前所述，在19世纪60年代，英国驻日使节就提出过利用日本对抗俄国的建议①。到70年代，美国的驻日使节进一步明确提出把日本变成"列强的同盟者"②。由此可见，在欧美殖民者眼里，日本的主要价值不在于财富和市场，而主要体现在地缘战略及作为殖民帮凶上。这就为日本的对外政策提供了选择余地——如果它转换外交政策取向，为列强的东亚政策服务，就可能实现自保乃至坐大于"东洋"。

东亚地缘政治环境的开放、列强逐鹿东亚以及对日本地缘价值的青

---

① 井上清『条約改正』岩波書店、1963、6頁。
② 王芸生编著《六十年来中国与日本》（第1卷），生活·读书·新知三联书店，2005，第106页。

睐，都蕴含着对日本国策走向很具诱惑力的因素。对于这些机遇和利好，日本明治政府都看在眼里，毫不犹豫地走上了结好欧美列强，"开拓万里波涛"，不遗余力扩张海军军备，掠夺邻国以自肥的战略路线。1894年，日本把明治维新初步成功焕发出的国力凝聚在"刀锋"，在英美等国的暗中支持下，侵掠朝鲜，发动和中国的甲午战争并取得了胜利。

第二，及时发现并充分利用国际地缘政治矛盾，争取外援以达成海洋强国目标。在明治时期，日本走向海洋强国离不开两大条件：一是军费；二是某一列强的支持。在当时，作为近代化后进国家，日本经济近代化虽然成效明显，但财富积累是个渐进过程，日本要在短时间内建设压倒战争对手的海军，势必面临财政上的瓶颈；同时，在列强环伺的东亚，要与其中一国决战，没有另一强国的支持也难以取得胜利。而在这方面，明治政府表现出了不凡的战略判断力和决断力，先是利用英美等列强与中国的矛盾，挑起甲午战争；后又利用英、美与沙俄之间的矛盾，建立英日同盟，击败沙俄。在这两次战争中，日本不仅在军费筹措上得到了英、美的帮助，甚至在日俄战争中还得到了英国的战略策应。纵观整个明治时期，缔结英日同盟并坚持20年之久，可谓日本地缘政治战略的成功之作。这个同盟的存在，不仅有效缓解了海军扩军军费不足的问题，而且对日本打赢战争和战后保护战争成果不被其他列强掠食起到了重要作用。

二　能够统一筹划、理性消除负面地缘政治效应

明治时期至大正初期，日本建设海洋强国过程中，针对内外阻力，加强整体统筹，逐步争取主动，有效地消除了不利的地缘政治效应。

第一，坚持统一筹划、持之以恒发展和运用海军。在近代中日地缘战略竞争中，海军发挥着关键性作用，黄海海战的结果可谓决定两国东亚地缘政治地位的分水岭，此后中国在亚洲完全陷入人为刀俎、我为鱼肉的境地，而日本则一步步跻身列强行列。然而，以开战前中日两国的国力、军力看，中国国民生产总值是日本的8倍，军队尤其是海军的规模、装备与日本不相上下，日本之所以能在军力对比相近、国力规模仍逊于中国的情

况下获胜，根本原因不在于疆场善战，而在于战前的筹划和战争准备。

首先，日本在 1882 年"壬午兵变"后，就抱定了与中国一战之决心，竭力发展海军。1882 年 8 月，山县有朋就指出，"现今欧洲各国，与我相互隔离，痛痒之感并不急迫"，而中国的崛起已成为日本的"燃眉之急"，"我邦若是不恢复尚武之遗风，不扩张陆海军，以我国为一大铁甲舰而力展四方……那么，我曾藐视的直接附近之外患，必将乘我之弊"①。当年，日本天皇下达敕令，不顾财政收入无增的事实，将海军经费翻一番，并为此专门增加税负，即使"人民怨恨"，也"不足为虑"。与之相比，中国虽然国力基础优于日本，但海军建设三心二意，海军投入处处受到掣肘。

其次，日本很早就制订了完善的海军军备及战争计划，并在明治天皇的统领下，改革军制、统揽陆海军发展。早在 1887 年，日本就制订了针对中国的战争计划《清国征讨方略》，不仅提出了基本的进攻策略和军备要求，甚至详细说明了如何停战、如何善后处置；1888 年，山县有朋又向政府提出长篇《军备意见书》，提出了具体的军制改革要求和海军军备要求。1889 年，日本颁布《大日本帝国宪法》，明确规定天皇"统帅陆海军"、批准内阁组成，实现了军令、政令的高度统一。与之相比，中国不但未能及早制定战争规划，而且始终政出多门，甚至在战端开启后仍不能实现军令的统一。

甲午战争后，日本在与沙俄的地缘政治较量中，在战略筹划、海军军备、战争指导方面，同样比沙俄胜出一筹。在战略筹划方面，在"三国干涉还辽"后，日本统帅层就下定了"卧薪尝胆"、与沙俄一战的决心，制订了详细的战争计划，并在外交上实现了与当时海洋霸主英国的军事结盟；在海军军备方面，日本表现出赌徒般的执着，不但将甲午赔款的 90%用于发展军事工业、购置战舰，而且不惜以高额利息向他国举债；在战争指导方面，日本战时军令、政令出自天皇一人，举国倾力而战。与之相比，沙俄虽然也加强了军备，将海军军费增加一倍，并加紧远东铁路网建

① 米庆余：《近代日本东亚战略和政策》，人民出版社，2007，第 111～112 页。

设，增加陆军部署，但沙俄高层不但极度轻视日本的国力、军力，甚至认为俄国单靠陆军就可以对付日本，"日本在满洲大陆上越深入接近俄国，它的失败就越具有决定性"；而且十分轻视日英同盟的作用，认为"各国根本没有实力帮助它"①。而日俄战争的结局，再次证明了强大的海军及其获取的制海权在战争中的巨大作用，也证明了一国一旦海军不敌、制海权丧失，陆战势必会陷入多路防御、防不胜防的被动局面。

第二，保持战略定力和战略自制，以战略隐忍控制战后局势。明治时期的日本属于近代化后起之国，相比于欧洲大部分列强，国土、人口都无优势，虽然两战两胜，但都是倾国库、赌国运之战，在战局控制上始终缺乏雄厚的国力支撑。因此，无论是甲午战争，还是日俄战争，抑或是战后处置，日本都非常重视战略自制，即在战争中取得决定性战役胜利后迅速转入政治解决，防止战事久拖；在战后，对军方无限扩张的冲动有所遏制，防止与其他列强的矛盾激化而丢失胜利果实。比如，在甲午战争中，当日军完全夺取黄渤海制海权后，制止了陆军直捣北京的冲动，防止战后丧失交涉对手；在逼迫清政府签订《马关条约》割取台湾后，为避免英国的疑虑，很快宣布澎湖列岛"不设防"；在遭遇"三国干涉还辽"之后，能清醒认识国力、军力之不足，咬紧牙关，压制国内反对声音，接受俄、法、德的"还辽"劝告。同样地，在日俄战争期间，尽管日军已尽得制海权且赢得了奉天战役的胜利，但考虑到"敌在其国内尚有强大兵力，而我已用尽全部兵力"，而及时考虑媾和问题。在媾和谈判中，日本政府最后指示谈判代表，"鉴于作为开战目标的满韩重大问题既已获得解决"，"纵使不得已放弃赔款、割地两项要求，亦须于此时完成媾和"②；在媾和之后，为缓解美英商界的忧虑，又宣布其控制的南满地区开放通商。

三　无节制扩张不断强化对手聚合效应

纵观近代日本对外扩张，明治时期尚能保持较强的战略理性，每一次

① 董至正：《日俄战争始末》，东北财经大学出版社，2005，第142～143页。
② 董至正：《日俄战争始末》，东北财经大学出版社，2005，第344页。

重大扩张行动都能谨慎研判英国、法国、美国等列强可能做出的战略反应，尽量避免行动过激引发列强反弹而丧失扩张成果；而进入大正时期以后，日本战略野心愈发膨胀而难以自制，导致与中国、与列强之间的战略矛盾不断扩大、激化，最终陷入与世界为敌的境地而彻底战败。自日俄战争结束至珍珠港事件爆发，日本在三个历史关节点的错误选择最终把日本军国主义导向了不归路。

第一，在第一次世界大战期间向中国强推"二十一条"，此举不但把甲午战争后日本对华"怀柔政策"的成果全部抵消，使中日矛盾在中国与列强的矛盾中迅速突出，而且扩大了日本与英国、美国、法国等列强的矛盾。

第二，发动全面侵华战争，此举不但使中日矛盾进入你死我活的完全对抗境地，而且使美、苏、英等国看穿了日本侵吞中国的野心，不断加强对中国的援助。

第三，袭击珍珠港、大举南进，此举使美、英等国乃至后来的苏联最终与中国站在一起。珍珠港事件后，当拥有四万万人口的中国和拥有强大工业基础、海上实力的英美结成陆海同盟时，日本迅速陷入了陆海战略夹击态势，不到 5 年就走向了覆灭。

四　战略目标不断扩大导致资源黑洞效应

海洋扩张离不开巨额财富和庞大的工业生产能力作支撑。日本作为一个国土狭小、人口有限的岛国，财力、工业生产能力都是很有限的，远逊于美国和英国。也正因为如此，在明治时期，日本政界、军部才在对外扩张中小心翼翼，避免与美、英对抗。日本海军内部头脑清醒的将领如山本权兵卫、山本五十六等，都认为日本海军是无法与美国海军进行长期战争的。然而，进入 20 世纪 30 年代之后，日本对中国大陆的扩张从有限战争走向了全面战争；到了 1936 年，日军的"用兵纲领"把美、苏、英、法等世界军事强国都纳入了交战对象。卢沟桥事变发生后，当年日本军费占财政总支出的比例从上一年的 10.9% 猛增到 45.8%，到 1940 年进一步增到 69.4%，外汇储备和黄金储备已消耗殆尽；到 1939 年日本从本土及中国台湾、朝鲜、中国东北、中国华北所谓"日元区"所掠取的资源，已经不能充分满足对华全面战争的需要①。结果，日本军部把目光投向了东南亚，不惜与英美一战，以得到"日元区"不能满足的资源供应。然而，从经济角度看，南进及与英美一战的结果，无疑使日本陷入了更大的资源黑洞效应。尤其具有讽刺意味的是，日本海军决意南进的主要战略理由是夺取英美等国在该地区控制的石油资源以支撑战争机器运转，然而等到占领这些地区夺取油田之后，生产的原油却因盟国的袭船战难以运回国内，到1944年下半年已不能从东南亚运回一滴油了。当年8月，日本小矶内阁提出的题为《帝国国力的现状》的文件中不得不承认："运输能力剧减，库存物资枯竭，国民生活必需品压缩到极限"，"国民生活困苦，目前的主食只能维持基本定量"，"到本年年底，国力的弹性将消失殆尽"②。

五　陆海双向扩张引发陆海同害效应

在国家安全战略领域，陆海统筹的课题似乎只有陆海复合型国家才可能遇到，对于完全意义上的内陆国家或四面环海的岛国而言，陆、海之间何为重点不言自明。然而，对近代日本而言，其面临的问题在于，其海洋强国建设的主要目的不是控制海上通商，而是服务于大陆政策。结果，明治时期海洋强国建设的成功，使得日本吞并了朝鲜半岛、盘踞于中国东北，客观上具有陆海复合的属性，决策层必然面临陆、海两个方向的战略统筹问题。

从国际实践看，作为陆海复合型大国，当陆、海某一方向安全压力较大或居于进攻态势时，合理的选择应该是在二者之间明确主从和资源分配重点，并力图避免陆军和海军建设和运用的冲突。然而，日本作为岛国的本色决定了海军必然在国防中拥有重要地位，同时日本陆军在明治政权建

① 〔日〕中村隆英：《日本经济史（7）——"计划化"和"民主化"》，厉以平译，生活·读书·新知三联书店，1997，第31~39页。

② 〔日〕中村隆英：《日本经济史（7）——"计划化"和"民主化"》，厉以平译，生活·读书·新知三联书店，1997，第35~37页。

立过程中厥功至伟，在国内政治中又太过强大，这使得日本陆、海战略统筹的难度远远大于一般意义上的陆海复合型大国。早在明治时期，日本海军就深受马汉海权论和佐藤铁太郎"岛屿帝国理论"的影响，力主学习英国，专意于海洋扩张，反对大陆政策。在日俄战争前夕，当陆军首脑向海军征求处理朝鲜问题的意见时，海军实权人物山本权兵卫甚至表示："朝鲜不要也可，帝国只要守住固有领土就足够了。"不过，由于明治时期日本统治集团中存在诸如伊藤博文、西园寺公望等具有军政统筹意识和战略眼光的元老，陆海两方向的战略矛盾尚能得到控制。然而，进入大正、昭和时期以后，日本军队少壮派占据了朝野，政治家倒成了军部的追随者，只能对陆海军战略和体制上的矛盾采取"和稀泥"的方式弥缝。以至于日本内阁在审议军费预算时，出现过干脆由陆海军对半分的荒唐现象；到20世纪30年代后期，面对陆海军的"北进"与"南进"之争，最后统合的结果还是"和稀泥"——"南北并进"，这说明日本内阁的战略决策未认真考虑日本的国力能否承受的问题。

第五章　法国海洋强国地缘政治效应研究

法国是西欧面积最大的国家，本土陆地面积 55 万平方公里，地形以平原和丘陵为主，地势东南高、西北低[1]。法国边界大致呈六边形状态，三面濒海，三面临陆。陆上，西南以比利牛斯山与西班牙隔离，东北与比利时、卢森堡、德国接壤，多为低地、丘陵，东面与德国、瑞士、意大利相邻，多为高原、山地。海上，南面濒临地中海，西面靠比斯开湾，西北直面英吉利海峡。这种陆海多向对外连通开放的状态，使得法国拥有比俄国优越得多的自然地理条件，成为欧洲各国中最少与世隔绝、最不"闭塞"的国家之一。考察法国建设海洋强国中的地缘政治效应，首先应从其地缘政治特征入手，详尽梳理其建设海洋强国的主要阶段，方能归纳出可信的地缘政治效应。

第一节　法国海洋强国的战略演进

自查理曼称帝以来，法国先后 9 次大规模重建海军，分别为：第一次百年战争后，法国海军第一次重建；意大利战争、三十年战争后，黎塞留、柯尔培尔第二次重建；第二次百年战争初期，第三次重建；七年战争后，第四次重建；拿破仑战争初期，第五次重建；特拉法尔加海战后，第六次重建；普法战争前，第七次重建；普法战争后，第八次重建；二战后，第九次重建。在法国追求海权的征途上，累计 13 次出现较大规模的陆海同害效应。1200 余年历史大致可分为以下三个阶段。

---

① 中国地图出版社编著《世界地图册》（地形版），中国地图出版社，2011，第 219 页。

一　捍卫自身海洋安全阶段

（一）查理曼帝国三分前后，海盗、游牧民族海陆入侵法国

从 768 年到 814 年，查理曼的东征西伐，奠定了今天法国这个陆海兼备大国地位的地理基础。他北伐征服了德意志西北部，东征打败了匈牙利，南伐吞并了伦巴第王国，西讨控制了比利牛斯山及以北地区。到 8 世纪末，查理曼帝国已从北海扩展到比利牛斯山脉，从大西洋扩展到斯拉夫人诸国①，成为一个几乎控制整个西欧大陆的陆海兼备大国。但即使地缘优势如此明显（几乎控制了整个欧洲，包括英格兰岛屿），来自海上和陆上的入侵也让其难以应对。

当时海上的入侵主要来自两个方面。一方面是南方的穆斯林海盗。自 793 年开始，来自北非的海盗就频频攻击下朗格多克地区②。他们先后征服了克里特岛和西西里岛，袭击了法国在地中海沿岸的所有地区，给海上贸易以严重破坏。另一方面是北方的维京海盗。这个方向是当时海上威胁的主要方向，法国遭受侵略的范围最广、危害最严重。维京人是堪与陆上游牧民族相比的海上游牧民族。他们制造的船只吃水浅、速度快、灵活性强，甚至可以一直西行到达冰岛、格陵兰岛乃至北美大陆。维京人不断袭击欧洲西海岸，甚至穿过直布罗陀海峡，掠夺地中海两岸。维京人在今天的法国北部沿海站住脚后，甚至一度攻入了今天的法国巴黎乃至更南一些的地区。在 9、10 两个世纪里，维京人大举入侵法国多达 47 次③。

与此同时，陆上威胁主要来自东方。撒克逊人在 838 年和 842 年杀入罗纳河谷，直抵阿尔，直到 972 年至 973 年才被驱逐出去④。继匈奴人和阿瓦尔人的骚扰之后，来自中亚的另一支游牧部族马扎尔人，于 895 年到

---

① 〔美〕L. S. 斯塔夫里阿诺斯：《全球通史：1500 年以前的世界》，吴象婴等译，上海社会科学院出版社，1992，第 320 页。
② 〔英〕琼斯：《剑桥插图法国史》，杨保筠等译，世界知识出版社，2004，第 44 页。
③ 吕一民：《法国通史》，上海社会科学院出版社，2002，第 29 页。
④ 〔英〕琼斯：《剑桥插图法国史》，杨保筠等译，世界知识出版社，2004，第 44 页。

达匈牙利平原，他们仿效匈奴人和阿瓦尔人，侵袭了周围各国①。最终，法国在"穆斯林、马扎尔人和维金人的三面夹击下土崩瓦解，西欧再次成为屠宰场"②。陆海三面受敌，再加上内乱不已，查理曼帝国最终惨遭覆灭。此后，法国进入了长达近 600 年的诸侯割据时期。

（二）第一次百年战争（1337～1453 年）期间，撒克逊、勃艮第国家海陆夹击法国

对法国而言，第一次百年战争从一开始就是灾难性的。在海上，1340 年法国舰队在布鲁日外海被摧毁，法国海军损失了 1.6 万～1.8 万人，包括那些与舰队共存亡的指挥官。斯勒伊斯的失败对法国称霸海洋的野心给予了沉重打击。法国基本丧失了制海权。在陆上，南部、北部的公国煽动改革，国内各派系之间的陆战层出不穷。四分五裂的法国在英国及其勃艮第同盟的陆海夹击下，节节败退。英国征服法国的企图，到克雷西（1346 年）和普瓦蒂埃（1356 年）两战大胜时，几近成功③。1415 年，亨利五世入侵诺曼底并控制了卢瓦尔河④，又使得法国北部大部分领土落入了盎格鲁 – 勃艮第人之手，法国只保住了南部领地⑤。所幸法国圣女贞德的复国运动扭转了法国的被动局面。再加上法国人在陆上开始采取焦土策略，最终将英国人基本赶出了诺曼底⑥。

二　争夺世界海洋霸权阶段

这一阶段，主要是从意大利战争爆发至普法战争结束，前后跨越近

① 〔美〕L. S. 斯塔夫里阿诺斯：《全球通史：1500 年以前的世界》，吴象婴等译，上海社会科学院出版社，1992，第 321 页。
② 〔美〕L. S. 斯塔夫里阿诺斯：《全球通史：1500 年以前的世界》，吴象婴等译，上海社会科学院出版社，1992，第 322 页。
③ 〔英〕杰弗里·巴勒克拉夫：《泰晤士世界历史地图集》，毛昭晰等译，生活·读书·新知三联书店，1985，第 141 页。
④ 〔英〕杰弗里·巴勒克拉夫：《泰晤士世界历史地图集》，毛昭晰等译，生活·读书·新知三联书店，1985，第 150 页。
⑤ 〔英〕琼斯：《剑桥插图法国史》，杨保筠等译，世界知识出版社，2004，第 117 页。
⑥ 〔英〕琼斯：《剑桥插图法国史》，杨保筠等译，世界知识出版社，2004，第 119 页。

380 年，可分为三个较长时段。其间，法国先后遭受了 11 次较大规模的陆海同害。这 11 次较大规模的陆海同害依次发生在意大利战争、"大同盟"战争、西班牙王位继承战争、七年战争和拿破仑战争（七次反法同盟）期间。

（一）意大利战争（1494～1559 年）期间英国、瑞士海陆夹击法国

第一次百年战争后，经过 40 多年的发展，法国国力远远超过欧洲其他国家。瓦卢瓦王朝"彻底改变了法国的形状和版图"①，开始了陆海扩张的步伐。意大利战争，实际上是法国与神圣罗马帝国授权的哈布斯堡王朝之间的斗争②。为防止法国独霸欧洲大陆，哈布斯堡王朝"在欧洲舞台建立了近代国家均势格局"③。而这种均势对法国而言，就是处于英国、西班牙和哈布斯堡王朝的陆海包围中。哈布斯堡家族与勃艮第王室之间（1477 年），哈布斯堡－勃艮第与西班牙王室之间（1496 年），构筑了联姻体系。英国也加入了法国和哈布斯堡－西班牙两大强国（或强国集团）相互对峙的游戏。这是法国第三次面临陆海夹击的威胁。不同于前两次，这次主要是法国陆海同时扩张造成的，其"野心不但超越米兰，还指向西班牙也想染指的那不勒斯"。战争中，欧洲列强充分利用了法国陆海兼备的地缘特征，结成反法的陆海联盟。德意志计划出兵意大利，携手西班牙从南面侵入法国，同时，英国从北面进攻法国。1512 年夏，瑞士派出12000 多名士兵将法国人赶出了意大利，陆上长驱直入，进抵第戎④，1513 年又挫败了路易十二夺回米兰的努力。与此同时，英国亨利七世攻打法国北部边境，形成了陆海夹击法国之势。为扭转陆海同害局面，法国

---

① 〔英〕琼斯：《剑桥插图法国史》，杨保筠等译，世界知识出版社，2004，第 122 页。
② 〔英〕琼斯：《剑桥插图法国史》，杨保筠等译，世界知识出版社，2004，第 125～126 页。
③ G. R. Potter, *The New Cambridge Modern History*, *Volume Ⅰ : The Renaissance 1493 – 1520*, London：Cambridge University Press, 1975, p. 50.
④ G. R. Potter, *The New Cambridge Modern History*, *Volume Ⅰ : The Renaissance 1493 – 1520*, London：Cambridge University Press, 1975, p. 297.

于 1516 年以经济特惠权换取了瑞士陆上停战,并且瑞士承诺其军队将永远不被用来反对法国①。这样,陆上最严重的威胁消除后,法国得以腾出手来对付英国的海上威胁。英国在失去陆上同盟后,很快就放弃干涉欧洲大陆事务。

意大利战争的结束,并没有让法国解决陆海两害的问题,反而造成法国几乎完全被西班牙哈布斯堡王朝的领土包围的困境:从西班牙本土经巴利阿里群岛、撒丁岛和西西里岛,到那不勒斯、托斯卡纳的港口、帕尔马和米兰,以及科西嘉岛、热那亚和与弗朗什孔泰接壤的萨伏依-皮埃蒙特和尼德兰②,对法国构成了一个较为严密的陆海包围圈。唯一缺口就是法国北部的不列颠群岛。而在玛丽·都铎和腓力二世联姻期间(1554～1558年),包围圈完全没有缺口,而且基本上牢不可破③。

意大利战争结束后,法国又因宗教等问题陷入了长期的内战,无暇他顾。哈布斯堡王朝对法兰西的"包围圈"日益缩紧。内战结束后,法国发现,若是能够与苏格兰和英格兰结盟的话,就可使哈布斯堡王朝的陆海包围不攻自破。为此,法国采取了讲求实效的方针,将孤立、削弱哈布斯堡王朝实力作为对外政策的长期目标,改善并保持了与英国的友好关系。三十年战争(1618～1648年)中,法国联合瑞典、英国、荷兰等海权国家,反过来陆海夹击哈布斯堡王朝,最终取得了胜利。《威斯特伐利亚和约》和《比利牛斯和约》的相继签订,使法国取得了除斯特拉斯堡以外的阿尔萨斯大部分,确认了对梅斯、土伦和凡尔登等三个主教区的管辖权④,成为当时欧洲大陆首屈一指的强国。至此,法国自 1559 年以来长期遭受哈布斯堡王朝陆海包围的局面,得到了彻底改变。

---

① G. R. Potter, *The New Cambridge Modern History*, Volume Ⅰ: *The Renaissance 1493 - 1520*, London: Cambridge University Press, 1975, p. 208.

② R. B. Wernham, *The New Cambridge Modern History*, Volume Ⅲ: *The Counter - Reformation and Price Revolution 1559 - 1610*, London: Cambridge University Press, 1968, p. 209.

③ R. B. Wernham, *The New Cambridge Modern History*, Volume Ⅲ: *The Counter - Reformation and Price Revolution 1559 - 1610*, London: Cambridge University Press, 1968, p. 209.

④ 张芝联主编《法国通史》,北京大学出版社,1989,第 107 页。

（二）第二次百年战争（1688～1815年）期间英国联合欧陆邻国海陆夹击法国

史学家把1688～1815年这段时期发生的战争称为英法之间的第二次百年战争。它由一系列的战争组成，主要有前、中、后三个部分：一是路易十四发动的四次战争；二是七年战争；三是拿破仑战争。此外还包括法国支持美国独立而与英国的战争。与第一次不同，这次是世界性的战争，两个国家不仅在欧洲比拼，甚至还将战争扩大到海上以及非洲、亚洲和美洲大陆。然而这次再没有圣女贞德出现，法国最终一败涂地。

这127年又可分为四个时期。

第一个时期，可称为路易十四的四次战争时期（1688～1713年）。路易十四利用奥地利和西班牙均被击败、英国（英荷海上争霸如火如荼）有求于法国的有利时机，在日渐充实的国库支撑下，先后发动了遗产继承战争（1667～1668年）、法荷战争（1672～1678年）、"大同盟"战争（九年战争，1688～1697年）和西班牙王位继承战争（1701～1713年）四次对外战争。法国陆海并进，先有小成，后又损失殆尽。其间，法国两次遭受严重的陆海同害。

1688年，法国大型战舰增至120艘[1]，拥有了欧洲最强大的舰队，英格兰、荷兰、西班牙和葡萄牙的海军实力在17世纪变得异常衰微[2]。摆脱陆海同害困境的法国还建立起了一支装备精良的陆军：1672年拥有陆军正规部队18万人，数年后达到45万人[3]。在陆、海军的支持下，法国在北美密西西比河流域建立了路易斯安那殖民地，一个庞大的海外殖民帝国逐渐成形。如此巨大的陆海优势，使得法国难以控制陆海扩张的欲望。按照路易十四的设想，其国界应以自然地理的天然界线为界，也就是以莱茵

[1] J. S. Bromley, *The New Cambridge Modern History*, Volume Ⅵ: *The Rise of Great Britain and Russia 1688–1715/25*, London: Cambridge University Press, 1971, p. 224.

[2] J. S. Bromley, *The New Cambridge Modern History*, Volume Ⅵ: *The Rise of Great Britain and Russia 1688–1715/25*, London: Cambridge University Press, 1971, p. 790.

[3] 张芝联主编《法国通史》，北京大学出版社，1989，第117页。

河、阿尔卑斯山和比利牛斯山等地为其国境分界线。为追求更大的利益，实现法国的"天然国界"，路易十四迅速走向了陆海同时扩张的道路。

　　法国通过遗产继承战争迫使西班牙签订了《亚琛和约》，夺得了部分西属尼德兰领土，但未能实现其"天然国界"的全部预定计划。法荷战争及1684年法国与荷兰达成的《雷根斯堡停战协定》，使得法国的东北部及东部国界得到了较大的扩展，荷兰的海上贸易优势荡然无存，法国的海外贸易得到迅猛发展。该协定"标志着法国从此进入了在欧洲最强盛的时期。此刻，路易十四如能就此止步，他在战争中建立起来的优势或许可以保持得更加长久一些"①。但是，路易十四热衷于海外殖民扩张，结果不但将前两次战争的成果损失殆尽，而且遭遇了陆海包围的困境。

　　为了防止法国独霸欧洲，在"大同盟"战争和西班牙王位继承战争中，欧洲各国又采取了陆海夹击法国的策略。在陆上，英国只有投入全部力量，联合大陆上其他小国，才可能对付法国组织良好、规模空前的陆军（在最大动员限度时不下50万人）；只有在尼德兰集中所有力量才能决定性地摧毁法军主力。在海上，"法国的战线只有海上强国协同作战才可能打破"②。因此，威廉三世最终决定从海上包围法国，协同陆军威胁法国南部，便于盟国干预伊比利亚半岛，限制法国对英荷更重要地区的进攻潜力③。鉴于一旦攻占土伦港，英国就可以此为依托，从海上源源不断地运送兵力登陆法国，进而打开向巴黎进军的通道，因此"大同盟"战争一开始，英国人就充分利用海上力量支援欧根围攻法国南部的土伦港，并集中力量于马尔巴勒的军队，从北部进攻法国。

　　战争中后期（1693年），无论在海上还是陆上，法军都取得了胜利。

---

① 方连庆、王炳元、刘金质主编《国际关系史》（近代卷上），北京大学出版社，2009，第18页。

② J. S. Bromley, *The New Cambridge Modern History*, *Volume Ⅵ: The Rise of Great Britain and Russia 1688 – 1715/25*, London: Cambridge University Press, 1971, p. 18.

③ J. S. Bromley, *The New Cambridge Modern History*, *Volume Ⅵ: The Rise of Great Britain and Russia 1688 – 1715/25*, London: Cambridge University Press, 1971, p. 797.

海上，英国、荷兰等在地中海护航的行动遭到法国舰队的破坏。陆上，法军几乎在所有主战场掌握了主动权。"大同盟"战争的最后一个夏季（1697 年夏），"法国不可抗拒地如以往一样试图通过海上或陆上战争来控制那些具有最起码的重要性的战场"①。

但是，法国在西班牙和意大利取得的胜利，无法迫使同盟国家停止作战②。路易十四设想的速决战变成了消耗巨大的持久战。这充分体现了陆海兼备大国在面临陆海进攻时常常会陷入困境。1697 年的《里斯维克和约》结束了为期九年的"大同盟"战争，交战双方在战争中各有得失。

"大同盟"战争后，法国继续其陆海扩张的政策，随后又爆发了西班牙王位继承战争。陆上，法国与奥地利和荷兰等交战。从陆上看，法国可以轻易打赢这场战争：当时法国的军事力量几乎等于整个反法联盟的力量；法国地理位置居中，交通线比敌方短；军事指挥权集中于一人③。但海上劣势让法国输掉了这场战争。在 1702 年，西地中海实际上还是法国的内湖，法国舰队的存在本身就对英荷构成潜在威胁④。但到了 1704 年，英国利用海军优势和西班牙海岸线长、防御力量薄弱的缺点，轻易取得了直布罗陀。法国舰队试图夺回该地失败后，法国微弱的海上优势彻底消失了，英国掌握了西地中海的战略主动权。不但法国和西班牙的海上贸易受到严重遏制，而且沿海港口如土伦港也屡受攻击。陆海夹击之下，法国的陆上优势逐渐消耗殆尽。当反法盟军兵临土伦城下时，"法军眼看自己的舰队有遭到毁灭的危险，便把部分舰只自己凿沉，但又由于法国造船厂缺乏经费，一时不能打捞和修复这些战舰，从而使得地中海成为英国海军耀

---

① J. S. Bromley, *The New Cambridge Modern History*, *Volume Ⅵ：The Rise of Great Britain and Russia 1688 - 1715/25*, London：Cambridge University Press, 1971, p. 252.

② 方连庆、王炳元、刘金质主编《国际关系史》（近代卷上），北京大学出版社，2009，第 18 ~ 19 页。

③ J. S. Bromley, *The New Cambridge Modern History*, *Volume Ⅵ：The Rise of Great Britain and Russia 1688 - 1715/25*, London：Cambridge University Press, 1971, p. 412.

④ J. S. Bromley, *The New Cambridge Modern History*, *Volume Ⅵ：The Rise of Great Britain and Russia 1688 - 1715/25*, London：Cambridge University Press, 1971, p. 424.

武扬威的天下"①。

西班牙王位继承战争中，路易十四统治下的法国再次遭到陆海夹击。决定法国这个陆海兼备大国前途和命运的，不是北美殖民地，也不是海上战争的胜负，而是能否保持陆海兼备大国的完整性，能否保持大陆优势。当法国输掉了布莱海姆战役后，它失去了在德意志的最后一个盟友巴伐利亚②，被迫放弃了欧洲大陆的优势。路易十四并没有将西班牙并入法国的版图，他支持斯图亚特王朝，在英国却一无所获；他尝试将法国和西班牙君主联合起来，也于 1702 年功亏一篑。

第二个时期，可称为七年战争时期（1756～1763 年），法国遭受了一次极为严重的陆海同害。法国进行陆海扩张，结果陆上徒劳无功、海上遭到惨败。

1756 年，英国与普鲁士签订《威斯敏斯特条约》后，法国极可能面临英国与奥地利、俄国、普鲁士联合陆海包围法国的局面③。这给法国带来的困难程度，不亚于 1559 年《卡托·康布雷奇和约》签订后哈布斯堡王朝和英国携手陆海包围法国的恶劣情形。为此，法国几经斡旋，于 1756 年 5 月 1 日与俄国、奥地利联合签署了第一次《凡尔赛条约》。与奥地利联合，可以保护法国边界的薄弱环节④。

英国对法国的反应做了两手准备。一手是试图联合俄罗斯，从更大的范围对法国继续进行陆海包围；另一手是考虑迫不得已时将欧洲大陆全部放弃给法国，而自己单枪匹马地和它打一场海上和殖民地的战争。然而布雷多克在美洲的失利和宾在地中海的受挫都是这场战争的不祥之兆⑤。因

① J. S. Bromley, *The New Cambridge Modern History*, *Volume Ⅵ: The Rise of Great Britain and Russia 1688 – 1715/25*, London: Cambridge University Press, 1971, p. 433.

② J. S. Bromley, *The New Cambridge Modern History*, *Volume Ⅵ: The Rise of Great Britain and Russia 1688 – 1715/25*, London: Cambridge University Press, 1971, p. 422.

③ J. O. Lindsay, *The New Cambridge Modern History*, *Volume Ⅶ: The Old Regime 1713 – 63*, London: Cambridge University Press, 1966, p. 454.

④ J. O. Lindsay, *The New Cambridge Modern History*, *Volume Ⅶ: The Old Regime 1713 – 63*, London: Cambridge University Press, 1966, p. 444.

⑤ J. O. Lindsay, *The New Cambridge Modern History*, *Volume Ⅶ: The Old Regime 1713 – 63*, London: Cambridge University Press, 1966, p. 460.

此，英国不得不放弃后一手打算，于 1756 年 5 月 18 日正式对法宣战，拉开了七年战争的序幕。

为了使法国"同意达成保证英国霸权的条款"①，英国同欧洲其他陆上强国结盟，陆海夹击法国。具体而言，主要有三个做法。一是利用英国海军优势，消灭法国海军，攻占其殖民地，扩大财富。占领这些殖民地扩大了英帝国的势力范围，促进了贸易，从而带来财富，这个财富的一部分可以用来扶持英国在欧洲大陆上不可缺少的盟国。二是以财力、军力援助普鲁士的陆上进攻。三是进行陆海联合登陆的牵制作战②，分散法国的陆上兵力，配合盟国的陆上进攻。

为了打破英国主导的陆海夹击局面，法国的舒瓦瑟尔设想从佛兰德斯出兵奇袭伦敦；2 万名士兵从布列塔尼出发，在克莱德河口登陆，穿过苏格兰，攻占爱丁堡。而布雷斯特舰队和土伦舰队组成法国联合舰队，掩护这次军事攻击。英国没有因为这一威胁而改变其陆海夹击策略。土伦舰队试图会合时（1759 年），遭到博斯科恩的阻击；布雷斯特舰队出动时（1759 年），被霍克击败。英国海军的胜利不仅打断了法军的入侵计划，摧毁了法国海军，而且对西班牙产生了影响，使之继续保持中立③。在七年战争开始时，法国人在北美殖民地占有很大优势。法国的殖民地因地理位置出色而具有很高的战略价值。他们沿着从圣劳伦斯河到路易斯安那的道路修筑了许多堡垒要塞。他们利用北美无与伦比的内陆水系向西推进到苏必利尔湖，向南推进至俄亥俄河。大西洋沿岸的英属殖民地被法国控制的从圣劳伦斯湾到墨西哥湾一条巨大的弧形地带完全包围。法国不仅占有北美洲的制高点，还拥有纪律和团结方面的巨大优势。在印度和南美洲的态势也大抵如此。④ 法国海军

---

① J. O. Lindsay, *The New Cambridge Modern History*, Volume Ⅶ: *The Old Regime 1713 – 63*, London: Cambridge University Press, 1966, p.481.
② 〔美〕E. B. 波特主编《世界海军史》，李杰等译，解放军出版社，1992，第 64 页。
③ J. O. Lindsay, *The New Cambridge Modern History*, Volume Ⅶ: *The Old Regime 1713 – 63*, London: Cambridge University Press, 1966, p.476.
④ 〔美〕L. S. 斯塔夫里阿诺斯：《全球通史：从史前史到 21 世纪》，吴象婴译，北京大学出版社，2006，第 437 页。

被摧毁后，英国利用其海军优势，切断了法国各据点及它们与法国之间的联系，并相继夺取了这些殖民地①。但在欧洲大陆，普鲁士明显不是法国的对手。皮特想在大陆上发起决定性战役也没有成功②。到1761年，英法之间又陷入了战略上的僵持局面：在海外殖民地及海上，英国占据优势；在欧洲大陆，法国占据有利地位。只是由于俄国女皇凑巧于1762年1月5日去世，反普鲁士联盟解体，才打破了这一僵局，让普鲁士逃过一劫③。

《巴黎和约》与《胡贝尔茨堡和约》的签订，宣告了七年战争的结束。法国损失惨重：加拿大割让给了英国，路易斯安那割让给了西班牙，加勒比群岛大部分归英国所有；除科里岛，西非所有的贸易口岸也归属英国，只剩印度大陆上为数不多的殖民地④。英国赢得了海上及殖民地的霸权，为日后成为庞大的殖民帝国奠定了基础⑤。战后，法国"在欧洲大陆上扮演了一个从属的角色。它在人口和军事资源方面虽然还是欧洲第一流的强国，但在战争中已没有往日的威望了"⑥。奥地利、俄国和普鲁士取而代之，控制了欧洲大陆的事务。

第三个时期，可称为路易十六时期（1763～1789年），法国重海轻陆，虽报复了英国，但国家很快破产。

七年战争的失败使法国的自尊心遭受极大的损害，报复英国之心丝毫未减⑦。法国的舒瓦瑟尔着手筹划一场主要在海上和殖民地进行的战争来报复英国。他决心不重蹈其前任在1756年的覆辙——在欧洲承担代价昂

---

① 〔美〕L. S. 斯塔夫里阿诺斯：《全球通史：从史前史到21世纪》，吴象婴译，北京大学出版社，2006，第439~440页。
② J. O. Lindsay, *The New Cambridge Modern History*, Volume VII: *The Old Regime 1713 - 63*, London: Cambridge University Press, 1966, p. 467.
③ J. O. Lindsay, *The New Cambridge Modern History*, Volume VII: *The Old Regime 1713 - 63*, London: Cambridge University Press, 1966, p. 467.
④ 〔英〕琼斯：《剑桥插图法国史》，杨保筠等译，世界知识出版社，2004，第165页。
⑤ 方连庆、王炳元、刘金质主编《国际关系史》（近代卷上），北京大学出版社，2009，第34页。
⑥ J. O. Lindsay, *The New Cambridge Modern History*, Volume VII: *The Old Regime 1713 - 63*, London: Cambridge University Press, 1966, p. 485.
⑦ A. Goodwin, *The New Cambridge Modern History*, Volume VIII: *The American and French Revolutions 1763 - 93*, London: Cambridge University Press, 1965, p. 252.

贵和分散精力的军事义务，设想在佛兰德斯、布列塔尼和西班牙北部集结兵力，或让西班牙进攻葡萄牙，可以迫使英国分散力量和资源，但不能让战争成为一场欧洲大陆战争；法国可以不去触动汉诺威，但必须集中力量占领英国的殖民地，如英属北美殖民地人民起义反抗其母国，则应给予帮助，更重要的是向英国本土发动进攻，并取得胜利①。为此，他一方面设法有步骤并且成功地巩固和加强了法国和西班牙的战时联盟；另一方面，他和对海上事业感兴趣的路易十六不惜花费重金大力实施造船计划②，法国海军和海运事业获得令人瞩目的复兴③。

　　七年战争后的法国，大力发展海军，而把发展陆军放在了一个次要位置。在舒瓦瑟尔等人的努力下，法国迅速恢复了元气，各项技术居于当时世界前列。很快，法国海军在战争艺术训练和造船水平两个方面领先英国④。至1778年，法国海军在许多方面是世界上最好的⑤。但法国制宪议会只批准建立一支总数约达25万人的陆军和后备军。路易十四时代，法国在陆上几乎可以同整个欧洲较量，现在却有好几个国家可与法国并驾齐驱。当时普鲁士的人口要少得多，却可以征召25万人入伍。奥地利差不多是此数的2倍，而俄罗斯则超过2倍⑥。加上舒瓦瑟尔等人有意克制发动陆上战争的欲望，从1763年到1792年，法国与欧洲其他主要强国之间几乎不存在陆上战争⑦。这一点也说明了陆海兼备大国要避免陆上战争，是完全有可能的。

---

① A. Goodwin, *The New Cambridge Modern History*, Volume Ⅷ: *The American and French Revolutions 1763 – 93*, London：Cambridge University Press, 1965, p. 254.

② A. Goodwin, *The New Cambridge Modern History*, Volume Ⅷ: *The American and French Revolutions 1763 – 93*, London：Cambridge University Press, 1965, pp. 185 – 186.

③ A. Goodwin, *The New Cambridge Modern History*, Volume Ⅷ: *The American and French Revolutions 1763 – 93*, London：Cambridge University Press, 1965, p. 183.

④ A. Goodwin, *The New Cambridge Modern History*, Volume Ⅷ: *The American and French Revolutions 1763 – 93*, London：Cambridge University Press, 1965, pp. 183 – 185.

⑤ 〔美〕E. B. 波特主编《世界海军史》，李杰等译，解放军出版社，1992，第81页。

⑥ A. Goodwin, *The New Cambridge Modern History*, Volume Ⅷ: *The American and French Revolutions 1763 – 93*, London：Cambridge University Press, 1965, p. 215.

⑦ A. Goodwin, *The New Cambridge Modern History*, Volume Ⅷ: *The American and French Revolutions 1763 – 93*, London：Cambridge University Press, 1965, p. 190.

　　七年战争后，英国海军实力出现衰退。虽然海军的拨款比七年战争最激烈的时期还高得多，但过多的钱花在了维修那些用进口栎木匆忙建造的正很快朽烂的舰船上。更为严重的是，英国政界的腐败已经扩散到了海军部。舰船在船厂烂掉，而批来维修和改装的大笔款项却失踪了。当美洲爆发战争时，英国没有足够的船把哪怕是最少的兵力运到那儿①。值此良机，法国海军在美国独立战争（1775～1783年）中同美国陆军协同作战，使英国失掉了13个殖民地，在1783年的《凡尔赛条约》中，法国重获塞内加尔和西非众多岛屿②。法国实现了报复英国的目的。但法国海军在这期间，"每年耗资约1.6亿里弗尔。战后的5年中每年费用仍高达4500万里弗尔，可以说海军经费是法国破产的主要原因之一"③。陆上内乱丛生，而陆军又疲软乏力，大革命一爆发，法国很快就遭到了欧洲大陆多国的干涉和入侵。直到革命党人发动群众奋起抗战，才把侵略者赶出国土。但雅各宾派对军官阶层的敌对态度使服役的海军军官所剩无几，港口一片混乱；1791年的法令取消了商船队和海军之间的一切差别，海军陆战队被解散了④。两年之内，世界一流水平的法国海军几乎不复存在。

　　第四个时期，可称为拿破仑战争时期（1789～1815年），法国试图以陆制海，最终导致帝国解体。其间，法国先后7次遭受陆海同害。

　　大革命后，英国为了扑灭法国革命，先后组织了七次反法同盟。1793年第一次反法同盟组成后，法国正遭受极为严峻的陆海同害：一方面反法联盟军队从东、南、北三个方向陆海夹击法国，占领了科西嘉岛和土伦军港；另一方面英国又以金钱和军火资助法国境内的反革命活动⑤。而这时

---

①　〔美〕E. B. 波特主编《世界海军史》，李杰等译，解放军出版社，1992，第67页。

②　〔英〕琼斯：《剑桥插图法国史》，杨保筠等译，世界知识出版社，2004，第165页。

③　A. Goodwin, *The New Cambridge Modern History*, Volume VIII: *The American and French Revolutions 1763 – 93*, London: Cambridge University Press, 1965, p. 186.

④　C. W. Crawley, *The New Cambridge Modern History*, Volume IX: *War and Peace in an Age of Upheaval 1793 – 1830*, London: Cambridge University Press, 1975, p. 78.

⑤　方连庆、王炳元、刘金质主编《国际关系史》（近代卷上），北京大学出版社，2009，第64页。

法国没有一支值得称道的海军。为了同拥有 115 艘战列舰、总数 400 艘的英国舰队作战，法国拼凑了包括 76 艘战列舰（仅 27 艘可参战）在内总数 246 艘的舰艇组成舰队[①]，其战斗力可想而知。为此，法国集中精力于陆上，拿破仑先是赢得土伦战役的胜利，后又打败了奥地利，迫其签订停战协定[②]，英国组织的第一次反法同盟瓦解。

1798 年 4 月，英、奥、俄以及德意志、意大利的一些邦国组成了第二次反法同盟[③]，法国又面临严重的陆海夹击威胁。拿破仑采取了中立普鲁士、策反俄国、重点打击奥地利、最后对付英国的策略。1800 年，拿破仑赢得马伦哥战役，随后又分别与美国、西班牙订约孤立英国。此时，英国的海上封锁政策损害了北欧诸国利益，俄罗斯、瑞典、丹麦、普鲁士组成了"保护商业同盟"，抗衡英国，英国基本丧失了陆海夹击法国的可能，自身处境日益艰难，被迫于 1802 年与法国签订《亚眠条约》[④]，第二次反法同盟失败。法国赢来了短暂的和平，陆海同害暂时消除。

《亚眠条约》后，拿破仑决心集中法国陆上资源，重建一支强大的海军。但是英国不愿坐以待毙。英国发现，在 1792 年至 1800 年的八年战争期间，英国的对外贸易总值几乎增加了一倍。条约签订后，英国的海上贸易骤减，且逐年加速减少。法国及其仆从国迅速恢复了同它们所收回的殖民地之间的交往。如果再拖延一年或者更久，那么因海上贸易的减少，英国必然难以维持现有海军实力。等法国海军发展到与英国海军旗鼓相当时，对法作战将更为不利。因此，在 1803 年英、法海军力量对比为 2∶1[⑤] 的时候，英国组织了第三次反法同盟，重启战事，试图破坏拿破仑称霸海洋的大计，迫使法国只能在欧洲大陆活动。

① C. W. Crawley, *The New Cambridge Modern History*, *Volume IX: War and Peace in an Age of Upheaval 1793 – 1830*, London: Cambridge University Press, 1975, p. 78.
② 张芝联主编《法国通史》，北京大学出版社，1989，第 204 页。
③ 张芝联主编《法国通史》，北京大学出版社，1989，第 208 页。
④ 张芝联主编《法国通史》，北京大学出版社，1989，第 219~220 页。
⑤ C. W. Crawley, *The New Cambridge Modern History*, *Volume IX: War and Peace in an Age of Upheaval 1793 – 1830*, London: Cambridge University Press, 1975, pp. 263 – 264.

　　1805 年的特拉法尔加海战使法国海军损失惨重。此海战后，英国不但毫无顾虑地占领了荷兰、西班牙等国的海外殖民地，如荷属锡兰、圭亚那、南非以及西属特立尼达、洪都拉斯等，而且迫使拿破仑放弃了渡海攻英计划，并对法国实行了海上封锁①。因为英国的封锁，法国海上贸易萎缩，严重缺少专业海员来补充海军，再加上英国大肆捕获法国商船，扣押乃至直接杀害法国船员，法国海军重建的人力资源极为缺乏。到 1814 年，法国经过大规模造舰计划，又拥有了 103 艘战列舰和 157 艘②快速舰，但是海军再也没有办法恢复到大革命前的水平③。

　　但在欧洲大陆，海战的失败并没能影响拿破仑陆军的所向披靡，第三、四、五次反法同盟陆续组建，又相继瓦解。拿破仑打败第五次反法同盟以后，缔造出只有查理曼大帝能够与之媲美的法兰西帝国：法国据有了"天然"边界以及边界之外的领土，在莱茵河、阿尔卑斯山和比利牛斯山以外地区建立一系列仆从国的目标已经完全实现④。到 1810 年，欧洲的其余地区由法国的附属卫星国或盟国组成⑤，只有大不列颠仍然固执地保持敌对状态。法国几乎控制了整个欧洲大陆。

　　1815 年的维也纳会议后，欧洲大陆恢复了旧秩序。英国从法国和荷兰手中夺得了大量海外殖民地，这对于它保持贸易优势和加强海上霸权具有重要意义。普鲁士获得了莱茵河沿岸省份以及波美拉尼亚等地，极大地增强了它在中欧的实力和地位。通过对一些小国领土的"调整"，法国的东部边界出现了一条弧形遏制地带，以防止法国的东山再起⑥。

①　方连庆、王炳元、刘金质主编《国际关系史》（近代卷上、下），北京大学出版社，2009，第 76 页。

②　Michael Lewis, *A Social History of the Navy, 1793 – 1815*, London, 1960, p. 348.

③　388. 方连庆、王炳元、刘金质主编《国际关系史》（近代卷上），北京大学出版社，2009，第 76 ~ 77 页。

④　C. W. Crawley, *The New Cambridge Modern History*, Volume IX: *War and Peace in an Age of Upheaval 1793 – 1830*, London: Cambridge University Press, 1975, p. 267.

⑤　〔美〕L. S. 斯塔夫里阿诺斯：《全球通史：从史前史到 21 世纪》，吴象婴译，北京大学出版社，2006，第 530 页。

⑥　③方连庆、王炳元、刘金质主编《国际关系史》（近代卷上），北京大学出版社，2009，第 107 页。

（三）拿破仑三世追求的世界陆海霸权因陆上惨败而化为乌有

自 1803 年拿破仑放弃路易斯安那以后，法国的海外统治几乎为零。拿破仑死后的 50 年内，法国衰落到这个"大国"不再也不能对欧洲均势构成威胁①。拿破仑三世执政后，法国经济迅速发展，农村现代化进程加快，国力明显提升。以此为支撑，他踌躇满志，不但努力恢复法国在海外的统治，而且在陆上努力削弱俄国和奥地利，试图再次追求世界陆海霸权。

1853～1856 年的克里米亚战争为法国重返欧洲大陆中心舞台提供了机会。英法联军击败了俄国，法国似乎又成为欧洲大陆上头号经济和军事强国。在海外，法国于 1830 年征服阿尔及利亚，扩大了对地中海东部地区的政治和经济影响，在塞内加尔和索马里兰建立了基地，开始了对印度支那的渗透，还入侵中国②。拿破仑三世在欧洲大陆以外的事业都是成功的，只有干涉墨西哥是明显的例外。克里米亚战争结束至普法战争爆发前的十多年里，法国的陆海并进似乎产生了突出效果。法国貌似拥有了一支强大的陆军和海军，成为世界上独一无二的陆海双强国家。

然而事实并非如此。1870～1871 年普法战争中，在不到两个月的时间里，德军就使法国的抵抗化为乌有。皇帝本人也于 1870 年 9 月 2 日在色当战役中被俘③。外强中干的法国陆军一戳即破，而海军在这场战争中并没有发挥什么作用。法国很快沦落到割地赔款的地步。战争期间，法国国民经济遭受严重破坏，损失逾 130 亿法郎。战败又赔款 50 亿法郎，且割让了拥有丰富煤铁资源的阿尔萨斯和洛林，损失了 145000 平方公里的土

①　C. W. Crawley, *The New Cambridge Modern History*, Volume IX: *War and Peace in an Age of Upheaval 1793 - 1830*, London: Cambridge University Press, 1975, pp. 273 - 274.

②　J. P. T. Bury, *The New Cambridge Modern History*, Volume X: *The Zenith of European Power 1830 - 70*, London: Cambridge University Press, 1960, p. 461.

③　J. P. T. Bury, *The New Cambridge Modern History*, Volume X: *The Zenith of European Power 1830 - 70*, London: Cambridge University Press, 1960, p. 465.

地和约占全国 1/4 的纱锭及其他多种工矿企业[1]。法国不是扶植起一批在法国保护下的弱小的联邦式国家,而是造就了德国和意大利这样的强大的中央集权国家。这就彻底改变了力量的对比[2]。从此以后,法国一蹶不振,再也没有成为海权强国的雄心,更没有了与英国再次一较高低的壮志。仅仅是东面德国的快速崛起,就让其在陆上手忙脚乱,难以应付。

三　争取欧陆海洋强国地位阶段

1870～1913 年,欧洲列强在军事上首先考虑的是陆战而不是海战。直到 19 世纪末,在有关欧洲和平的各种问题中,海上角逐才与陆上角逐相提并论。当时,只有马汉的著作提醒这些国家,过去决定它们的命运的,不仅是它们保卫本国边疆的能力,而且是它们同外部世界保持联系的能力,它们长期以来依靠这种联系获得它们的财富,而且,它们很快就依靠这种联系来维持自身的生存[3]。普法战争结束后,法国的主要目标是夺回阿尔萨斯和洛林。法兰西第三帝国不但实现了该目标,还"主持了广泛的殖民扩张"[4]。同时,在海军领域,法国人也最先发明了潜艇战。1901 年,法国的潜艇力量超过了其余各国的总和[5]。但是总的来看,自 1871 年至二战结束,法国的海军在世界海洋舞台虽然也不时参战,但再也没有独立执行过重大战略任务,称得上碌碌无为。法国这个陆海兼备大国基本上与陆权国家没有多大区别。

二战结束后,阿尔及利亚的殖民大灾难和印度支那耻辱的军事失败推动了法国继续走非殖民化道路。因法国的主要贸易伙伴是在欧洲内部而不是其外部,殖民地从法国本土获得的援助迅速减少,法国和殖民地的贸易规模也在缩小。20 世纪 50 年代后期,法国来自第三世界的贸易占 20%,

---

① 樊亢、宋则行主编《外国经济史》(近代部分下),人民出版社,1965,第 144 页。

② J. P. T. Bury, *The New Cambridge Modern History*, *Volume X: The Zenith of European Power 1830 – 70*, London: Cambridge University Press, 1960, p. 465.

③ F. H. Hinsley, *The New Cambridge Modern History*, *Volume XI: Material Progress and World – Wide Problems 1870 – 98*, London: Cambridge University Press, 1962, p. 206.

④ 〔英〕琼斯:《剑桥插图法国史》,杨保筠等译,世界知识出版社,2004,第 213 页。

⑤ F. H. Hinsley, *The New Cambridge Modern History*, *Volume XI: Material Progress and World – Wide Problems 1870 – 98*, London: Cambridge University Press, 1962, p. 232.

到 70 年代后期下降到 5%①。这样，法国日益收缩为一个欧洲大陆国家，陆续放弃了二战前建立的绝大部分殖民地。二战后，法国虽然再次重建了海军，甚至在 20 世纪 90 年代独自建造了核动力航空母舰"戴高乐"号，但是势易时移，法国再也没能回到世界海权的中心舞台。

第二节 法国海洋强国地缘政治效应的表现形式

法国建设海洋强国的 1200 余年间，萌生、发酵、累积了许多地缘政治效应。有的地缘政治效应本是助力，但法国没有充分认识并妥善利用，有的地缘政治效应本是阻力，应小心回避，但法国视如无物，结果屡屡受挫。其间，比较典型的地缘政治效应主要有以下五种。

一 机会窗口效应：反复出现但稍纵即逝

查理曼帝国三分以来的 1200 余年中，法国先后 9 次大规模重建海军。在第二、三、四次重建后，其海军在技术水平、官兵素质、总体作战能力等方面都超过其他国家，稳居世界第一。

利弊交织的地缘环境状况，农业资本主义、重农主义以及不完善的海权体系，"天然疆界"理论、欧陆霸权战略以及传统观念，弊端重重的君主专制体制下的决策体制和机制，迟滞的从均衡战略到非均衡战略的调整与转变等多方面富有内在逻辑机制的因素②共同作用，最终使法国错失了三次成为世界海上霸主的战略机会。大革命以后的五次重建，法国也无力恢复昔日海上光辉，只能止步于欧洲大陆。普法战争后的法国，基本上以陆权为首要和根本的地缘战略目标，甚至陆上亦常常出现岌岌可危局面。

上述原因揭示了这样一条教训，即任何一个陆海兼备大国，无论陆权多么强大，在没有强大海权作为支撑的情况下，对一个海权强国进行封

---

① 〔英〕琼斯：《剑桥插图法国史》，杨保筠等译，世界知识出版社，2004，第 282 页。
② 宋德星主编《战略与外交》（第 1 辑），时事出版社，2012，第 248 页。

锁，不但会十分艰难以致难以持久，而且成功的可能性微乎其微。法国的惨痛教训告诉我们，陆海兼备大国在对抗海权强国的过程中，对封锁手段的选择，需要慎之又慎。

二　以陆制海效应：必然出现但未被掌控

对于作为陆海大国的拿破仑帝国来说，它建设海洋强国失败的原因之一，就在于没有意识到，在陆海大国建设海洋强国过程中，必然会出现必须应对的"以陆制海"地缘政治效应。以对英封锁为例，对英国实施的大陆封锁政策失败的原因，除了海岸线过于漫长难以控制外，主要受五大因素影响。第一，英国先发制人的海军行动使封锁体系留有缺口。如 1807 年英国海军迅速采取行动，夺走丹麦的战舰，占领了丹麦的黑尔戈兰岛，以此为基地，获得波罗的海的沥青、木材和其他海军补给品，并可将商品运往斯堪的纳维亚和北德意志海岸。这样，大陆封锁体系的北部始终有一个巨大缺口。第二，英国的海上封锁令让法国及其仆从国损失惨重，无心维系大陆封锁体系。因为英国有能力控制海洋，垄断了殖民地产品，可方便地进口它所需的物资。相反，由于英国舰队的活动，欧洲大陆从海外的进口几乎完全停顿了。大陆各国的出口受到限制，某些必需的商品得不到满足。法国、德意志和意大利全境的物价急剧上涨，一般商品的价格平均约高于当时伦敦市价的十倍[1]。第三，英国商人的坚毅和灵活，使他们能够在海外开拓市场。英国商人以黑尔戈兰等地为基地，进行有组织的走私，不断地将各种英国商品销往欧洲大陆。拿破仑的大陆封锁并未能真正阻止英国货物进入欧洲大陆市场。英国通过采取护航制度、保险制度、扩大信贷制度，以及发展新的贸易方式，出口的实际价值从 1805 年的 1100 万英镑增加到 1811 年的 4300 万英镑[2]。实际上，英国从未连续两年以上

---

[1]　方连庆、王炳元、刘金质主编《国际关系史》（近代卷上），北京大学出版社，2009，第78 页。

[2]　C. W. Crawley, *The New Cambridge Modern History*, Volume IX: *War and Peace in an Age of Upheaval 1793 - 1830*, London：Cambridge University Press, 1975, p. 78.

蒙受大陆体系所给予的全部惩罚。第四，在一些关键时刻，欧洲大陆市场重新部分地开放。如法国利用英国的粮食灾荒高价出售了一批粮食给英国。这显然与大陆封锁体系的初衷背道而驰。第五，法国不能将已经控制的欧洲大陆整合为一个互利共赢的经济共同体。若是法国能通过贸易手段消化俄国等盟国原本可供大量出口的木材、粮食等原材料，并提供其所需的工业品，俄国就没有撕毁《提尔西特和约》的客观需求。可是拿破仑采用半殖民方式剥削其盟友及仆从国，使被征服领土的经济利益无条件地从属于法国的需要，法国境内的民众则免遭战乱，独享繁荣。他主导的大陆封锁体系导致这些盟国的经济在很大程度上出现萎缩，法国又不能给盟友带来经济上的持续补偿。这时，英国海上走私等带来的高额利润必然让其盟友与法国貌合神离。

在这三个宝贵的战略机遇期里，法国不是欲望无限膨胀地进行陆海扩张导致四面树敌，就是极度挥霍陆海资源导致财力不济。战略重心总是在陆、海之间不停摇摆，既难以控制陆上战事，又不能稳住国内，屡屡自造"陆海同害"，徒耗国力而自掘坟墓。

三　外向驱动效应：天然存在但未能长期影响

对任何一个建设海洋强国的国家来说，海洋的巨利必然在国内诱生向海谋利的工商阶层，海洋产业在没有外力干涉的情况下必然会蓬勃发展。这对于经济成长来说，就是一种天生的驱动力，当这种驱动力与海外资本、资源结合起来，将形成强大的"外向驱动"效应。但是大多数国家在建设海洋强国过程中，基于对资金的急剧渴求，往往采取杀鸡取卵的错误做法，直接扼杀了刚刚萌芽的"外向驱动"效应，而不是精心呵护和耐心等待"外向驱动"效应的可持续发力阶段出现，例如等待形成发达的工商业以及随之而生的巨额财税时期的到来，从而强力支撑海洋强国建设。在这方面，法国既有成功的经验，又有惨痛的教训。

三十年战争后，吉恩·柯尔培尔积极推行重商主义政策，迅速恢复和发展了法国国力。为了保护本国的对外贸易和支持殖民扩张，他竭力使法国成为海上强国①。1648 年，法国拥有不足 20 艘战舰②，1661 年路易十四开始执政时只有 30 艘战舰，但至 1683 年柯尔培尔去世时，法国海军可与任何国家的海军抗衡。到 1689 年，法国的战舰在数量上已赶上英国和荷兰的联合舰队，建立了当时世界上最强大的海军③。

　　而工业革命兴起后，法国农业社会没有迅速转型为工业社会。农业经济无法提供巨额财税收入。强行发展海军，唯有大举外债。到 18 世纪 80 年代，国家的债务已经占国家税收的一半以上。这让政府陷入了严重的信贷危机④，很快造成了千家万户的私人灾难。法国出现全国性的破产。海军的巨大耗费反而加剧了内乱。到 1789 年，国家欠债将近 6 亿里弗尔⑤。那些债权人，连同受政府财政管理不善之苦的人联合起来，将矛头指向了政府。随即爆发了法国大革命和内战。最终，耗费法国数十年心血才建成的海军毁于一旦。

　　工业化和城市化的迟缓进行，导致法国长期依赖农业和土地。拿破仑时代乃至其后很长一段时期，法国仍是一个完全的农业国家。《拿破仑法典》引入的平等继承权，使农民产生缩小家庭规模的动力。当时农民们控制生育，可以避免过多的继承人分割家族土地，从而拥有足够的土地以保证下一代人能够继续自给自足。法国农业人口比例高于它的任何一个竞争对手。在英国，城市人口数量在 19 世纪 30 年代就已经超过农村人口；在意大利是在 19 世纪 70 年代；在德国是 1900 年左右；在美国是 20 世纪 20 年代。但是，法国直到 20 世纪 30 年代才迎来这一时刻。从 1789 年大革命算起，法国大概花了 140 年才完成这一过程。

　　此外，法国的经济重心开始从大西洋沿海逐渐转移到东北部边境地区。曾经在 18 世纪受益于殖民地统治和贸易的大港口波尔多、鲁昂、拉罗谢尔、

---

①　张芝联主编《法国通史》，北京大学出版社，1989，第 116 页。

②　J. S. Bromley, *The New Cambridge Modern History*, Volume VI: *The Rise of Great Britain and Russia 1688－1715/25*, London: Cambridge University Press, 1971, p. 224.

③　〔美〕E. B. 波特主编《世界海军史》，李杰等译，解放军出版社，1992，第 39~40 页。

④　〔英〕琼斯：《剑桥插图法国史》，杨保筠等译，世界知识出版社，2004，第 173 页。

⑤　〔法〕托克维尔：《旧制度与大革命》，冯棠译，商务印书馆，2009，第 217 页。

圣马洛、勒阿弗尔等，影响力和经济实力已经衰退，而斯特拉斯堡、里昂等东部城市则繁荣腾飞，北部靠近煤矿带的城市也开始扩张①。这就从经济基础上决定了后来的法国没有办法再像16、17世纪乃至18世纪那样建设一支世界一流的海军。可见，发达的工商业是建设海军的重要基础。

历史经验似乎告知法国的统治者们，国家的经济基础和安全问题与海洋没有必然的联系或者仅有次要的关联，这样的观念深入人心，成为法国一种难以撼动的历史传统②。它的大陆观念总是先于海洋观念。首先，由于陆地边界的开放性，法国必须维持一支大规模的陆军。而英国由于它的岛屿位置，能够更大程度地专注于海上事务③。"法国的海军优势虽推迟了1870年的失败，但未能避免败绩。"④ 其次，法国的兴衰存亡不依赖它的海军。法国在食物供给方面可以自给自足，比起英国，法国对海外贸易的依赖小得多。海军战略的问题对法国国家安全不是至关重要的⑤。与此相反，海军事务对于英国是生命攸关的，英国的生存是依靠海外贸易的。把海上运输业拱手让给中立国就是最俯首帖耳的投降，而在那时投降就意味着政治上的灭亡⑥。由此可知，陆海大国在建设海洋强国过程中，应当注重利用"外向驱动"效应，转变大陆观念，形成海洋观念，发展强大的外向型海洋经济。

四 陆海互援效应：发挥作用但不够明显

"大同盟"战争中，法国面临多路陆海夹击，处于守势，但法军充分发挥内线作战交通线短补给方便、兵力集中快等特点，牢牢控制着中央阵

---

① 〔英〕琼斯：《剑桥插图法国史》，杨保筠等译，世界知识出版社，2004，第199页。
② 宋德星主编《战略与外交》（第1辑），时事出版社，2012，第256页。
③ Arne Roksund, *The Jeune Ecole：The Strategy of the Weak*, Leiden and Boston：Brill NV, 2007, p. IX.
④ F. H. Hinsley, *The New Cambridge Modern History，Volume XI：Material Progress and World-Wide Problems 1870–98*, London：Cambridge University Press, 1962, p. 228.
⑤ Rolf Hobson, *Imperialism at Sea，Naval Strategic Thought，the Ideology of Sea Power and the Tirpitz Plan，1875–1914*, Brill Academic Publishers, Inc., 2002, p. 100.
⑥ 〔英〕约翰·霍兰·罗斯：《拿破仑一世传》（下卷），广东外国语学院英语系译，商务印书馆，1977，第99页。

地，始终掌握着内线优势。在陆上充分利用了尼德兰和法国边界布局巧妙的堡垒体系阻挡了英国人、马尔巴勒（荷兰）和欧根（奥地利）的进攻[①]。这让法国可以从容不迫地将军队推到国界以外，尽可能从被它占领的敌国领土取得给养，使法军不需要严重依赖本土供应资金和军需品就可开辟更多的战场[②]。

同时，为反制"反法同盟"的陆海夹击，法国积极在外线作战，有力配合了内线的防御。路易十四利用流亡法国的英国国王詹姆斯二世在爱尔兰开辟了第四战场。法国海军土伦舰队与布勒斯特舰队的会合，使得反法同盟再也不能进击土伦或阻止法国的地中海贸易。它们只能退而守护自己的海岸、圣乔治海峡上的航运和本土上的贸易[③]。

法国在"大同盟"战争中充分发挥内线外线优势，积极作战，虽然最后仍难以避免陷入了"消耗战"的战争怪圈，但战争结束时也并没有让陆海联盟的一方占到多大便宜。法国应对陆海同害的这条经验，值得我们吸取和借鉴。

五　资源黑洞效应：间或出现但影响深远

长期以来，法国历史上一旦陆上稳定，国有余力，就反复出现盲目进行陆海扩张的冲动。如意大利战争中法国贸然向陆地（如兼并洛林）和海洋（如远征那不勒斯）两个方向同时扩张，最终不但耗尽了法国40年来积累的力量和财富，而且使法国东北边界濒临危险长达两个世纪之久。路易十四的陆海扩张，让"整个法国成为一个巨大的、荒凉的、缺乏供给的医院"[④]，在《乌得勒支条约》中，法国不得不接受丢掉北美殖民地的事实[⑤]，在敦

---

① J. S. Bromley, *The New Cambridge Modern History*, Volume Ⅵ：*The Rise of Great Britain and Russia 1688－1715/25*, London：Cambridge University Press, 1971, p. 18.

② J. S. Bromley, *The New Cambridge Modern History*, Volume Ⅵ：*The Rise of Great Britain and Russia 1688－1715/25*, London：Cambridge University Press, 1971, p. 235.

③ J. S. Bromley, *The New Cambridge Modern History*, Volume Ⅵ：*The Rise of Great Britain and Russia 1688－1715/25*, London：Cambridge University Press, 1971, p. 237.

④ 〔英〕琼斯：《剑桥插图法国史》，杨保筠等译，世界知识出版社，2004，第160页。

⑤ 〔英〕琼斯：《剑桥插图法国史》，杨保筠等译，世界知识出版社，2004，第159页。

刻尔克的海军基地要拆毁，马迪克基地也不得用于战争目的[1]。拿破仑三世进行陆海扩张，最后不仅兵败被俘，客死他乡，法国也割地赔款，自此法国基本沦为陆权国家。

可见，对于陆海兼备大国而言，其因兼得陆海两利而迅速积累的财富和国力，不能贸然用于陆海扩张，否则不但会迅速耗尽国力，而且常招致国家危亡。法国历史上的 13 次陆海同害就有 11 次是其自身原因所致。殷鉴不远，后人当谨记。

第三节　法国海洋强国地缘政治效应的形成原因

"从地缘政治学方面讲，欧洲'大陆'的形状隐含着困难和危险，它的北部和西部与冰天雪地和大海相连，东面容易招致频繁的陆上入侵，而南面则易受到战略包围。"[2] 而这一特点，在法国身上体现得淋漓尽致。独特的地理特征决定了法国具有向陆和向海的便利性，可以充分利用陆海资源，"得陆海两利"。同时，法国西北、西、南三面临海，东北、东、西南三面接陆。陆海兼备、海陆交错相连，常使它同时面临来自陆上、海上的威胁，"受陆海同害"。而陆地和海洋的双重利益又促使其必须同时维护陆海两个战略方向的安全，这就决定了陆海兼备的法国比单一内陆国家或海洋岛国面临更为复杂的地缘安全状况，建设海洋强国过程中多种地缘政治效应反复出现也就不足为奇。

一　独有陆海兼备特征带来了向陆强于向海的地缘政治效应应对倾向

法国著名地理学家阿勒贝尔·德芒戎指出，"在这温和湿润的地区内，法国既紧密地同欧巴罗半岛连结，又向大西洋敞开；任何欧洲国家都不具

---

[1]　J. O. Lindsay, *The New Cambridge Modern History*, Volume Ⅶ: *The Old Regime 1713 – 63*, London: Cambridge University Press, 1966, p. 194.

[2]　〔美〕保罗·肯尼迪：《大国的兴衰》，陈景彪等译，国际文化出版公司，2006，第 1 页。

有这样的地理位置，因而在法国有两种倾向平分秋色：大陆性倾向，主要是在法国东半部，而海洋性倾向，主要是在法国西部"①。就大陆性而言，法国"主要盛产谷物、酒和纺织品等，这是更古老、更多自给自足特征的经济"②，这是它成为陆权强国的经济基础所在。就海洋性而言，法国"有'大片的、把一片海同另一片海分隔开的陆地'，不像'英国那样拥有很长且连绵不断的海岸线可以开发新港口以满足新的需要'，在英吉利海峡，法国缺乏深水港，假如塞纳河口的主要基地设有一个合格的停泊所，它会有很多优点，并且也许可以使法国政府对海洋的重视像英国大臣对泰晤士河一样"③。这对法国而言，既是优势，又是劣势。优势是避免了出现类似荷兰舰队沿泰晤士河长驱直入炮击首都的可能，劣势是不利于法国政府和国民海洋意识的形成，难以成为海权强国。

二　依靠陆地的发展模式决定了先陆后海的地缘政治效应应对范式

严重依赖陆地为生的社会发展模式，使得法国自普法战争后，将恢复和保持欧洲大陆地位放在了第一位，将发展铁路与发展现代化武器放在了同等地位。法国"在组织本国边疆的防御时，首先要考虑的事情，不是把国土用要塞地带围起来，而是使铁路网布满全境，以保证尽可能迅速集中兵力"④，一战中，盟军的海上优势使法国陆海两面受敌，法国主要承担了陆上作战任务。一战胜利后，由于经济的重压，法国仍旧无力发展出一支世界一流的海军，其战略重心放在了如何压制德国上。二战爆发后，德国的闪击战让法国很快投降，而其海军不是被击沉，就是被英国

---

① 〔法〕菲利普·潘什梅尔：《法国》（上册），漆竹生译，上海译文出版社，1980，第19~20页。

② J. S. Bromley, *The New Cambridge Modern History*, Volume Ⅵ: *The Rise of Great Britain and Russia 1688 - 1715/25*, London: Cambridge University Press, 1971, p. 258.

③ J. S. Bromley, *The New Cambridge Modern History*, Volume Ⅵ: *The Rise of Great Britain and Russia 1688 - 1715/25*, London: Cambridge University Press, 1971, p. 811.

④ F. H. Hinsley, *The New Cambridge Modern History*, Volume Ⅺ: *Material Progress and World - Wide Problems 1870 - 1898*, London: Cambridge University Press, 1962, p. 212.

扣押、俘获，作为海军的补充舰只。大陆优先海洋、陆军优先海军的思维范式，使得法国每逢建设海洋强国过程中出现难以应对的地缘政治效应时，总是首先摒弃海洋、海军、海权来保证陆上安全。

三　变幻动荡的国际国内形势逼出由海向陆地缘政治效应应对策略

法国建设海洋强国屡屡受挫后，在国内方面，国力日益衰减，在国际方面，成就了对手的海洋霸主地位。在日益被动的国际国内形势逼迫下，法国在应对建设海洋强国地缘政治效应时，被迫采用了收缩海洋的策略，反过来又诱发了其他不利的地缘政治效应。以拿破仑时代为例，虽没有强大海军，但拿破仑坚信"大陆必须制服海洋"①。他认为，英国是工业大国，如果切断英国对外贸易特别是对欧洲大陆的贸易，将会致其于死命：一方面，海外贸易的减少，将导致英国财力不济，海军难以维持；另一方面，英国海军力量封锁几乎整个欧洲的海岸线将会精疲力竭，迅速损耗殆尽。

因此，1806年、1807年，拿破仑相继发布大陆封锁令和米兰法令，严禁欧洲大陆诸国与英国通商，没收一切商船和英国商品②，并派遣2万名关税人员和大量军队与警察前往欧洲大陆边境，严厉执行封锁令。法俄《提尔西特和约》后，旨在排斥英国贸易的大陆封锁或"大陆体系"的设想，有了成功的可能性。1808年，英国出口贸易比1807年减少了25%。但是南部伊比利亚半岛漫长的海岸线，法国始终难以严密控制③，大陆封锁体系最终没能实现其根本目的。这不是因为封锁不能奏效或该设想本身有缺陷，而是"由于未能长期坚持到它发挥效力的程度"④。加之法国与

---

① 〔英〕约翰·霍兰·罗斯：《拿破仑一世传》（下卷），北京广东外国语学院英语系译，商务印书馆，1977，第97页。
② 刘祚昌、光仁洪、韩承文主编《世界通史近代卷》（上），人民出版社，1996，第281页。
③ C. W. Crawley, *The New Cambridge Modern History*, *Volume IX：War and Peace in an Age of Upheaval 1793 – 1830*, London：Cambridge University Press, 1975, p. 269.
④ C. W. Crawley, *The New Cambridge Modern History*, *Volume IX：War and Peace in an Age of Upheaval 1793 – 1830*, London：Cambridge University Press, 1975, pp. 268 – 269.

西班牙的陆上战事始终未能消停，拿破仑一直觉得他的资源被"西班牙溃疡"耗尽①。又因俄国成为大陆封锁体系的最大漏洞，拿破仑对俄宣战，最终把大陆上最重要的盟友——俄国推给了英国。

这样，英国求之不得的机会来临：英国又组织了第六次反法同盟对法国实施陆海夹击。莫斯科战役法军惨败后，拿破仑发现自己又要面对欧洲各国的陆海夹击。败仗接踵而至，1813 年在德国和 1814 年在法国境内相继战败②。而拿破仑的复辟也迅速被第七次反法同盟击败。可见一旦海权国家掌握了陆海夹击这个手段，无论多么强大的陆海兼备大国，都难以应对，纵使拿破仑使出浑身解数，也终归要败于陆海夹击之下。

普法战争以普鲁士赢得胜利、成立德意志帝国告终。普法战争后，德国成为法国最主要的敌人。为了复仇，并争夺欧洲大陆霸权，法国集中资源应对德国，从而不得不减少在海洋方向的投入。从地缘态势来看，随着德国这个新型大国的出现，法、英矛盾已经让位于法、德矛盾。而从"均势"出发，英国也需要联法抗德，因而法国过去长期面临的陆海同害威胁大为降低。基于以下三个方面的原因，法国转而与英国、俄国结盟来对抗德国。一是普法战争后法国总在筹谋报仇雪恨，而德国陆海同时扩张的动作让法国找到了与英国的共同利益点，结盟成为可能。而与俄国接近，将有利于迫使德国在陆上陷入东西两面受敌的被动。但是在日俄战争后，俄国根本无力顾及法国的需求，法国急需寻找新的盟友，与英国结盟成为现实可能。二是法德双方都想掠夺对方的土地。法国不但想收复失地阿尔萨斯和洛林，而且想把德国的产煤要地萨尔据为己有。德国不满足于已占据的土地，还想掠夺法国东北部铁矿丰富的大片领土。这样，法德矛盾在根本利益诉求上无法调和。三是德国海外殖民扩张政策直接威胁着法国的海外殖民利益。在这种情形下，采取由海向陆的转变来消极应对建设海洋强国中反复出现的地缘政治效应，最终导致法国建设海洋强国功败垂成。

---

① C. W. Crawley, *The New Cambridge Modern History*, Volume IX: *War and Peace in an Age of Upheaval 1793 – 1830*, London: Cambridge University Press, 1975, p. 269.

② 〔英〕琼斯：《剑桥插图法国史》，杨保筠等译，世界知识出版社，2004，第 167～168 页。

第六章　德国海洋强国地缘政治效应研究

1871 年，普鲁士通过赢得普丹、普奥与普法三场战争，最终完成了对德意志的统一，建立了德意志第二帝国（后简称德国）。这个新生帝国的出现意味着历史上长期处于分裂状态的欧洲中部变成了一个统一的强大政治实体，原先被法、俄、奥等国当作缓冲区的破碎地带不复存在，这从根本上改变了欧洲传统的地缘政治格局。

从地缘上看，此时的德国是一个典型的陆海兼备型欧洲大国。在当时的欧洲，德国的国土面积仅次于俄国，而且它的陆军被公认为那时世界上最优秀的陆军，拥有令人生畏的战斗力。虽说德国在地缘上具有上述优势，但它面临的问题也非常突出。先从陆上防御来看，德国的国土大部分为平原、林地与丘陵台地，基本上无险可守，然而，它东与俄国接壤，西与法国为邻，南面则是奥匈帝国，可谓强邻环伺，所以陆上防御的负担非常重。再从进出海洋的便捷性来看，德国仅北部临海，海岸线被日德兰半岛分割为东、西两段，东段岸线较长但全部位于波罗的海的南岸，从这里出发要经过他国控制的丹麦海峡才能进入北海，西段岸线虽然直接面向北海，但想进入大西洋仍须经过英国周边水域，可见，德国对外的海上联系容易受到他国的干扰。此外，德国的国土面积虽然不小，但石油、铁等战略性矿产资源非常稀缺，这又进一步强化了德国在地缘上的脆弱性。

整个 19 世纪，欧洲列强都非常热衷于殖民扩张，拥有海权对殖民竞争是至关重要的，因而列强们都渴望成为海洋强权国家。统一后的德国随即进入了发展的快车道，很快就成为一个欧洲强国，它也加入殖民竞争中，并努力使自己成为一个海洋强权国家。然而，后续的历史证明德国对自己在地缘上的优势与短处认识不清，进而犯了一系列严重的战略错误，最终成为一个发展海权不成功的典型。

第一节　德国海洋强国的战略演进

从 1871 年建国到 1918 年战败覆灭，德意志第二帝国的历史虽然非常短暂，但它从未忘记发展海权。在近半个世纪的时间里，德国先后由俾斯麦与威廉二世主政，两人对德国的地缘环境与国家目标认识不尽相同，因而采用了截然不同的大战略，而这种变化让德国的海权发展经历了跌宕起伏的三个阶段。

一　以陆为主、依陆谋海阶段（1871～1890 年）

1871 年，随着德国的统一，中欧出现了一个国土面积在欧洲仅次于俄国且以德意志民族为主体的新帝国。德国这个发展潜力巨大的新力量中心使深谙均势之道的英、俄两国感到了压力，它们不约而同地开始主动限制德国，甚至去"保护"以前的宿敌——法国。当时的英国保守党领袖迪斯雷利就非常直接地说："俾斯麦是个地地道道的新波拿巴，对他应当加以遏制。" 1872 年 9 月，俄国宰相戈尔察科夫在随沙皇参加柏林举行的德、俄、奥匈三皇会议期间，也向法国驻德大使明确表态："我们需要一个强大的法国。" 与此同时，在普法战争中被击败并被迫向德国割地赔款的法国时刻都在寻找机会向德国复仇，已成为德国的死敌。奥匈帝国也是德国的手下败将，它这时虽然无力向德国复仇，但对德国也并不友好。

1875 年 5 月，德法之间再次爆发所谓的"战争在望"危机，德国筹划对法国发动预防性打击，希望进一步削弱法国。英、俄两国迅速做出反应，英国联合俄、意、奥匈三国向德国施压，要求"保证和平"。5 月 10 日，英国维多利亚女王亲自给俄国沙皇写信提议两国联合行动。5 月 10 日至 13 日，沙皇在宰相戈尔察科夫陪同下访问柏林，直接表态俄国不支持德国再次打击法国，并要求俾斯麦给出明确的答复。面对如此强大的压力，"铁血宰相"俾斯麦也只能屈服。

新生的德国不但遭到欧洲列强的防备，它的内部也问题重重。普鲁士用铁血手段统一了德国，但被其统一的弱小德意志诸侯国（尤其是南德意志地区的邦国）很不情愿，这使整合内部、巩固帝国政权成为德国统治者的头等大事。此外，天主教与新教之间的宗教斗争、德意志民族与波兰等少数民族之间的民族矛盾也影响着帝国的稳定，而且它们往往交织在一起，让俾斯麦等执政者头痛不已。始于 1871 年的"文化斗争"就是一个非常典型的例证。

德国这时虽然面临上述困难，但统一也给它带来了非常难得的发展机遇。统一前，德意志地区的发展非常不平衡，北德意志地区（尤其是普鲁士）的工业较发达，南部的经济支柱依然是农牧业与手工业。统一后，德意志地区形成了一个完整的市场，这为当时德国经济的发展提供了足够的空间。众所周知，德国借助第二次工业革命在工业上超越了英国，而那时第二次工业革命还处于萌芽状态，德国工业的竞争力并不强，德国商品在海外市场上的表现也不佳。从 1873 年底开始，西方世界陷入了严重的经济危机，史称"大萧条"。为了保护竞争力不足的本国工业，俾斯麦政府于 1879 年开始实行保护性关税。在关税壁垒的保护下，德国工业以国内市场为基础获得了持续的发展。

极富战略眼光的俾斯麦在综合分析上述因素后为这一时期德国的大战略定下了"守成"的基调。他对外奉行"大陆政策"，努力改善德国的陆上安全环境，对内着力完成内部整合，使德国在短短的 9 年内相继颁布了宪法，统一了货币与邮政，建立了帝国银行。在他任期内，德国不但完成了经济一体化进程，还实现了由联邦制国家向中央集权制国家的转变。

在俾斯麦看来，当时的外部环境与德国自身的实力都不允许德国参与海洋争霸，德国应以完善海防、保卫海上贸易为主要目的来适度发展海权。基于这样的想法，俾斯麦在任内为德国的海权发展做了不少工作并取得了显著成效。

一是巩固海防，建成一支轻型近岸海军。德意志帝国海军的前身是北德意志邦联海军[1]，这是一支实力非常弱小的海上力量，不足以保护德国

---

① 〔美〕劳伦斯·桑德豪斯：《德国海军的崛起——走向海上霸权》，黎艺译，北京艺术与科学电子出版社，2013，第 99 页。

海岸线的安全，所以，俾斯麦在帝国建立之初处理法国战争赔款时将一部分赔款用于发展海军①。当时，俾斯麦的海军建设目标非常明确，就是"舰队实力必须凌驾于所有的二流强国"②。以此为目标，俾斯麦任内在1883～1888年通过了3个造舰计划，在其离任时德国海军的总吨位已达到19万吨，德国的近岸防御态势也得到改观。

二是顺势而为，获得了面积可观的海外殖民地。在拓展海外殖民地问题上，俾斯麦起初认为海外殖民地会成为德国政治与经济上的包袱，但随着国内外经济与政治形势的发展，他的态度有所改变，在不影响"大陆政策"的前提下，他也开始积极争取海外殖民地。从1883年开始，经过短短三年的时间，德国利用有利的国际环境通过利益交换的方式争取到100多万平方公里的海外殖民地，面积约占一战爆发前德国殖民地总面积的90%③。

三是苦练内功，使德国的海军工业由弱变强。在建国之初，德国的海军工业很弱，建造军舰用的装甲板、发动机等关键设备基本上从英国进口，性能先进的军舰也由英国建造。1872年施托施将军就任帝国海军部长后，他将"海军能依靠德国自身的工业进行发展"作为理想④，顶着压力坚持让德国海军使用国产装备。在他的推动下，到了1883年，德国海军不但基本摆脱了对进口装备的依赖，自身海军工业的整体水平也得到了显著的提高，一些德国军工企业还跻身国际市场，成为有实力的竞争者。德国能获得清政府两艘主力舰的合同，以及它为北洋海军建造的"定远""镇远"两舰在实战中的可靠表现就能充分证明这一点。可以毫不夸张地说，德国海军能在后来实现爆发式发展在很大程度上得益于这一时期打下

---

① 〔美〕劳伦斯·桑德豪斯：《德国海军的崛起——走向海上霸权》，黎艺译，北京艺术与科学电子出版社，2013，第99页。

② 〔美〕劳伦斯·桑德豪斯：《德国海军的崛起——走向海上霸权》，黎艺译，北京艺术与科学电子出版社，2013，第106页。

③ 徐弃郁：《德国崛起的战略空间拓展及其启示》，《当代世界》2011年第12期。

④ 〔美〕劳伦斯·桑德豪斯：《德国海军的崛起——走向海上霸权》，黎艺译，北京艺术与科学电子出版社，2013，第133页。

的基础。

四是未雨绸缪，积极实施涉海战略工程。德国的海岸线比较短而且被日德兰半岛分割成彼此独立的两段，其中一大部分海岸线位于波罗的海沿岸，需要通过丹麦海峡才能进入北海，另一小段虽面向北海，但这里的海岸平直，港口基本无险可守。糟糕的地理条件使德国组织海防变得非常困难，为了改变这种不利的态势，俾斯麦利用当时宽松的外部环境，在英、俄的默许下开工建设基尔运河，同时还积极与英国谈判换取黑尔戈兰岛，这项战略性系统工程的两大主要工作都在俾斯麦离任不久相继完成。

五是先行一步，民营海运业获得了空前发展。从 1870 年到 1890 年，德国的登记商船的净吨位从 81994 吨猛增到 723652 吨，运营范围也从以波罗的海为主扩展到世界各主要大洋和大洲，并产生了汉堡—美洲公司和北德意志劳埃德公司这样的世界性大型航运企业。

二　由陆向海、战略转型阶段（1890～1896 年）

威廉二世亲政时，德国不但基本实现了传统农业国向现代工业国的转变，迅速完成了第一次工业革命并对相关产业进行了升级，而且借第二次工业革命之势建立起世界领先的电气、化工、光学等工业，成为世界范围内电器设备、化工产品、光学产品以及其他许多工业产品的主要供应者[1]，德国的经济增长方式也同时完成了由内需拉动向出口推动的转变，而且随着对外贸易的增长，德国的财富不断积累，它也因此逐渐变成一个资本输出国[2]。外向型经济增长方式的确立与巩固加深了德国对海外市场与原料供应的依赖，也促使它把目光转向海外。

伴随着经济的腾飞，德国人的民族自豪感日益增强，他们希望自己国家的强国地位被国际社会广泛认可。在当时，海外殖民地的多少是强国地

---

① Christian Graf, Von Krockow, *Die Deutschen In Ihrem Jahrhundert*, 1890–1990, Hamburg, 1990, p. 25.

② 〔美〕帕尔默·乔·克尔顿、劳埃德·克莱默：《工业革命：变革世界的引擎》，苏中友等译，世界图书出版社，2010，第 185 页。

位的一个重要标志,而德国拥有的海外殖民地比荷兰、葡萄牙等欧洲二流国家还少,这让德国国内产生了强烈的对外扩张情绪。19世纪90年代初,马汉的《海权论》出版并风行世界。它激发了列强发展海军、争夺海洋霸权的热情。这种思潮在德国国内也很有市场。上述因素相互作用,让德国国内主张发展海权、对外扩张的民意日益增强。

在德国欣欣向荣并希望大举向外发展的同时,世界却是另一番景象。当时的世界受汉密尔顿保护"幼稚工业"理念与李斯特"保护贸易"思想的影响很大,特别是始于1873年的世界性经济大萧条还没有结束,很多国家都筑起"关税壁垒"来保护本国企业,想通过自由竞争来打开海外市场日益困难。不仅如此,由于世界这时已基本上被其他列强瓜分完毕,几乎没有无主地可圈,想占有新的殖民地变得非常困难。德国当时还面临一个棘手的问题,那就是俄奥在巴尔干地区的矛盾越来越尖锐,德俄之间的钩心斗角也使两国的关系变得十分微妙,特别是俄法之间已经开始相互接近,维持"大陆政策"变得越来越困难。

虽然向海外发展的大方向是明确的,但在两个关键问题上,德国的决策者此时还没有想好。在国家大战略层面,威廉二世及其智囊对怎样进行扩张还没有清晰的思路;在海军战略层面,德国国内对建设一支什么样的海军也存在争论,一部分海军军官接受《海权论》中的"舰队决战"思想,主张重点发展战列舰,另一部分海军军官则受"绿水学派"的影响主张以巡洋舰作为舰队的主力。这种争论又进一步导致威廉二世在海军发展问题上变得犹豫不决。

上述原因使德国这一阶段的海洋强国建设没有产生多少有形的成果,而且显得有些杂乱无章,但是德国对外扩张的大战略与海军战略的定型却是在这一阶段完成的。

先来看大战略的确定过程。起先,德国希望与英国建立一种正式的政治军事同盟关系来达到既能确保本土安全又能"搭便车"扩张海外殖民地的目的,于是它放弃了俾斯麦执行了近20年的"大陆政策",开始主动向英国靠拢。从德国实现与英国结盟的策略来看,这个阶段又可分为前、后两个时间段。1890 年 3 月至 1894 年 10 月是前一阶段，帝国宰相卡普里维执行了一套被称为"新路线"的政策，其特征是"拉英联盟"。在此期间，德国先是拒绝续签德俄《再保险条约》，紧接着又与英国签订了《黑尔戈兰—桑给巴尔条约》，"新路线"的直接后果就是促成了俄法结成同盟，使德国面临东西夹击的不利局面。然而，德国没能如愿建立英德联盟。1894 年 11 月至 1896 年 1 月是后一阶段，霍恩洛埃任帝国宰相，他的政策被称为"大陆同盟"，其特征是"逼英联盟"。在这一阶段，霍恩洛埃政府努力恢复德俄"友谊"，甚至希望能和法俄同盟搞好关系，形成一个所谓的"大陆同盟"，让英国感到孤立，再借此抬高自己的身价，迫使英国与德国结盟，并在殖民地问题上向德国让步。但德俄友谊不但没能恢复，英德之间的关系还因"克鲁格电报"事件进一步恶化。正是因为借力扩张的路没走通，德国最终选择了靠实力对外扩张的大战略。

在国家大战略不断摸索调整的同时，德国海军自身也发生了深刻的变化。这种变化体现在两个方面：一是确立了"深海作战"的思想；二是德国海军的主流逐渐支持优先发展战列舰。它的结果是德国的海军战略得以明确，即在"风险理论"的指导下以英国为主要对手发展大海军。

德国海军的变化与蒂尔皮茨成为它的核心人物密不可分。1891 年春夏之交，蒂尔皮茨被推荐给威廉二世。在经过一系列交谈后，蒂尔皮茨关于德国海军运用与发展的设想得到了威廉二世的认可与支持，同年 8 月，威廉二世任命他为德国海军最高指挥部总参谋长。1892 年 2 月，蒂尔皮茨正式上任，他在此后的两年中积极贯彻基于舰队决战思想的"深海打击"战略，并通过一系列的演习来证明战列舰的重要性。1894 年 6 月 16 日，蒂尔皮茨在前期研究以及对演习成果总结的基础上最终完成并提交了著名的《第九备忘录》，他在这份备忘录中对德国海军的战略以及未来的发展目标进行了清晰的规划，也为此后德国海军的爆发式发展奠定了基础。

除了上述成果外，德国的海洋强国建设在此期间还取得了一些看似零散却又影响深远的成绩。

首先是德国海军的训练水平得到了提高。19 世纪 70 年代末至 90 年代初，德国海军的训练水平一直不高，这集中表现为安全事故频发。1878年5月，两艘主力舰"大选帝侯"号与"威廉国王"号在演习中相撞，导致"大选帝侯"号沉没。事后，虽然不少高级军官受审，但德国海军的训练水平并没有因此而提升，各种舰船搁浅、碰撞事故接连不断，涉事舰艇不仅有主力舰，还有雷击舰等轻型舰艇和辅助船。1894年2月，就连新服役的战列舰"勃兰登堡"号也发生了导致40人死亡的爆炸事故。对此，蒂尔皮茨曾非常担忧地指出，如果舰长与船员们连最简单的演习都无法应对，纵使有再好的战术也无济于事，因此他就任总参谋长后非常重视训练工作，不断强化德国海军的基础训练①。

另一个重要成绩是德国的舰船装甲技术在这几年中取得了关键性突破。克虏伯公司开发出一种叫作"瓦斯胶合"法的装甲生产工艺，生产出的装甲在性能上远优于当时世界公认最好的"哈维氏钢甲"，使德国海军彻底摆脱了对外国装甲的依赖，并在该项技术上居于世界领先的位置。

三　陆海失调、走向失败阶段（1896～1914年）

"克鲁格电报"事件后，德国在外交上已身陷困境。然而，随着德国工业与科技水平的快速提高，德国产品的市场竞争力不断增强，到了19世纪90年代末，英国已基本被德国挤出了欧洲市场。这种状况显然是英国无法接受的，进而引发了英德间的经济矛盾与经济竞争。随着对德国不满的加剧，英国采取了一些打击德国的措施，例如，英国单方面宣布英德两国于1865年签订的最惠国条款无效，并与英属各殖民地协商在大英帝国内实行帝国特惠制，借此将德国商品阻挡在外。更有甚者，由于英德两国经济矛盾的升级，两国民间的敌意也在加剧，英国报纸上不时会出现鼓吹用海军优势来教训德国的文章，而且英国海军在1900年对南非布尔共和国的封锁中无端扣押了德国邮轮。这不但让德国感到如芒在背，还使德

---

① 〔美〕劳伦斯·桑德豪斯：《德国海军的崛起——走向海上霸权》，黎艺译，北京艺术与科学电子出版社，2013，第180页。

国相信英国正在寻机用军事手段打击德国，削弱德国的工业能力。

在外部安全环境与贸易环境趋于恶化的同时，由于国内发展空间已经饱和，德国经济变得日益依赖海外的市场与原料供给，这加剧了德国人的危机感，他们对外扩张的心情此时已变得非常迫切。这股强大的民意让德国政府感到巨大的压力，于是急于脱困的威廉二世领导德国走上了依靠自助手段发展海权的道路。

1896 年 1 月 18 日，威廉二世在德意志帝国成立 25 周年纪念仪式上发表演讲时说："德意志帝国，现在已成为世界帝国。"同年，他在"维切尔斯巴赫"（Wittelsbach）号战列舰上宣称："在遥远的地区，任何重要的决定，如果没有德国和德国皇帝都是行不通的！"[①] 1897 年，威廉二世改组政府，任命比洛为外交部国务秘书，蒂尔皮茨为海军办公室国务秘书。同年，比洛在帝国议会发表了著名的"阳光下的地盘"演说，他说："德国过去曾有那样的时期，把陆地让给一个邻国，把海洋让给另一个邻国，而自己只剩下纯粹在理论上主宰着的天空。可是，这种情况已经一去不复返了。我们不希望把任何人推进阴影里，但我们也需要阳光下的地盘。"这些举动标志着德国已决心从一个欧洲的陆上强国进一步发展成为一个具有全球影响力的世界强国。

现存的各种德意志第二帝国官方文件或领导人讲话都没有对"世界政策"进行全面系统的介绍，但从"世界政策"出台后的历史来看，威廉二世的执政团队主要做了两件事：一是在全球范围内积极寻求扩大殖民地，二是以蒂尔皮茨的"风险舰队"理论为指导大力发展海军。

先来看德国争取殖民地的过程。

德国首先将手伸向中国。1897 年 11 月，德国以传教士被杀为借口出兵山东，并强迫清政府于 1898 年 3 月签订德华协定强租胶州湾 99 年，这是德国宣布"世界政策"后的第一次重大行动。紧接着，德国积极参加了

---

① 李富森：《威廉二世时期德国海军战略与政策研究》，博士学位论文，华中师范大学，2014，第 52 页。

1900 年的八国联军侵华战争，并于同年 10 月由瓦德西率 3 万名德国陆军赴华，成为侵华联军的主力，瓦德西也被任命为联军司令。德国强势进入中国并将黄河流域的山东等地纳入了自己的势力范围，随即成为俄国势力向南发展的障碍。

在积极向亚洲扩张的同时，德国还将触角伸向中南美洲，并试图挑战美国的"门罗主义"。1901 年，委内瑞拉发生债务危机，德国则借口委内瑞拉债务违约将军舰开到该国沿海进行地理勘察，以便日后在此建立基地。1902 年，德国的步子迈得更大，它向加勒比海派出了一支小型舰队来封锁委内瑞拉港口，并捕获了该国的商船。随后，德国同样是借债务违约问题向多米尼加施加强大的政治影响，并导致该国政治动荡。对德国上述染指南美洲的举动，美国非常反感，并严厉警告了德国。

德国在非洲与中东也有所动作。在非洲，德法之间为了殖民权益先后发生两次摩洛哥危机；在中东，德国积极向土耳其渗透，并谋划修建从柏林到巴格达的铁路，这又让它与英、俄之间产生了新的矛盾。

总的来说，德国在这段时间里虽然向外扩张的力度很大，但取得的成果非常有限。

再来看德国的海军建设。德国的大海军建设始于 1898 年的第一个海军法案，1900 年 6 月又通过了第二个海军法案。德国海军建设大发展引起了英国的警惕。在与英国进行的海军竞赛过程中，德国又连续通过 1906 年、1908 年、1912 年三个"补充法案"。到一战爆发前，德国海军的总吨位从俾斯麦下台之初的 19 万吨猛增到 66 万吨，规模则从英国海军的 1/6 增长到 3/7，实力稳居世界第二[①]。这一时期，德国海军不仅在规模上获得了巨大发展，还在建军质量上达到了很高的水平，日德兰海战的战斗结果就足以证明这一点。

此外，德国的海运业在这一时期也得到了进一步发展。1913 年，德

---

① 〔美〕理查德·罗斯克兰斯、阿瑟·斯坦主编《大战略的国内基础》，刘东国译，北京大学出版社，2005，第 64 页。

国商船的数量猛增到 2098 艘，登记总吨位达到 438 万吨，规模仅次于英国，是当时世界第二大商船队，航线也遍及世界各大港口[①]。

1914 年，第一次世界大战爆发，德国将德英海军实力对比提高到 2∶3 的计划彻底流产了。由于还没有做好与英帝国海军进行战争的准备，德国在战争初期就已经意识到贸然与英国进行海上决战无异于自取灭亡，所以德国公海舰队采取集中兵力，寻找机会在海上偷袭或诱歼英国海军孤立小舰队的策略，希望能积小胜为大胜。日德兰海战的战前筹划就是在这种思想指导下进行的。可是在日德兰海战后，英国为了减小自己的损失，也基本放弃了与德国在海上决战的想法，转为利用自己的兵力优势与区位优势对德国进行远程封锁；德国方面也为了保存海军实力而消极避战，使公海舰队成为名副其实的"存在舰队"。为了打破封锁并削弱英国的战争潜力，德国放弃了基于"舰队决战"理论的"深海打击"战略，转而开始重视"巡洋战争"理论，希望利用潜艇开展破交战来打击英国，这虽然给英国带来了很大的损失，但无法从根本上改变战争的结局。

战败后，德国损失了近 1/8 的领土，东普鲁士等相当一部分沿海土地被割让，失去了大量的海岸线，保存下来的公海舰队落得自沉的下场，德国的海外殖民地与庞大的商船队也被协约国瓜分。德国全面走向海洋的进程戛然而止，德意志第二帝国也同时灭亡。

第二节　德国海洋强国地缘政治效应的表现形式

德国的统一极大地改变了欧洲传统的地缘政治格局，引起欧洲原有强权国家的戒备。德国建设海洋强国，进一步加深了包括英国、法国等在内的海洋强国的敌意，由此必然引发相应的地缘政治效应。德国建设海洋强国引发的地缘政治效应主要有机会窗口效应、对手聚合效应、陆压海缩效应与资源黑洞效应，其中有利效应仅一个，而不利效应有三个。

---

① 沈素红：《德国"世界政策"出台的原因》，《湖北教育学院学报》2007 年第 5 期。

一　机会窗口效应：高开低走

建设海洋强国的机会窗口始于 1871 年德意志第二帝国建国，终止于一战爆发。整个窗口期可大致分为三个阶段：1871 年建国至 1878 年"柏林会议"是争取和营造阶段；"柏林会议"之后至 1890 年俾斯麦下台前是成型与维护阶段；威廉二世亲政至一战爆发前是破坏与消失阶段。

（一）"大陆政策"使欧洲形成了以德国为中心的地缘政治格局

1871 年，普鲁士击败法国，一个统一的德意志帝国得以在中欧诞生，这让英、俄等老牌欧洲强权国家感到非常的不适。当时，德国的西面是法国，它时刻都想着向德国复仇；东面的俄国对自己这个强大的新邻居戒心很重，也随时准备出手遏制它；南面的奥匈帝国也是普鲁士的老对手，虽然它已经无力复仇，但对新生德国很冷淡；英国一直是欧洲大陆均势格局的捍卫者，德国的出现已经颠覆了欧洲原有的均势格局，这让英国非常不安，它警惕地注视着德国，并积极与其他大国携手防止德国进一步坐大。

其实在德国统一的过程中，英、俄两国的戒心就已经显露出来。1848 年，英、俄联合干预普丹战争，用武力胁迫普鲁士从石勒苏益格与荷尔斯泰因撤军，这在很大程度上就是因为担心普鲁士会进一步控制丹麦海峡并将影响力扩大到波罗的海①。需要指出的是，那时的普鲁士海军还不敌丹麦海军，更不可能对英、俄构成威胁，即便这样英、俄两国仍强力进行干预，足见它们对德国的防备心之重。

俾斯麦对德国的这种处境是有心理准备的，他曾经非常精辟地分析说："中心和无屏障的地理位置，国防线伸向四面八方，反德联盟很容易形成。"②

---

① Rene Albrecht‑Carrie, *A Diplomatic History of Europe Since the Congress of Vienna Paperback*, Harpercollions College Div, 1973, p. 77.

② 〔德〕奥托·冯·俾斯麦：《思考与回忆》，山西大学外语系译，东方出版社，1985，第205 页。

然而，事实证明当时情况的严重程度已经超出了俾斯麦的预期。1875 年 5 月，德国挑起了"战争在望"危机，并放话要对法国发动预防性战争，哪知英、俄两国迅速联手向德国施压，奥匈帝国与意大利也不支持德国进一步削弱法国，这时的德国已经处于完全被孤立的境地。

"战争在望"危机让俾斯麦、老毛奇等德国执政精英对国家所处的地缘政治环境有了更加清醒的认识。俾斯麦事后就曾无奈地说："我们必须得出结论，那就是在任何时候，如果我们试图对法国的再次进攻做出军事上的或外交上的准备（当然现在我们没有这样做），那么英国就将鼓动起整个欧洲来反对我们而支持法国。"[①] 危机结束后，俾斯麦离开柏林前往瓦尔青休假。在长达 5 个月的假期中，俾斯麦远离喧嚣，独自对德国的大战略进行了深入的思考。

1875 年 11 月，重新回到柏林的俾斯麦开始着手调整德国的大战略，他坚定地推行"大陆政策"，在继续巩固与维持德、俄、奥匈"三皇同盟"的同时，又促成了德、奥匈、意"三国同盟"，一心一意构建并经营以柏林为中心、旨在孤立法国的欧洲新均势体系，而且手段也变得更加高明。即使面对国内日渐高涨的对外殖民呼声，他也始终坚持将"确保欧洲大陆的和平"放在首位，防止因参与殖民竞争而破坏德国周边环境的稳定。对此，俾斯麦曾形象地对殖民主义者说："你的非洲地图的确很好，但我的非洲地图却是放在欧洲的。这儿是俄国，这儿是法国，我们在中间。这就是我的非洲地图。"[②]

俾斯麦的努力终于见到了成效。为了解决 1875 年出现的"近东危机"，其他列强一致要求德国充当"调解人"，于是 1878 年 7 月召开了"柏林会议"。这次会议的成功举办标志着欧洲形成了对德国有利的均势，而德国也成为这一时期欧洲政治的中心。

在俾斯麦下台前，这种对德国有利的欧洲均势结构一直维持着。在此

---

① 徐弃郁：《脆弱的崛起——大战略与德意志帝国的命运》，新华出版社，2014，第 23 页。

② 〔苏〕B.M. 赫沃斯托夫编《外交史》（第 2 卷上），高长荣、孙建平等译，生活·读书·新知三联书店，1979，第 45 页。

地缘结构下，法国不敢向德国复仇，更无法与其他大国结盟来夹击德国，英国也很难插手欧洲大陆的事务，俄国向西扩张的势头同时得到遏制，奥匈帝国则获得了"保护"。由于在欧洲大陆难有作为，英、法、俄三国均将注意力转向欧洲以外的地区。英法在非洲的激烈争夺、英俄在中亚与远东的斗争不仅加深了英法、英俄的矛盾，还进一步提高了德国的国际地位，使它成为各方讨好的对象，为德国与其他大国进行利益交换提供了更多资源。1883 年至 1886 年，德国在非洲等地的顺利扩张正是这种利益交换的结果。

（二）德国借助良好的外部环境取得了令人瞩目的海权发展成绩

在俾斯麦一手营造的战略机遇期里，德国的海洋强国建设取得了巨大的成绩，这些成绩集中表现在以下三个方面。

首先，德国顺利并快速地完成了第一次、第二次工业革命，形成了外向驱动型的经济发展模式，这不但为德国的海权发展提供了强大的内生动力，还为日后的大海军建设积累了雄厚的财力与物力。

在建国之初，德国的工业总量虽然已经超过法国，但从其经济结构的整体情况看，第一产业在它的国民经济中占 37.9%，而工业、手工业和采矿等第二产业占比只有 31.7%，可见，这时的德国还只能算作拥有较强大工业经济的农业国①。普法战争后，德国不但获得了 50 亿金法郎的战争赔款，还攫取了煤铁资源丰富的阿尔萨斯和洛林。德国将这些作为资本投入后期的经济发展中，同时借助"大陆政策"带来的有利外部环境，迅速完成了第二次工业革命，建立起世界领先的工业体系。在威廉二世上台后，即使是在政治与安全环境逐渐恶化的情况下，德国经济也借助前期高速发展产生的巨大惯性依然保持着上升势头，到 1913 年，第一产业在德国经

---

① 邢来顺、徐祖荣：《略论德意志帝国时期工业主导型经济的确立》，《高等函授学报》（哲学社会科学版）2001 年第 8 期。

济中的比重已不足 1/4。

工业的腾飞促进了德国的对外贸易，德国的经济增长方式也很快转变为外向驱动型。从 19 世纪 80 年代后期开始，德国超过法国成为世界第二大出口国，其在世界贸易中所占份额逐年上升，越来越接近居首位的英国。一战前，德国已成为当时世界上最大的金属、机械、化学、电气设备等产品的出口国[①]，德国这时的工业品出口额比其建国初期增长了 20余倍。

强劲的出口使德国积累的财富迅速增长。在建国初期，德国还是一个资本净流入国，过了不到 30 年，它就转变为一个资本净输出国[②]，到 20世纪初，德国已经成为仅次于英国和法国的世界第三大资本输出国。有资料显示，1883 年德国对外投资约为 50 亿马克，但到了 1913 年，这个数字已猛增到 220 亿 ~ 250 亿马克[③]，对外投资的增长从一个侧面反映了德国财富的积累速度。

其次，德国不但顺利巩固了海防，还建立起完整且技术先进的海军工业体系。普法战争中，德国一举击溃法国，这说明德国已经拥有当时欧洲最先进的陆军。建国后，德国开始加强海军建设，这是英俄两国非常忌惮的事情，因为它们非常担心德国会控制丹麦海峡，甚至去争取波罗的海的制海权，英俄两国联手干涉普丹战争足以证明这一点。英国这次没有阻挠德国扩大海军主要有两个原因。一是俾斯麦将海军建设定位为巩固德国海岸线的防御，扩军的规模非常有限，建造的也多为中型和轻型舰艇，对英国海军不能构成威胁。二是英俄此时的矛盾很深，英国认为具备一定实力的德国海军能在波罗的海对俄国起到潜在的制衡作用，所以英国这次不加限制地为其提供从整艘军舰到装甲板、发动机等各种海军装备，即使知道德国在积极发展本国的海军工业，英国也没有对其进行技术封锁。在此期

---

① Christian Graf and Von Krockow, *Die Deutschen In Ihrem Jahrhundert*, *1890 – 1990*, Hamburg, 1990, p. 25.

② 〔美〕帕尔默·乔·克尔顿、劳埃德·克莱默：《工业革命：变革世界的引擎》，苏中友等译，世界图书出版社，2010，第 185 页。

③ 邢来顺：《工业化冲击下的德意志帝国对外贸易及其政策》，《史学月刊》2003 年第 4 期。

间，英德还存在很多的技术交流，使德国有机会在一些关键技术上反超英国，德国开发新型船用装甲板的过程就很能说明问题。经过多年的技术积累，在俾斯麦离任时，德国的海军工业已经基本摆脱了对国外技术的依赖并形成了完整、独立的体系，虽然在舰用发动机等少数关键技术上还落后于英国，但就德国海军工业的整体技术水平而言，它已跻身世界先进国家的行列。在英德海军竞赛过程中，德国的海军建设不但没有因技术封锁等外部原因而受阻，反而能紧追当时的海军技术潮流，快速建立起一支规模居世界第二且技术先进的大海军，这就足以证明当时德国海军工业的实力。

最后，德国用很少的代价就获得了可观的海外殖民地并顺利实施战略性海洋工程。1883 年春，一名德国商人在西南非洲的小安哥拉港（Angra Pequena）建立了工厂并升起德国国旗。从此开始，直到 1885 年，在短短的几年时间里，俾斯麦就帮助德国在西南非洲、多哥与喀麦隆、东非、新几内亚等地建立起一系列殖民地，总面积达 100 多万平方公里，约占一战前德国殖民地总面积的 90%。毫无疑问，英国的默许态度是德国能顺利进行殖民扩张的重要因素。时任英国外交大臣的格兰维尔认为，英国在埃及、黑海海峡等一系列重大问题上依赖德国，所以英国必须为德国的这种帮助"付账"，他还认为法国殖民地的关税通常高达 50%，而德国殖民地的关税相比之下则低得多，符合"自由贸易"原则，只要德国殖民地继续开放贸易，英国应"乐于看到"德国建立自己的殖民地①。

除了积极争取海外利益，俾斯麦还利用英、俄对德国放松戒心的时机，为消除丹麦海峡对德国的制约作用开始建设基尔运河，并为加强该运河与威廉港的防御和英国就交换黑尔戈兰岛进行谈判。这两件事均在俾斯麦离任后不久得以完成。基尔运河在两次世界大战中都发挥了巨大的作用，英国对此非常后悔，这也从侧面反映了战略机遇期对德国的海权建设起到了巨大的推动作用。

---

① 徐弃郁：《脆弱的崛起——大战略与德意志帝国的命运》，新华出版社，2014，第 84~85 页。

（三）德国接连错过与英、俄和解的机会而深陷安全困境

威廉二世上台后在战略上犯了一系列的严重错误，从根本上摧毁了俾斯麦建立起来的以德国为中心的欧洲新均势体系，德国也因此失去了有利的外部环境。但在一战爆发之前，它至少有两次非常明显的机会与主要对手缓和矛盾，一次是在日俄战争前后与俄国和解，另一次则是在1906年与英国和解并停止海军军备竞赛。

先来看看德国如何错过第一次机会。1902年1月，英日同盟建立，这一同盟明显是针对俄国的。1904年4月，英法协约被公布，而此时日俄战争正在"火热"地进行着，战事对俄国非常不利，法国选择这个时候与英国和解并在日俄战争中对俄国表现冷淡，这让俄国倍感孤立而且非常不悦。与法国不同的是，德国这时为俄国提供了不少军需后勤支援，于是，德俄之间有了接近的契机。1904年10月，威廉二世主动向沙皇尼古拉二世提出两国加强合作的建议并得到沙皇的积极响应。沙皇请德国先草拟一个条约，但德国的条约草案引起了俄国的警惕，因为德国的草案带有明显离间俄法同盟的意图，而且德国要求在签约前不得告知法国。由于此时俄国依然需要倚重俄法同盟，德国又没有提出能求同存异的新方案，所以俄国婉拒了德国的"好意"。这次德俄结盟的失败为日后英俄的和解埋下了伏笔。

再来看看德国如何放弃避免与英国进行海军竞赛的机会。在德国的"第二次海军法案"通过之前，特别是英德进行"无畏舰"建造竞赛之前，英德之间虽然在贸易、海外殖民问题上存在不少矛盾，但这些矛盾并非完全不可调和，与英法、英俄矛盾相比，英德矛盾并不是最激烈的，英国这时也没有将德国看作最主要的对手。事实上，当时英国海军执行的"两强标准"是以法、俄海军为参照，并没有过多地关注德国的海军建设，然而，第二个海军法案获得通过让英国感到不安。即便是在英德"无畏舰"建造竞赛已经拉开序幕的情况下，英德的对立也不是完全没有转机的可能，因为从1908年底开始英、德两国就缓和因海军竞赛引起的对立进

行了长达两年的谈判，但是德国不愿做出妥协，这迫使英国重新审视德国带来的威胁。对此，时任英国海军大臣的温斯顿·丘吉尔曾经明白无误地说："如果我们的海军霸主地位受到损害，那么我们民族和帝国的前途以及多少世纪来由生命和成功所积累起来的财富就会不复存在，一扫而光。"因此，"我要象德国明天就要进攻那样做好准备"①。谈判破裂后，英国于1912年3月18日正式宣布了"一强标准"，即在主力舰上超过德国主力舰的60%，该标准的提出不但标志着英国将德国作为自己的头号威胁，还为日后英美结盟奠定了基础。

二　对手聚合效应：先弱后强

在德国建设海洋强国的过程中，对手聚合效应始于威廉二世亲政，那时，德国的角色还只是大国殖民竞争的旁观者，但到一战爆发时，它已经成为主要大国围攻的目标。

（一）法国抓住机会与俄国结成反德同盟

与俄国结盟是俾斯麦孤立法国、为德国塑造良好陆上安全环境的重要手段，然而，维持德俄之间的"友谊"并非易事。

政治上，俄国在"战争在望"危机中和英国联手反对德国，这使德俄关系出现了间隙。在1878年的柏林会议上，德国出于平衡各方关系的需要也没有给予俄国太多支持，这又进一步扩大了德俄间的裂痕。在俾斯麦的联盟体系中，德俄联盟被置于"三皇同盟"的框架内，由于俄、奥两国的矛盾很难调和，德国出于维护均势的需要又在"三皇同盟"中主动"保护"奥匈，所以德俄之间的战略信任基础并不牢固。1885年，俄、奥为争夺在巴尔干的霸权而爆发了保加利亚危机，这场危机直接摧毁了"三皇同盟"，俾斯麦不得不与俄国签订德俄《再保险条

---

① 〔美〕丹尼尔·耶金：《石油·金钱·权力》（上册），钟菲译，新华出版社，1992，第152页。

约》以维持两国友谊。在该条约中,德国并没有获得俄国在未来可能发生的德法战争中对德善意中立的保证。鉴于德奥之间存在军事同盟关系,为了避免被奥匈帝国拉下水,使德俄之间发生直接对抗,俾斯麦又在《再保险条约》签订后仅半年促成了两次"地中海协定",得以借英国之力来制衡俄国。

经济上,德俄之间本来存在很强的互补性。德国工业化程度高、科技发达、资本雄厚,既能为俄国提供所需的工业品,也能提供融资服务。相比德国,俄国当时还是一个比较落后的农业国,德国则是欧洲第二人口大国,对俄国农产品的需求量很大,而且俄国还是德国工业品的重要销售市场。然而,随着俄国工业化进程的起步,为了保护本国薄弱的工业,俄国从 19 世纪 80 年代初开始大幅提高进口关税,德国进行了报复,大幅提高俄农产品的进口关税,并阻止俄在德国融资。法国抓住这一难得的机会主动为俄提供金融支持,也为法俄接近埋下了伏笔。

1890 年,威廉二世迫使俾斯麦辞职,任命卡普里维为新宰相。由于俾斯麦设计的一整套旨在维持欧洲均势的联盟体系非常复杂,且维护这个体系需要十分高超的外交手腕,这让他的继任者感到很不适应。恰好这时德国的经济发展越来越依赖海外市场与资源,强大的国力与长达二十年的和平又使德国新的领导者放松了对营造周边安全环境的关注,逐渐将注意力转向发展海外利益的新领导者开始积极寻求与英国结盟,为此,德国开始主动与俄国保持距离。

按照《再保险条约》的规定,1890 年 6 月 18 日条约期满。早在 1889 年底,沙皇亚历山大三世就明确表示应延长该条约。起初,威廉二世对此还比较积极,但德国的新外交班底反对续签该条约,最终,德皇接受了他们的意见。知道德国拒绝续约后,俄国外交大臣吉尔斯立即表示愿意做出让步,提出可以不要条约的第二条和秘密条款,即关于德国支持俄在保加利亚和黑海海峡的要求的条款,希望能够挽救该条约,但德国再次拒绝了俄国的要求。1890 年 8 月,也就是《再保险条约》期满后仅一个半月,德皇与沙皇在纳伐尔会晤,俄方又提出保留一个象征德俄友好的书面协定，又一次被德国拒绝。①

就在这次会晤之前，英德两国于 1890 年 7 月 1 日签订了《黑尔戈兰—桑给巴尔条约》。这份德国明显吃亏的条约与德国的屡次拒绝使俄国对德俄友谊不再抱有幻想，备感孤立的俄国决心与德国的死敌法国接近。法国抓住这一千载难逢的机会，迅速采取软硬手段促使俄国同意结成反德同盟。1892 年 8 月 18 日，法国终于如愿以偿地与俄国签订军事同盟专约，该专约完全是针对德国，它规定如果法国受到德国或德国支持的意大利的进攻，俄国应出动所有军队进攻德国；如果俄国受到德国或德国支持的奥匈帝国的进攻，法国也应以全部军事力量进攻德国。而且，两国在动员、参战方面均应加强协调，务必使德国同时在东西两线作战②。

从此，德国的陆上安全形势发生根本性逆转。

（二）英国与德国反目成仇并加入法俄阵营

从 1890 年威廉二世执政到 1906 年英、法、俄建立协约国集团，英德关系大致经历了两个阶段，即 1890 年至 1902 年的战略接近到疏远阶段和 1902 年至 1906 年的战略冲突与对抗阶段。

要想理解这个过程，还需先对俾斯麦执政时期的英德关系有所了解。德国统一之初，英国对德国抱有极强的戒心，认为其破坏了传统的欧洲均势格局，并在"战争在望"危机中联合其他欧洲大国向德国施压，这次危机让俾斯麦意识到："如果要保住和平，我们就需要英国。"③ 此后，他竭力避免与英国的重大利益发生直接冲突。对英国来说，日益强大的德国也为其与俄法的殖民争斗提供了一个新的平衡砝码。在俾斯麦的撮合下，1887 年 2 月 11 日，英、奥、意签订《第一次地中海协定》，矛头直指法国；1887 年 12 月 12 日，英、奥、意签订《第二次地中海协定》，这次是针对俄

---

① 徐弃郁：《脆弱的崛起——大战略与德意志帝国的命运》，新华出版社，2014，第 112 ~ 113 页。
② 国际问题研究所编译《国际条约集 1872—1916》，商务印书馆，1986，第 138 ~ 140 页。
③ 〔德〕卡尔·艾利希·博恩等：《德意志史》（第 3 卷上），张载扬等译，商务印书馆，1991，第 400 页。

国。两次地中海协定与德、奥、意"三国同盟"共同构建了英德合作的框架，可见，此时法、俄是英、德共同的对手，英德合作是有现实基础的。

以此为基础，再来看 1890 年至 1902 年的英德关系。这一时期，英国正身陷与法、俄两国的苦斗中。英国占领埃及使英法关系变得非常紧张，与此同时，英俄在伊朗、阿富汗等地区的殖民斗争也非常激烈，俄国想南下获得稳定的出海口，英国则担心俄国南下切断英国本土与印度的联系，两者的矛盾非常尖锐，可见，这时的英国非常需要一个能牵制法、俄的帮手。对于德国而言，它这时也非常期望英国能在其对外扩张过程中给予帮助。1892 年，法俄同盟建立，英、德两国均感到了孤立，这也为它们开展合作创造了可能。

1890 年 7 月英德签订了《黑尔戈兰—桑给巴尔条约》，这是一次德国主动向英国的示好，然而，英国后续的做法让德国感到很失望。在 1891 年德、意、奥"三国同盟"续约之前，意大利建议英国应加强与"三国同盟"的合作，这个建议被英国直接拒绝。摩洛哥危机是英国与"三国同盟"合作的一个重要领域，在西班牙和意大利于 1891 年 5 月 4 日续订保持摩洛哥现状的协定之前，当时的英国首相索兹伯里却回避参加这一外交活动，并表态英国不愿再为意大利和西班牙抵制法国向摩洛哥渗透提供外交支持。对此，当时德国外交的核心人物荷尔斯坦因抱怨说："在所有问题上都试图让别国来照看英国的利益，而他们自己却不愿提供任何合作。"①

在这一时期，英国一直保持着自身的行动自由，只在需要时才向德国靠近。暹罗危机就是一个典型的例子。暹罗是当时英属印、缅殖民地与法属印度支那殖民地之间的最后一块"缓冲区"。1893 年 7 月 20 日，法国以"北揽事件"为借口向暹罗政府递交了最后通牒，遭拒绝后，法国军舰封锁了暹罗沿海。7 月 30 日，英国收到一个报告，称法国命令英国战舰撤出暹罗领水并驶出法国封锁线以外。对于法国这种类似于武力摊牌的举

---

① 徐弃郁：《脆弱的崛起——大战略与德意志帝国的命运》，新华出版社，2014，第 121 页。

动，英国毫无准备，情急之下只能主动寻求德国的支持。德国表示支持英国并安排德国驻英大使馆一等秘书梅特涅前往伦敦商谈合作事宜，但当他抵达时被英国告知此前的报告不实，战争的警报解除了。这件事让德国决策者感到英国是一个不可信的国家。

1893 年底，有消息说法国将同意俄国舰队使用突尼斯沿岸的一个重要军港比赛大港，而且俄国还准备在东地中海租借一个岛作为海军基地，黑海舰队也将部署到这个基地。这让英国感到法俄同盟在海军方面的合作会对自己构成很大的威胁，于是，英国再一次想到了德国。1894 年 1 月，时任英国首相的罗斯伯利向奥匈帝国表示要加强英国与"三国同盟"的合作以对抗法俄同盟，特别是在黑海海峡问题上抵抗俄国的扩张，并同时要求"三国同盟"帮助"慑止法国"。鉴于暹罗危机中的教训，德国的表态非常明确，"如果英国需要我们的帮助，就让它与三国同盟签订明确的条约，使我们相互承担的义务能够固定下来……这样我们可以防止英国（在行动中与敌方）在时机不成熟时就单独媾和"①。仍奉行"光辉孤立"政策的英国显然无法接受这样的条件，于是两国的合作谈判被搁置下来。此后，英德两国的摩擦逐渐增多。1894 年，两国在萨摩亚群岛与刚果的殖民问题上发生争端，1895 年底至 1896 年初，两国更是爆发了由"克鲁格电报"引起的外交危机。

1898 年至 1902 年，英德两国的关系似乎出现了转机。1898 年 3 月 29 日和 4 月 1 日，英国殖民大臣约瑟夫·张伯伦与德国大使哈茨费尔德两次会晤，张伯伦开门见山地提出，英国将放弃传统的孤立主义政策，英德两国可就中国与西非问题进行谈判，建立同盟。对德国来说，英国所提供的殖民利益远不能补偿它与法俄对抗的损失，而英国又不愿为德国关切的本土安全提供保障，这次同盟再一次流产。1900 年 10 月，英德签订了《扬子协定》，此后，英国希望将合作范围扩大到中国东北与直隶，但德国因为同样的原因拒绝为英国在中国东北地区对抗俄国提供支持。1900 年 11

①　徐弃郁：《脆弱的崛起——大战略与德意志帝国的命运》，新华出版社，2014，第 125 页。

月 8 日，俄军总司令胁迫盛京将军增祺暗中草签了《奉天交地暂且章程》，这一协定实际意味着俄国在中国东北的控制和占领将完全合法化。一直希望染指中国东北的日本提出，由英日两国联合向俄国施加压力，但英国的眼睛仍盯着德国，而德国则不愿意对俄采取任何敌对行动，最终德国仅仅同意向清政府警告不得批准《奉天交地暂且章程》。1901 年 3 月，日本政府已经决心与俄国对抗，但害怕法国加入俄国一边作战，因此要求英国确保法国中立。英国为此又请求德国的帮助，但毕洛夫拒绝了，并且于 3 月 15 日在德国国会公开表示，英德《扬子协定》在"任何意义上都与满洲无关"。这样英国联德抗俄的幻想就彻底破灭了，于是英国决心联日制俄，1902 年英日签订了同盟条约。此后，英德两国开始走向对抗。

1902 年至 1907 年是英德加速走向对立的时期。英德对立的结果是促成英与法、俄的和解。英、法于 1904 年达成和解并签署协约，英、俄也于 1907 年签署了关于波斯、阿富汗等地的协定，解决了两国间所有关于殖民地的分歧，这两个协约的签订为协约国集体的成立奠定了基础。促使英国与这两个有百年恩怨的宿敌和解的原因只有一个，就是德国针对英国大力发展海军。

德国的大海军建设始于 1898 年的第一个海军法案，其实这时英国并没有将德国视为海上的安全威胁，因为当时的英俄、英法斗争都比较激烈，俄法结盟后，俄法海军的实力之和与英国相差不大，如果按照英、法、俄三国既定的速度发展，俄法两国拥有的主力舰数量将会在 1906 年与英国持平，到时候英国的海上霸主地位就会发生动摇，英属海外殖民地的安全也将面临巨大的威胁。由于英国当时的财政状况不佳，难以增加对海军的投入，所以英国对此心急如焚，甚至一度寻求与德国缓和[①]。

然而，德国 1900 年 6 月通过的第二个海军法案引起了英国的警惕。这个法案的目标完成后，德国将拥有 38 艘主力舰，其海军也将超过俄国

---

① 徐弃郁：《脆弱的崛起——大战略与德意志帝国的命运》，新华出版社，2014，第 200 ~ 202 页。

海军成为世界第三大海军，这个建设目标显然已经超出了与俄国波罗的海舰队、法国大西洋舰队作战的需要。不仅如此，该法案的序言中明确写道："在本土的舰队没有必要强大到和世界上最强大的海军国家一样。一般来说，这个海军大国不能将所有的力量集中起来对付我们。即使它以优势力量成功地打垮了我们，摧毁德国舰队也会使敌人付出极大的代价，以致它作为世界大国的地位会出现问题。"这段话是蒂尔皮茨"风险理论"的产物，它明显带有针对英国的意味，更要命的是它明确告诉英国，德国将会把这支规模庞大的现代化舰队集中于本土，这无疑会对英伦三岛的安全和英国对英吉利海峡的控制权构成致命的威胁。

1900 年时，第二个海军法案虽然还只是一个停留在纸面上的计划，但它已经使英国逐渐改变了对德国的看法。同年 12 月，英国海军情报部提出海军的"两强标准"应以法国和德国为参照，同时建议在英国本土必须保持强大的海军舰队，以便对付德国。到了 1901 年 11 月，英国海军大臣塞尔本更是在致英国内阁的备忘录中强调："在我们与法俄进行战争时，德国将处于主导地位。"在发现德国正坚定地将计划付诸实施后，英国日益感受到德国海军的矛头正对准自己。塞尔本在 1902 年 10 月 17 日向内阁提交的备忘录中更为明确地指出，"新的德国海军是以和我们进行战争为目标而建造的……而不是为了在与法俄发生战争时取得海上优势"①。

有了明确的判断后，英国也开始行动。1903 年 3 月，英国决定成立北海舰队，并在苏格兰的东海岸建设了新的海军基地。1904 年日俄战争爆发，俄国的太平洋舰队与波罗的海舰队损失殆尽，俄国海军更是元气大伤，这为英国腾出手来对付德国创造了条件。同年夏天，英国制订了第一份对德战争计划，到了年底，英国海军开始调整部署，加强驻本土的海军力量，并在北海方向形成对德国海军的绝对优势。

1904 年 11 月，英国的《星期日太阳报》《陆海军报》等报刊发表文章，鼓吹英国应在德国海军真正强大起来之前，以"哥本哈根模式"对其

---

① 徐弃郁:《脆弱的崛起——大战略与德意志帝国的命运》，新华出版社，2014，第 251 页。

发动先发制人的打击。同年年底，英国海军从地中海舰队抽调力量来加强本土舰队，进而在北海海域形成了对德国海军的决定性优势。到了 1905 年，英国的内政大臣阿瑟·李明确地警告德国，一旦发生战争，"皇家海军会在对手从报纸上读到宣战消息之前就首先出击"。不仅如此，英国还开始建造"无畏舰"，并让第一艘"无畏"号于 1906 年 12 月 3 日进入皇家海军服役。

面对英国不断提升的应战姿态，德国统治者并没有依据已经发生改变的国际形势来调整自己的策略，而是选择了与英国公开对抗。1906 年 5 月，德国通过了海军"补充法案"，正式与英国开展"无畏舰"建造竞赛，这一举动使英国进一步确信德国是英国的头号威胁。对此，英国外交大臣格雷非常明确地指出：一支强大的海军可以宣扬德国的国威，扩大其外交影响力，保护其商业贸易，但这些对于已经有强大陆军的德国而言只是"锦上添花"，它们只是"奢侈品"；而海军对于英国而言则是事关生死的"必需品"。由于英国陆军长期懦弱无力且孤立无援，因此即便英国海军对德国占据优势，英国也不会威胁德国的独立和统一。不过，如果德国海军对英国占据优势，英国将无法捍卫其独立和生存安全。所以，即便英德海军竞赛的代价再高昂，英国也不能输掉这场事关生死的军备竞赛。

面对德国的不妥协，英国随即转向与法俄达成全面和解，解除后顾之忧之后，英国开始全力对付德国发起的海军挑战。德国从此成为当时世界最强大的陆权国家与海权国家共同的头号敌人。

（三）美、日两国相继加入反对德国行列

美、日两国是协约国集体中除英、俄、法之外最重要的成员，它们加入反德的行列源于德国的扩张侵犯了它们的利益。

一战前，美国将美洲与亚太作为其势力扩张的重点区域，尤其是中、南美洲，这里被美国看作其独占的势力范围，并为此提出了著名的"门罗主义"。德国开始对外殖民扩张时，世界已经基本被老牌的帝国主义国家瓜分完毕，唯有非洲、东亚的中国、太平洋上的一些岛屿还有殖民的机

会，于是德国积极在这些地方寻求殖民机会。

由于美德在扩张方向上出现重叠，矛盾也就在所难免。在太平洋上的萨摩亚群岛，美德之间进行了第一次关于殖民问题的激烈交锋。美国这一时期虽然在亚洲坚持推行"门户开放"政策，但美国决策者一致认为亚洲的商业利益关乎美国未来的发展，而太平洋上的重要岛屿是美国进军亚洲的前哨基地，需要掌握在美国自己手里；德国这一时期也在积极向亚洲发展，它也希望能在太平洋上拥有立足点，当两国都看上萨摩亚群岛时，竞争随即展开。这场斗争从1885年一直持续到1889年，其间，德美两国差点兵戎相见，虽然德国最后做了一定程度的妥协，但德美之间的殖民矛盾依然存在。

进入20世纪后，德国开始积极地在中、南美洲扩大自己的影响力，不但在1902年至1903年连续利用债务问题干涉委内瑞拉与多米尼加的内政，而且在这一过程中使用海军进行"炮舰外交"，这无疑刺激了美国最敏感的神经。美国早在1823年就向全世界宣布了"门罗主义"，这是给西欧列强殖民扩张画出的底线。随着美国的日益强大，英国此时已非常注意不在这个问题上公然挑战美国，德国这时却公开挑战"门罗主义"，这让美国极为不悦，随即向德国发出了武力威胁。美国警告德国："如果德国不将与委内瑞拉的争端交由国际法庭仲裁的话，罗斯福将要命令杜威率领他的来自北大西洋、欧洲、南大西洋的44艘军舰前往委内瑞拉海域。"①不仅如此，美国还针对德国在南美建立永久基地的企图拟订了一个"黑色战争计划"，并在1905年初将巡洋舰"底特律"号部署到多米尼加海域进行巡逻。虽然德国最终退却了，但美国已开始考虑与英国合作打击德国。

1903年3月2日，罗斯福通过海军部长穆迪告诉德国大使，美国的北大西洋舰队将很快在欧洲水域出现，以作为德国舰队在美洲海域出现的平衡物。两个月后，北大西洋舰队的3艘巡洋舰和1艘炮舰访问了法国马赛，并在那里受到了热情的欢迎，时任法国总统的埃米尔·鲁贝和英王爱

---

① 刘娟：《美国海权战略的演进》，社会科学文献出版社，2014，第36页。

德华七世都去参观了访问马赛的美国军舰。

1905 年，德法之间爆发第一次摩洛哥危机，英国站在法国一边，美国则派遣了一支小型舰队访问英国地中海舰队在直布罗陀的基地，借此来展示对英法的支持。1910 年下半年，爆发第二次摩洛哥危机的苗头已经出现，同年年底，时任美国总统的塔夫托命令北大西洋舰队访问英法两国，并有意取消了同期访问德国基尔港的计划。这一切表明美国已经旗帜鲜明地站到了协约国一边。

当然，德美之间的冲突不仅局限在西半球的殖民扩张问题上，它们在海权建设目标上也存在竞争。德国在"风险理论"的指导下大力发展海军，并很快成为世界第二大海军强国，德国发展海军虽没有针对美国的意思，但美国也希望成为实力仅次于英国的海军强国，这也让德国在不知不觉中被美国当成竞争对手。

在德国的对手中，日本是一个投机者。日本虽然因"三国干涉还辽"与德国结怨，对德国强占胶州湾、在中国强势扩张心怀芥蒂，对德国在日俄战争期间支持俄国非常不满，但日本选择在远东与德国为敌，并在一战中攻击德驻远东军事力量，夺占德国在太平洋地区殖民地的原因非常简单：一是日本想乘德国的颓势落井下石，借机夺取德国的殖民地，扩大自己的势力范围；二是日本作为英国的盟国要履行自己的"义务"。

三　陆压海缩效应：迅速增大

作为一个陆海兼备的大国，德国天生就面临陆、海两个方向的压力，一旦海陆失调的局面形成，陆压海缩效应便会接踵而来。

（一）德国走向海洋遇到的阻力逐渐增大直至举步维艰

1883 年至 1885 年，德国的对外殖民进行得非常顺利，几乎没费一枪一弹就从零开始建立起一个面积 100 多万平方公里，广泛分布于西南非洲、多哥与喀麦隆、东非、新几内亚等地的殖民地体系，其面积占一战前德国殖民地总面积的 90%。在这段时间里，德国的殖民扩张之所以能顺风顺水，在很大程度上得益于对其非常有利的陆上安全环境：当时英国占领埃及破坏了它与法国之间的"自由主义同盟"，因而非常依赖与德国的合作，与此同时，德、俄、奥"三皇同盟"顺利延长，俄奥在巴尔干问题上保持平静。俾斯麦正是选择这样的时机积极行动，才能在短时间内获得如此多的成果。

威廉二世上台后，德国拒绝与俄国续签《再保险条约》，主动放弃了德俄友谊，这直接导致了法俄结盟。德国放弃"大陆政策"的直接后果是欧洲大陆形成了法俄对德奥的新均势格局，这让英国成为一个超脱在均势格局之外的离岸平衡手，战略上有求于德国的地方明显变少，自然不愿再为德国殖民扩张大开方便之门。此后，德国在对外扩张与保护海外利益时遇到的阻力增大，在手中缺少政治筹码的情况下，德国推行其对外政策也变得越来越依赖武力，即使是进行利益交换，德国付出的代价也非常之大。

1890 年俾斯麦下台之后，德国海洋强国建设的第一个标志性成果是从英国手中换取了黑尔戈兰岛，加强了基尔运河北海出口的战略防御能力。为了获得黑尔戈兰岛，德国与英国签订了《黑尔戈兰—桑给巴尔条约》，同意用东非两块富庶的殖民地换取黑尔戈兰岛。作为一个后加入殖民竞争的国家，德国的殖民地多处于自然条件一般或较为贫瘠的地区，拿出两块位于桑给巴尔、奔巴、乌干达和肯尼亚这样的非洲富饶地区的殖民地来与英国交换黑尔戈兰这样一个位于北海的荒岛，代价不可谓不高。当然，德国签这个条约有讨好英国、寻求与之结盟的考虑，但与英国为俾斯麦时期德国的殖民开方便之门相比，德国此时为了获得一个小岛就要付出如此代价，这本身就说明不佳的陆上安全环境让其处于被动状态。

强租胶州湾并将中国黄河流域的一部分纳入自己的势力范围，这是德国在威廉二世时期海外扩张最重大的成果。甲午战争后，中日签订了《马关条约》，清政府同意割让辽东半岛，随后就发生了德、俄、法三国干涉还辽事件。压迫日本退还辽东半岛后，德国借此向清政府要求永久地拥有在汉口和天津的特许权。1897 年 11 月在山东发生了袭击德传教士事件，清政府在德国的武力威胁下于1898年3月6日签订了《胶澳租借条约》，此后，德国的势力强势渗入黄河流域的山东等地，随即成为俄国势力向南发展的障碍。为了对抗德国，俄国于1898年底强租旅顺作为军港。在1900年八国联军侵华的过程中，俄国也积极拆德国的台，乘着瓦德西率领的3万名德军增援部队尚未抵达中国时就提议各国均从中国撤军，这让德国非常被动。可见，德俄之间的斗争此时已经不再局限在欧洲大陆。

在1900年前后，德国还积极寻求扩大自己在中南美洲的影响力，这引起了美国的反感并对其进行了强力回击。1901年，委内瑞拉发生债务违约，德国派出军舰封锁委港口并捕获其商船。在紧随其后发生的多米尼加债务危机中，德国更是施加了强大的压力以致在该国引发政治动荡。德国的做法无疑是对"门罗主义"的公然挑战，美国予以了强力回应，在警告德国并派出军舰前往上述国家海岸巡逻的同时，美国还主动显示了对英法的支持，制衡德国的用意非常明显。

大海军建设是德国海洋强国建设的另一个重点，然而随着陆上安全形势的日益严峻，海军建设的投入也迅速萎缩。德国的大海军建设起步于1898年，当年海军预算还不到陆军预算的1/5，1903年增长到陆军预算的34.1%，1909年为48.5%，1911年最顶峰时也只占陆军开支的54.8%。1911年爆发的第二次摩洛哥危机使战争一触即发，德国随即大幅增加陆军开支，限于拮据的财力，海军预算受到挤压，1912年就降为陆军预算的49.4%，1913年更是下滑到32.7%[①]。这其实也是陆压海缩效应作用的结果。

（二）德国因战败失去了前期海洋强国建设的所有成果

1914年至1918年的一战将陆压海缩效应的负面作用发挥到了极致。

一战的爆发使德国陆上安全形势处于最差的状态，德国这时无论情愿

---

① 徐弃郁：《脆弱的崛起——大战略与德意志帝国的命运》，新华出版社，2014，第271～272页。

与否都不得不从海外向回收缩。开战不久，英国就利用区位与海军实力上的双重优势，通过远程封锁的方式将德国花巨资打造的公海舰队困在港内使其成为摆设，成功切断了德国与欧洲大陆以外地区的海上贸易，为窒息德国并最终在陆上战争中取得胜利打下了坚实基础。德国的海外殖民地与海外投资顿时失去了母国的保护，成为待宰的羔羊。虽说德国海军也做了一定的努力，例如未被封锁在北海的德国东亚分舰队与地中海分舰队都开展了破交战，德国的潜艇也在英国周边海域和地中海开展了潜艇战，但都不足以扭转败局，孤军奋战的东亚分舰队很快被消灭，地中海分舰队因逃到土耳其帝国才幸免于难。更可悲的事发生在战败后，滞留港内成为摆设的德国公海舰队打着白旗进入英国斯卡帕湾等待处理，最后被德国人偷偷自沉在那里，成为一个历史的笑话。

可以毫不夸张地说，战败让德国前期所有海洋强国建设的成果丧失殆尽，不仅失去了自己辛辛苦苦建立起来的海军，海外殖民地和海外商业利益也被协约国瓜分，就连国内的海军工业设施都遭到严重的破坏与削弱，而且英国重新夺走了黑尔戈兰岛。

四　资源黑洞效应：强烈发作

建国后，德国很快就进入了经济发展的快车道。到了 19 世纪 90 年代，它已经成为欧洲大陆举足轻重的国家，不但拥有强大的陆军、发达的工业与当时世界领先的科技、数量居欧洲第二的庞大人口，还是财力雄厚的世界第三大投资国。即使是如此强大与富裕的国家，在经历激烈的军备竞赛和长达四年的一战后，也变得一无所有。

（一）激烈的军备竞赛使德国政府债台高筑

一战前，德国与英、俄、法三国进行了激烈的军备竞赛，这场涉及陆、海两个方向的军备竞赛让德国债台高筑。

俄法结盟后，德国的陆上安全形势从根本上恶化了，德国决策者这时并没有坐下来认真地反思自己的错误，冷静地思考应对措施，而是针锋相对，选择加强陆军军备。1892 年 11 月卡普里维向国会提出要求增加 7.7 万名兵员，并增加 6000 万马克的军费预算。该法案被否决后，1893 年的新国会最终同意扩军 6.6 万人，这是 1871 年第二帝国建立以来最大规模的一次扩军，程度几乎相当于前几次扩军的总和[①]。德国这一举动加深了法俄集团与德奥集团之间的军事对立，到一战爆发，双方的陆上军备竞赛一直没有中断，德国陆军的规模也从建国初期的 40 余万人增加到一战前的近 80 万人。

英、德间的海军竞赛起步较晚，投资强度却很高。在 1898 年通过的第一个海军法案中，1898 年至 1904 年德国的造舰预算只有 4 亿 890 万马克，过了仅仅两年，在国会 1906 年 5 月通过的海军"补充法案"中追加用于建造无畏舰和改造运河、港口的费用就达到了 9.4 亿马克，增幅相当惊人。从历史数据来看，英德"无畏舰"造舰竞赛开始后，德国的海军军费从 1906 年的 2 亿 3340 万马克飙升到 1914 年的 4 亿 7896 万马克，增幅达 105%，同期英国建造的各类军舰并不比德国少，但海军开支的增幅仅为 28%。究其原因，除了德国要拿出相当一部分钱用来扩建运河、港口等配套设施外，还有一个非常重要的隐性原因是当时英国造船技术仍领先于德国，这使英国既能设计出性能较德国好的军舰，又能在建造中有效地控制成本。英国的三代无畏舰的单艘造价依次为 178.3 万英镑、176.5 万英镑与 175.4 万英镑，可见在性能提高的同时造价在小幅下降；德国却相反，三代无畏舰造价依次为 3740 万马克、4619 万马克与 4500 万马克，虽然第三代较第二代有所下降，但总体上增加了不少，所以截至 1909 年，德国用于建造无畏舰的费用比英国多了近 20%。这种现象不仅出现在无畏舰这一个舰种上，战列巡洋舰也是当时的一种主力舰，德国在这一舰种上单舰造价的增幅高达 53.3%，而同期英国造价增幅还不到德国的一半。这种海军工业能力的差距在无形中放大了资源黑洞效应的作用。

我们再从全局上看德国当时面临的财政问题。英国是当时世界上最富

[①] 徐弃郁：《脆弱的崛起——大战略与德意志帝国的命运》，新华出版社，2014，第 137 页。

裕的国家，它不但有广阔的殖民地，还掌握着当时的金融霸权，而且它的军费投入主要集中在海军上。仅从经济角度来看，德国坚持与英国进行海军竞赛，这种选择就非常不明智，更何况德国还要同时与法俄进行陆军竞赛。随着局势的持续紧张，军备竞赛逐渐加码，德国在财力上后劲不足的问题也进一步显现。1905 年，也就是英德开始"无畏舰"竞赛的前一年，德国的军费开支为 9 亿 2861 万马克，当年英国的军费开支为 12 亿 5726 万马克。到了 1914 年，德国的军费高达 22 亿 4563 万马克，英国却只有 16 亿 487 万马克。在军费飞涨的同时，德国的财政赤字也在急剧上升，1908 年政府债务已经高达 40 亿马克[①]，从 1897 年到 1914 年开战，仅海军建设一项就使德国增加了 10 亿 4070 万马克的债务，这在当时是一个天文数字，要知道 1913 年德国总共才出口了价值 100.97 亿马克的货物，进口 107.70 亿马克，两者相加占当时世界贸易总额的 13%。其实当时德国社会的一些有识之士已经看出了问题的症结，德国汉美航运公司的总裁阿尔伯特·巴林在 1908 年就说过："我们不能再与比我们富得多的英国进行无畏舰竞赛了。"

由此可见，与英国进行海军军备竞赛并不是让德国陷入财政危机的唯一原因。德国在与英国进行海军军备竞赛的同时，还需要与多个实力强劲的对手在陆、海两个方面同时进行军备竞赛，这才是问题的关键。

（二）长达四年的战争耗尽德国所有的资源

贸易顺差和投资收益是德国的主要收入来源，但这两条财路在开战后基本被协约国堵死了。一战爆发后，德国遭到英法的全面封锁，对外贸易的海上航线几乎都被切断，对俄国的陆上贸易也被中断，传统的东、中欧市场则在饱受战乱之苦，德国几乎在一夜之间退出了世界市场。德国的对外投资也因战争而失去保护，它们大多被协约国查处或没收。与此同时，战争巨大的消耗让德国背上越来越沉重的债务，为了偿债，德国

---

① 〔加〕马丁·基钦：《剑桥插图德国史》，赵辉等译，世界知识出版社，2010，第 216 页。

政府在无奈之下出售了价值高达 4800 万英镑的黄金储备，并大举向外国私人借贷①。

海上封锁还导致德国出现了比较严重的食品短缺现象。有资料显示，从 1914 年到 1917 年，封锁使德国出现化肥短缺，其后果是德国的燕麦产量下降了 62%，小麦产量下降了 42.8%，肉、蛋、奶等副食产量也显著下降②。粮食产量大幅下降，食品进口又被阻断，食品短缺现象在德国国内变得非常普遍，这让德国国民的健康受到严重损害，例如，被排除在官方口粮定量供给制度之外的营养学家 R. O. 诺依曼的体重就在 7 个月内下降了 19 公斤。"吃不饱"给德国的社会稳定造成了严重影响，为了缓解社会压力，德国政府于 1915 年 1 月建立了面包配给制，同年春季，德国当局还下令宰杀了 900 万头猪投放于市场，这就是历史上罕见的"屠猪事件"③。

战场上的巨大人力消耗还使德国出现了人力资源短缺现象。据统计，开战的第一个月，德国的服役人数为 290 万人，1915 年年初为 440 万人，1918 年早期更是达到了 800 万人之多，战争期间共计有 1300 万人次服役。由于征召了大批的工人参军，不少德国大企业流失了大量的熟练工人。有资料表明，斯图加特的博世公司在战争打响后头几个月就损失了 52% 的劳动力，拜耳医药也丧失了将近一半的员工，希伯尼亚矿业公司截至 1915 年 12 月也损失了近 30% 的老员工，这个数字接近 6000 人④。

仅从这几个侧面就可以看出，日益庞大的工业体系与不断增长的人口使德国非常依赖外部资源，一旦"被包围"，它就会像被拔掉插头的电器，很快就动弹不得。

第三节　德国海洋强国地缘政治效应的形成原因

在德国建设海洋强国的过程中，产生了四种显著的地缘政治效应，其

---

① 〔英〕弗格森：《战争的悲悯》，董莹译，中信出版社，2013，第 206 页。
② 〔英〕弗格森：《战争的悲悯》，董莹译，中信出版社，2013，第 204 页。
③ 〔英〕弗格森：《战争的悲悯》，董莹译，中信出版社，2013，第 222～223 页。
④ 〔英〕弗格森：《战争的悲悯》，董莹译，中信出版社，2013，第 215～216 页。

中有三种不利效应，它们彼此联系、相互作用。下面就从地缘政治的角度来具体分析德国建设海洋强国过程中产生这四种效应的原因。

一 没有依据外部地缘环境确立恰当的海洋强国建设目标

毫无疑问，德国的海洋强国建设失败了，导致其失败的原因很多，其中很重要的一点就是它确立的海洋强国建设目标有问题。虽然目前没有任何史料明确指出德国当时建设海洋强国的目标到底是什么，但威廉二世亲政后的对外政策显示出德国野心极大。这个目标显然与德国当时的地缘安全环境、经济发展的地缘需求均不匹配，而且超出了当时世界地缘政治格局的许可限度。

(一) 没有充分考虑自身地缘安全环境的特点

德国位于欧洲中部，是一个陆海兼备的大国。仅从地理上看，德国的领土按地形大致可分为四块区域，北部为广阔的平原，中部是东西走向的山地，西南部是莱茵断裂谷地，南部是巴伐利亚高原和阿尔卑斯山区，边境上除了莱茵谷地与阿尔卑斯山区的地形有利于防御外，其他方向上均易攻难守。德意志第二帝国的领土要远比现在的德国大，那时它在陆上东与俄国相邻，西南与法国相接，南面的邻国是奥匈帝国。德国陆上防御的自然条件本来就不好，再加上周边强邻环伺，这就要求它一定要将陆上安全放在最优先的战略位置。

在德国的陆上邻国中，奥匈帝国是实力最弱的，它由奥地利与匈牙利组成，这种政治结构很不稳定，再加上它的军事与经济实力远逊于德国，因而威胁德国的能力较小。德奥同盟建立后，奥匈帝国经常需要依赖德国的保护才能免遭俄国的打击，所以它后来几乎不对德国构成威胁。法国是德国的死敌，它在普法战争后一直努力寻找向德国复仇的机会。法国虽然也是一个实力不可小觑的欧洲老牌强国，但与这时的德国相比，它还是逊色不少，在没有强大盟友支持的情况下是没有能力独自挑战德国的。俄国是当时世界上最强大的陆权国家，素有"欧洲压路机"之称，广袤的国土与庞大的人口使俄国拥有其他欧洲国家难以比拟的发展潜力与战争潜力。鉴于德、俄边境上无险可守,俄国既有攻击德国的实力也有进攻的便利,所以俄国是德国陆上安全形势的决定性因素。

从各国在 1875 年"战争在望"危机中的表现来看,虽然明知法国期望向德国复仇,但其他欧洲列强不再允许德国进一步削弱法国后继续坐大,这也意味着德、法将长期处于对立共存状态。在这种情况下,德国维护自身陆上安全的关键就变成了防止法俄结成反德同盟。俾斯麦正是抓住这个关键点来设计了"大陆政策",并取得了良好的效果。

再看德国的出海通道情况。德国北部临海,整个海岸线被日德兰半岛分为东、西两段,东段是主要部分,位于波罗的海南岸,西段较短,面向北海,东、西海岸线之间的海上交通必须经过丹麦海峡,容易被阻断。德国的港口都位于北海、波罗的海沿岸,进入大西洋要经过英伦三岛附近的水域,如果走英吉利海峡还将受英、法这两个海上强国的双重影响。由于无法获得能面向大洋的新出海口,德国始终面临着与海外联系被阻断的风险,在这种情况下,英国就成为影响德国出海通道安全的关键因素。

通过上述分析不难发现,德国在建设海洋强国时应重点考虑地缘安全环境给其带来的两个制约因素。一是俄国因素。不能因建设海洋强国而使德俄关系恶化并导致法俄结盟,这应该是确保德国陆上安全需要守住的底线。二是英国因素。英国作为当时世界的海洋霸主,它不仅拥有当时最强大的海军,还占有最多的海外殖民地,而且它还是那个时代最富裕的工业化国家,当时世界的金融霸权也在英国的手中,如果与英国为敌,发展海权将面临非常大而且是综合性的障碍,德国因其不利的地理位置甚至有可能被英国封锁在沿海动弹不得,所以尽量避免成为英国最主要的敌人应是德国向外发展时不可轻易跨过的红线。

在俾斯麦主政期间,德国的海权发展目标比较理性,与俄、英两国的重大利益冲突相对较少,因而能较好地协调并处理好对俄、对英关系。威廉二世亲政后,德国在对外扩张问题上变得野心勃勃,而且扩张的心情非常急切。为了实现搭英国便车扩张的设想,它先是抛弃了俾斯麦时期外交上"欧洲优先"的原则，主动放弃与俄国的"传统友谊"，在计划落空后，它又径直走上了与英国"硬碰硬"的道路。威廉二世之所以接连犯如此严重的战略错误，一个很重要的原因就是他对德国自身地缘安全环境的特点认识不深刻，更没有在确立对外扩张目标时将其作为一个重要因素加以考虑。

（二）没有认清自身经济发展的地缘需求

19 世纪末 20 世纪初，列强对外扩张或者发展海权主要是为了促进自身的经济发展。然而，经济发展是个循序渐进的过程，在每个发展阶段，经济扩张都有一个限度。如果国家不是依据自身经济发展的需要来把握扩张的节奏，那么过度扩张就很有可能让国家背上沉重的负担。如果国家不将维护当前经济发展支撑区域的稳定作为制定对外政策的主要目的，甚至为了扩张而不惜破坏它的稳定，那么这个国家必将遭到惩罚。德国就是这方面一个非常典型的例子。

在俾斯麦主政时期，德国政府对开拓海外殖民地并不是特别热心，这主要是因为俾斯麦深知当时德国经济发展的主要空间在国内以及欧洲大陆，海外殖民地不仅不会给德国带来多少收益，反而会增添不少经济负担。俾斯麦采纳了助手德尔布吕克的观点，后者认为关于殖民地能促进德国工业的说法是一种"幻觉"，开拓殖民地是"得不偿失"的①。俾斯麦时期开拓海外殖民地的实际效果也印证了这一判断。有资料表明，德国在殖民地上的付出与所得极不相称，德国出口总值中只有 0.1% 通向其殖民地，总进口中也只有 0.1% 来自殖民地。直到 1905 年，德国对国外的投资也只有 2% 投向殖民地。殖民地中的德国人也只有寥寥 6000 人，其中大多数是文职雇员和军人。虽然也有一些武器贩子、酿酒商和廉价布匹的生产者赚了点钱，但德国政府用于殖民地的开支要大得多②。

---

① 徐弃郁：《脆弱的崛起——大战略与德意志帝国的命运》，新华出版社，2014，第 82 页。
② 〔加〕马丁·基钦：《剑桥插图德国史》，赵辉等译，世界知识出版社，2010，第 206 页。

造成这一结果的原因非常明显，德国作为当时世界性的工业与科技强国，它的出口以先进的电气设备等高端工业品为主，进口则以粮食与原料为主，而德属殖民地多为刚开发或者尚未开发的落后地区，自然资源也并不丰富，这些地方既不需要这些高端工业品，也尚不具备大量出产粮食与矿产原料的能力，这种经济上的不匹配使得拓展殖民地成为德国一笔可能长期赔本的买卖。此外，当时各国对移民多持开放态度，设置的障碍很少，所以德国虽然有大量人口移民，但大多数去了条件更好的美洲等地，愿意去德属各殖民地的非常少。

威廉二世上台后，他眼中仅看到英、法、俄等国从殖民地攫取了大量的经济利益，却偏偏忽视了德国经济发展的特点以及这些老牌殖民国家长期开发殖民地所付出的代价，简单地认为抢到了殖民地就能带来收益，并因此急切地想获取殖民地。

对原料供给被切断和贸易保护主义逐渐兴起的担心是德国大力对外扩张的另一个重要原因，然而，事实证明德国决策者对这两个问题的看法过于悲观而且不太理性。

先从德国非常关心的原料供给来看，德国人凭借投资在1906年时就已在法国的主要铁矿石产地默尔特－摩泽尔控制了约1/3的矿业资源，1910年时控制了法国诺曼底矿区3/4的矿业资源，即使是在政治与安全严重对立的1900～1913年，从法国进口的铁矿石也增长了60倍，此外，德国还与瑞典签订了关于矿石供应的长期合约，合同价格要比当时的市场价低30%[①]。可见，只要保持和平，德国的原料供给还是有保障的。

再来看贸易保护主义对德国出口的影响。历史数据显示，德国的出口受贸易保护主义的影响并不那么严重，1907～1912年德国的出口增长了31%，仅在一战爆发前的1913年，德国的出口就在1910年的基础上增长了30%左右。有研究指出，在当时的工业大国中，只有德国能够增加它在世界贸易中的份额，1897年，英国在全球出口中所占份额比德国高出

---

① 梅然：《经济追求相互依赖与德国在1914年的战争决定》，《国际政治研究》2013年第2期。

11%，到了 1913 年，这个数字已经降到 6%，按照这个速度发展下去，德国有望在 1926 年超过英国成为当时的世界第一大出口国。如果仔细推算研究，可以发现一个更值得思考的问题：一战前，输往欧洲的商品占德国出口总额的 75%，与奥匈等欧洲友好国家间的贸易在德国外贸中的占比仅有一成多，反而是与英、法、俄三国的贸易为德国的出口增长做出了巨大贡献。以 1913 年为例，与上述三国的贸易占德国贸易总额的 60% 以上，而且英国是德国最大的贸易伙伴，德国当年出口商品的 14.2% 销往英国。从国别来看，仅 1900～1913 年，英德贸易增长 105%，法德贸易增长137%，俄德贸易增长 121%①。

　　由此可见，维护欧洲大陆的和平并与英、法、俄等国保持稳定的关系，比开拓殖民地对推动德国经济的发展来说更有意义。原因很简单，德国当时出口的商品以电气、化工和光学类产品为主，这些在当时属于高附加值的高端商品，只有较为富裕且文明程度较高的国家和地区才会大量消费这些商品。这类国家与地区在当时主要分布于欧洲与北美。然而，美国是"幼稚工业"理念的诞生地，同时也是这一时期奉行贸易保护主义的典型国家，从《1816 年关税法》规定平均关税为 25% 开始，美国对进口商品征收的关税基本上一路高涨，《1824 年关税法》则将平均税率上调至40%，1828 年再次上调到 45%，《1890 年麦金莱关税法》更是将平均税率推高到 50%。由于美国通过关税壁垒将庞大的国内市场封闭起来，所以德国这时期主要的贸易对象只能是英、法等富裕的欧洲国家。可见，扩大海外殖民地并不会给德国带来多少新的有效市场。仅从确保粮食与原料的供给来看，扩大殖民地也不是一件很急迫的事情，因为贸易保护主义只是限制进口，对出口则是鼓励的，只要保持和平状态，德国从他国进口粮食与原料是受欢迎的，遭到禁运的可能性非常小。

（三）没有认真研究当时地缘政治格局的承受限度

　　世界整体地缘格局对一个国家发展海权的限度能起到非常显著的限制

---

① 梅然：《经济追求相互依赖与德国在 1914 年的战争决定》，《国际政治研究》2013 年第 2 期。

作用。在一个基本成形的地缘政治格局中，每个力量中心都有自己的有效辐射范围，如果一个力量源对这个范围的边界认识不清，并且强行进入其他力量中心的势力范围与其一争高下，必定遭到激烈的反击。

19世纪末20世纪初，世界的地缘政治格局已经非常清晰，形成了英、俄、美、法、德、日六大力量中心。沙俄是最大的陆权国家，它深知自己的短处，因而沿着陆上边界向外扩张，主要方向是中国、中亚地区以及东欧，在非洲、东南亚、太平洋上群岛的殖民争夺中根本看不到"北极熊"的影子。美国此时已经成为一个区域性强国，它专注于在东半球扩大自己的影响力。作为美洲最强大的国家，美国那时奉行"门罗主义"并将美洲看作应由自己独占的势力范围，因而努力将欧洲列强挤出美洲大陆。与此同时，美国还积极抢占太平洋上的重要岛屿，为下一步登陆亚洲打好基础，但在力所不及的亚洲地区（主要是中国）它主要是兜售"门户开放"政策，期望实现"利益均沾"，在欧洲、非洲以及印度洋上则基本看不到"美国鹰"的影子。法国是一个实力正在相对下降的老牌殖民大国，它的注意力此时集中在非洲和亚洲（主要是东南亚和中国），也很少染指其他地方。日本那时只是一个新兴的东亚强国，它的实力与其他列强相比还有较大差距，因而将扩张的矛头直指朝鲜半岛和中国，避免在其他地方与欧美列强争锋。英国是这一时期的海洋霸主，但它的实力也已经相对下降，面对群雄并起的世界早已感到力不从心，它这时已逐渐从美洲收缩，将精力集中于控制英国本土至印度航线必经的战略要地，不让法、俄等宿敌染指这些地方，以防它们威胁自己的生命线。

作为一个后来者，德国在威廉二世领导下的所作所为证明它在参加殖民竞争之前并没有好好研究它所身处的世界地缘政治格局，更没有认真思考过在这种格局中德国扩张的极限在哪里，它只是主观地为自己设定了一个野心勃勃的目标。于是，它在美洲挑战"门罗主义"，在太平洋上与美国竞争萨摩亚等重要岛屿，在中国与日、俄结怨，在非洲与英、法竞争，在土耳其等中亚地区积极修建"巴格达铁路"，染指英、俄的敏感区域，直至孤注一掷地与英国进行海军竞赛。果不其然，四面出击的德国很快就成为其他列强共同的敌人，它最终不得不咽下对手聚合效应带来的苦果。

二　未能把握全局找出改善不利地缘政治环境的有效方案

在建设海洋强国前期，德国在俾斯麦的领导下取得了非常显著的成绩，一个很重要的原因就是俾斯麦依据德国当时所处的地缘环境创造性地设计并实施了"大陆政策"，帮助德国从根本上扭转了不利的地缘政治形势。威廉二世主政后，德国的海洋强国建设开始逐步走下坡路，并且最终以前功尽弃而收场，这在很大程度上也是由于他空有雄心但缺少行之有效的办法，找不到一条契合德国现实需要的建设海洋强国的道路。

（一）对海洋强国的认识不清导致缺乏战略创新的基础

怎样才算是一个海洋强国，这是没有统一标准的，然而，在一个国家决定走向海洋并努力成为一个海洋强国之前，它一定要清楚自己为何需要成为海洋强国，以及应该成为一个什么样的海洋强国。如果这些基本问题都没有弄明白，那它建设海洋强国一定是盲目的，在建设过程中出现战略失误的可能性也非常大。德国在建设海洋强国的后半程没能成功摆脱地缘困境并最终实现海洋强国梦想，在很大程度上也是因为不知道自己最需要的是什么。

对比俾斯麦与威廉二世两个时期德国的海洋强国建设，可以更好地理解这个问题。

在俾斯麦任宰相期间，德国海洋强国建设被置于"大陆政策"的框架下，因而建设海洋强国的目的很明确，即为巩固国防与国家发展服务，具体措施是巩固海防与保护海上贸易交通线。基于这个目标，俾斯麦虽然认为德国的地理条件不利于德国建设一流的海军强国，但他还是坚持适度发展海军力量，使德国海军的实力凌驾于其他二流海军之上。来自英国海洋霸权的威胁是德国无法避免的，但俾斯麦没有选择单枪匹马与英国抗衡，他认为与其他海军强国联合起来才是有效的应对手段，而且他一般情况下不会主动去刺激这个海上霸主，可见，俾斯麦将结盟作为解决海洋安全问题的主要手段，海军只是作为一种辅助手段。至于对待拓展海外殖民地问题，因为中心目标明确，俾斯麦更是能做到收放自如，他在整体地缘环境较好的1883年至1885年因势利导积极殖民，一旦欧洲大陆有不安定的苗头，他立即收缩以静待时机。

威廉二世亲政后，他对为什么建设海洋强国似乎很清楚，认为这是为了给德国的生存与发展争取更大的空间，可事实是他对这个问题的认识很肤浅，不知道德国扩张的优势在于拥有强大的软实力，也不知道德国的经济增长方式与英法有很大区别，殖民地对德国经济发展的促进作用并没有那么大。对这些关键问题的认识模糊使他对海洋强国的认识出现偏差，随大溜地认为海洋强国就是拥有广阔的海外殖民地和一支强大的海军。基于这样错误的认识，威廉二世的团队在领导德国建设海洋强国的过程中出现了一系列的战略指导失误，把德国的地缘安全环境弄得越来越糟糕，他们最主要的战略创新——蒂尔皮茨的"风险理论"更被历史证明为一个最大的昏着，硬生生把德国推入了地缘安全的绝境。

（二）对世界地缘形势认识不清造成战略设计脱离实际

为了发展海权，威廉二世执政时一直将英国放在对外政策最优先的位置，无论是执行"新路线"还是搞所谓的"大陆联盟"，甚至是大力建设海军，这些战略设计的最终目标无一不是直指英国。"新路线"与"大陆联盟"有所不同，前者是想拉英联盟，后者则改为压英联盟，两者的核心都是想促成英德同盟，好让德国搭英国的便车获取海外利益。在"搭便车"计划落空后，德国改变了策略，期望能通过发展海军力量来威胁英国本土，进而逼英国在海权问题上向德国让步。这些不切实际的战略设计不可避免地都以失败而告终。

先来分析一下德国的"搭便车"战略。

从地缘经济的角度来看，从1871年到1895年，德国在经历20余年的发展之后基本完成了第二次工业革命，工业生产能力超过了英、法，成为排在美国之后的世界第二大工业强国，英国则由"世界工厂"下落到了第三的位置。在贸易排名上，英国则依然是当时的世界第一贸易大国，德国紧随其后排第二，美国位居第三。有关英德间贸易的数据显示，1870年，德国出口英国的商品中工业制成品仅占 39.7%，原料类占 34.7%，食品类占 25.6%，但到了 1913 年，这一结构已变为工业品制成品占 70.8%、原料类占 20.4%、食品类占 8.8%。从上述位次的变化与数据可以看出，德国工业的发展给英国造成的冲击比美国更大、更直接。如果再结合当时英、德两国与世界主要地区之间的贸易情况，德国对英国造成的冲击就更加突出。一战前，英国对外贸易总额占资本主义世界的 15%，德国占 13%，英国出口额的 65% 输往欧洲以外的海外市场，而其进口额的 56% 来自欧洲以外的国家和地区，德国出口额的 75% 输往欧洲，进口额的 54% 也是来自欧洲。通过这组数据再结合德国出口商品中工业制成品占 2/3 以上这一事实，不难发现英国工业制成品在欧洲市场已经难以和德国竞争，如果再让德国商品顺利打开世界其他地区的市场，英国经济无疑会遭到更大的打击，所以，英国绝不会轻易让德国“搭便车”，因为协助德国经济向海外扩张无异于自掘坟墓。

　　从地缘政治的角度来看，在法俄同盟形成之初，英德双方的确都有接近的愿望，德国找英国结盟主要是为了缓解本土面临的巨大安全压力，英国则因在海外的殖民地竞争中难以同时应对法俄的挑战，需要德国在欧洲大陆牵制法俄。进一步分析双方的战略需求会发现，英国的本土这时没有太多安全顾虑，且英国的海军优势也无法帮助德国缓解陆上的安全压力，德国确实可以在欧洲大陆起到牵制法俄的作用，但德国本土将会因此面临更大的安全威胁。可见，英德双方的战略需求存在错位，所以双方的多次谈判都没有结果。当法俄建立针对德国的军事同盟后，欧洲大陆形成了法俄与德奥对峙的“均势”状态，英国事实上已经得到了它最想要的东西，德国期望此时与英国结成一个包含欧洲的全面同盟就是一厢情愿。

　　再来分析德国以海军实力逼英国妥协的战略。德国大力发展海军的目的是保障其能顺利地进行对外扩张，然而它使用海军的方式非常独特，并不是将海军用于争夺制海权，而是将其集中用于威慑英国本土，以便与英国讨价还价。德国这么做的理论基础是"风险舰队"理论，而这个理论中有个核心观点是"这个海军大国不能将所有的力量集中起来对付我们"，理由是英国还要对付它更主要的敌人——法国和俄国。德国决策层没有意识到自己的做法已使德国成为英国的头号敌人，英德矛盾正在发生质变，从而一再错过与英国缓和矛盾的机会，硬生生将英国逼到了法俄一边。英法、英俄的相继和解使德国的计划彻底落空，再次证明德国的战略设计是一厢情愿。

（三）僵化的地缘战略思维在战略设计时造成自我误导

在威廉二世执政时期，对英关系在很大程度上影响着德国建设海洋强国的进程，在处理对英关系时，德国决策者又是坚持以英俄、英法关系不可调和为前提，正是这种僵化的地缘战略思维让德国自己误导了自己。

不可否认，英法之间、英俄之间存在很深的历史积怨与难以调和的现实矛盾。

先来看英、法海洋矛盾关系。两国的海权竞争持续了几个世纪，英法百年战争时期、路易十四时期、拿破仑战争时期，两国都进行了激烈的交锋，直至19世纪末，英法还在非洲等地为争夺殖民地而不断发生摩擦，为了埃及两国甚至差点兵戎相见。法国海军一直视英国海军为主要对手，为了击败强大的英国海军，长期处于劣势的法国海军致力于研究如何以弱胜强，由此还产生了很有特色的"青年学派"。

再来看英、俄海洋矛盾关系。从彼得大帝开始，俄国就致力于向海洋发展，为了在各个方向上获得出海口而不断向外扩张，身处北方的俄国知道南下获取暖水港的重要性，同时它也非常了解地中海与印度洋的战略价值，所以俄国一直努力想控制土耳其海峡，同时积极向中东、中国西藏、阿富汗等地渗透，期望能到达印度洋，甚至进入印度。一旦俄国的上述企图得以实现，无疑会严重威胁英国的海上霸权，英国通向远东的海上航线与印度这块英国最重要的海外殖民地将会首当其冲，因此两国在近百年的时间里一直沿着土耳其、中东、南亚、阿富汗、中国西藏一线进行角力。

从上述介绍来看，德国的判断似乎是对的，然而德国恰恰没有注意到一个很关键的问题，即上述争斗基本上不涉及英、法、俄的本土安全，它们彼此也没有向对方发出要进攻其本土的威胁。不仅如此，历史还反复证明：一旦存在共同利益，它们就会进行积极合作。英国与法国在1853年爆发的克里米亚战争中是盟友，它们共同给俄国造成了巨大损失，然而，1875年的德法"战争在望"危机爆发后，俄国却积极响应英国并与之合作共同来保护法国。这说明英、法、俄三国非常善于合纵连横，只要有共同的需要，它们随时都有可能合作。

反观德国与这三国的矛盾。普法战争之后，德法矛盾一直影响着彼此的本土安全；德国开始大海军建设后，德国海军的矛头就指向了英伦三岛；法俄结成反德同盟后，相互接壤的德俄也成为彼此的直接威胁。可见，英国与法、俄的矛盾和德国与英、法、俄之间的矛盾在性质上是截然不同的，后者毫无疑问更难调和。

1892年8月，法俄结成反德同盟，欧洲大陆出现了法俄与德奥集团对峙的局面，这时英国已经获得了它想要的欧洲均势格局，当然没有必要去与法、俄和解。但当德国针对自己大力发展海军的企图非常明显后，英国迅速与法国达成和解并于1904年签署协约，英、俄也于1907年签署了关于波斯、阿富汗等地的协定，解决了两国间所有关于殖民地的分歧。

由此可见，英、法、俄三国都是地缘战略思维灵活的老牌大国，德国对三国的战略传统视而不见，完全是自己欺骗了自己。

三　急功近利的思想使德国在战略上非常缺乏自我克制力

俾斯麦是一个非常能审时度势的领导者，他有极强的战略定力与高超的政治手段，因而能领导德国稳扎稳打地开展海洋强国建设。然而，德国在俾斯麦时期的高速发展给它带来的不仅仅是强大的国力与国民强烈的自豪感，还使德国国内出现了强烈的军国主义、扩张主义、民族主义混合思潮。以威廉二世为首的新执政团队不仅没能控制好这股思潮，反而在这股强大民意的推动下野心膨胀、头脑发热，进而在战略上犯了严重的"急躁病"，不顾地缘环境与自身实力的双重限制，偏执地强推"宏大"的扩张计划，带着德意志第二帝国走上了一条不归路。

（一）急于求成导致德国对外扩张时四面出击

回顾威廉二世时期德国对外扩张的历史，可以发现一个非常突出的问题，那就是这时的德国四面出击，完全看不出它扩张的主攻方向。

德国几乎参与了当时所有热点地区的争夺。在非洲，德国不但自己挑起了两次"摩洛哥危机"，制造与法国的紧张气氛，而且它从东西贯通非洲的殖民计划与英国从南北贯通非洲的殖民计划也有冲突；在中国，德国前脚才积极参加"三国干涉还辽"，后脚就强租了胶州湾并向黄河流域渗透，将自己夹在英、俄势力范围之间承受双重压力，它在八国联军侵华过程中也表现得最为积极；在中东地区，德国积极向土耳其渗透，筹划修建"巴格达铁路"项目，主动去蹚英、俄斗争的浑水；在中南美洲以及太平洋的岛屿上，德国也与英、美两国有纷争。

反观当时的其他强国，它们的对外扩张都有自己的主要方向，而且都知道要扬长避短。美国扩张的主攻方向在东半球，重点区域在美洲大陆与太平洋上的战略性岛屿，它不到西半球与欧洲列强争锋；俄国以本土为支撑沿着边境向外扩张，它基本不会超出亚欧大陆的范围跨海去争夺殖民地；鉴于自己有限的实力，法国这时将殖民扩张的重点放在非洲与东南亚地区；作为当时的海洋霸主，英国的殖民利益自然遍布全球，即便这样，它也做到了有所取舍，例如，它这时就已经开始从美洲收缩力量并与美国进行合作。

由此可见，在当时的国际环境下，强国对外扩张是一件非常普遍的事，德国这么做本身并没有犯战略错误，它的问题出在毫无重点地四面出击，这么做自然会给德国带来非常严重的危害。威廉二世等德国决策者之所以出现如此严重的战略错误，单纯用存在地缘战略思维上的缺陷和没有认真进行战略筹划来解释是不够的，更有可能是他们那时已经被急于求成的心态冲昏了头脑。

(二) 狂妄自大导致德国没有耐心且不愿妥协

在德意志第二帝国最后十余年的时间里，德国建设海洋强国还有一个非常显著的特点，那就是不知道以退为进，也不愿做适当妥协，喜欢一味逞强。德国正是用这种方式一步步将自己逼入了绝境。

在俾斯麦执政时期，他的外交手腕非常高明，对外扩张时也是顺势而为，虽然他也借助武力威慑，但这只是一种辅助手段，当形势不可为时，俾斯麦会果断地收缩力量并静待时机。例如，在"保加利亚危机"爆发前，德国的海外殖民"事业"可谓顺风顺水、成绩斐然，然而，这次危机直接摧毁了"三皇同盟"，欧洲大陆的地缘形势也出现了不稳定的苗头，俾斯麦这时果断地从海外殖民竞争中脱身，直到他下台也没有重新启动对外殖民。正是俾斯麦的这种灵活与耐心使德国在前期的建设海洋强国过程中不但实现了事半功倍，还做到了进退自如。

威廉二世亲政时，他和整个德国社会的心态都已经发生了明显的变化。那时，德国只用了二十年的时间就从一个由众多邦国组成的新国家发展成为一个强大、先进的国家，而且它的实力还在快速接近当时世界上最强大的国家——英国，这种翻天覆地的变化使德国国民心中产生了强烈的民族自豪感与国家认同感。然而，作为一个后崛起的国家，德国在国际上的地位以及在当时世界大国的标志——占有海外殖民地方面与英、法、俄等老牌强国存在很大的差距，这种反差使德国人非常急切地想让自己国家的地位获得世界的认同，当时，追求与自身实力相称的国际地位几乎成为德国人的一种集体诉求。这本是一种由爱国主义自然产生的合理诉求，但不幸的是人们将它与当时德国流行的民族主义、军国主义、帝国主义、社会达尔文主义糅合在了一起，形成了许多带有强烈扩张色彩的社会思潮，而这些思潮都鼓吹依靠强力手段来实现快速扩张。最可怕的是这些不理性的思潮最终以"爱国主义"的形式表现出来，而且这种社会氛围形成之后产生了强大的选择效应，政治人物只有顺应它才能有生存与发展的机会。

威廉二世本人与他的幕僚不但缺乏俾斯麦那种控制与利用民意的高超政治手腕，而且他们自己在德国人这种集体狂妄与急躁心态的压迫下变得非常急功近利，不敢轻易对外妥协。辅佐威廉二世的两位重臣——比洛和蒂尔皮茨都表达过类似的看法。比洛曾经说："我将主要的重点放在对外政策上，只有成功的对外政策才能帮助（国内的）和解、和平、凝聚与统一。"① 蒂尔皮茨也曾指出："只有成功的对外政策才能实现（国内的）和解、和平与团结。"②

19世纪90年代以后，德国的对外政策在俾斯麦下台后屡屡受挫，德国民众对威廉二世政府产生了信任危机。荷尔斯坦因在给奥伊伦堡的信中就曾写道："人民不再把皇室当回事了，这是个巨大的危险。危急时刻就会有这样的问题提出：'皇帝是否是一个可以依靠的人？'——这样的问题在德国内外将如何回答呢？"③ 到了1911年，这种事态已经发展到在报纸上公开点名批评皇室"软弱"，当时很有影响力的《邮报》在第二次摩洛哥危机后就曾毫不客气地评论道："我们经历了无可名状的耻辱，这比我们在奥斯特里茨所受的耻辱更深……霍亨索伦王室究竟怎么了？"由于这类报道反复出现于报端，威廉二世在德国民众中的威信很低，甚至被戏称为"胆怯的威利"。主要政党为了迎合民意也指责皇帝与政府软弱，民族自由党的领导人巴瑟曼就曾公开指责政府害怕战争、逃避战争，称德国人民已经准备好战争，但政府和皇帝的怯懦让人民极度失望。

有史料表明，德国执政集团内部不是没有人看出当时对外政策存在严重的问题，决策层也就诸如中止英德海军竞赛等事关国家存亡的重大

---

① J. C. G. Rohl, *Germany without Bismarck: The Crisis of Government in the Second Reich 1890 – 1900*, Berkeley: University of California Press, 1967, p. 252.
② Ivo Nikolai Lambi, *The Navy and German Power Politics 1862 – 1914*, Boston: Allen&Unwin, 1984, p. 157.
③ Ekkehard – Teja D. W. Wilke, "Political Decadence in Imperial Germany: Personnel – Political Aspects of the German Government Crisis 1894 – 97", *The American Historical Review*, Vol. 82, No. 5, Dec., 1977, pp. 1276 – 1277.

问题进行过反复讨论，但最高决策者每次到了决策的关键时刻依然坚持不妥协的立场。这种情况的反复出现除了说明威廉二世等人战略判断能力弱，对地缘政治形势的严峻程度认识不足外，也不排除他们迫于民意的强大压力不敢妥协，害怕这样的决策会引发民众对政府的强烈不满而使政权崩溃。

结语　海洋地缘政治视角下主要国家海洋强国成败的历史分析

主要国家建设海洋强国的历史实践表明：建设海洋强国作为具有重要影响的地缘政治行为，必然引发多类地缘政治效应。那些成功实现建设海洋强国目标的国家，都能够自觉或者不自觉地调控各类地缘政治效应，积极规避不利效应，充分利用有利效应。而那些为建设海洋强国做出巨大努力、付出巨大代价却没有成功的国家，其失败原因可以从多个角度归纳，但一个重要的原因就在于其没有认识到建设海洋强国过程中存在的各类地缘政治效应，没有调控与规避不利地缘政治效应的意识，甚至对建设海洋强国的地缘政治效应没有给予最基本的关注。总结主要国家建设海洋强国成功与失败的历史，可以得到很多有益且重要的借鉴。

一　努力形成并保持外向驱动效应，加速建设海洋强国进程

建设海洋强国过程中，国家或者政治集团如果能够获得其他地缘政治行为体的支持，那么将会形成促进建设海洋强国进程的外部需求与动力。当这种外部需求与动力长期保持并逐步增大时，能够全方位促进建设海洋强国战略目标实现。建设海洋强国过程中，必须主动培植并努力保持外向驱动效应。

（一）建立互利互惠、合作共赢的地缘经济关系

外向驱动效应主要来源于相互受益的地缘经济关系。地缘经济关系愈紧密，外向驱动力愈强，愈易产生外向驱动效应。美国建设海洋强国初期，为了取得对美洲的控制，坚持"门罗主义"政策。在此期间，美国极为重视发展与古巴等拉美国家的经济，利用地缘经济关系密切与拉美国家

的联系，从而得到了大多数拉美国家对"门罗主义"的亲近与支持。美国走向太平洋过程中，面临着缺乏海外基地支撑的突出问题。按照马汉的设想，美国必须夺取包括夏威夷在内的太平洋上的一系列重要岛屿。为此，美国长期经营这些岛屿，其中一个重要的策略就是实施经济融合。比如，通过加强与夏威夷的经济融合，使夏威夷经济无法脱离美国，最终实现将夏威夷并入美国版图的目标。

美国的经济融合从一开始就带有明显的霸权性质和不平等色彩，但这并不否认国家利用地缘经济关系加强相互融合的合理性与必然性。当今国际政治形势发生了深刻的变化，通过地缘经济融合谋取霸权利益、掠夺殖民地财富的做法早已不合时宜，但通过地缘经济融合增进相互关系，形成共同发展、合作共赢的良好态势仍然是建设海洋强国的必然选择。为此，建设海洋强国必须摒弃"零和"思维，与地缘国家构建互利互惠的地缘经济关系，努力形成利益共同体。

要加强对地缘国家经济结构的分析研究，采取针对性措施形成经济发展的互补模式，努力实现地缘经济融合，产生建设海洋强国的外向拉动力。要重视发展特色产品，这些产品最好能够引领潮流，是其他国家无法生产但又必然需要的。比如，18 世纪英国的羊毛、布匹、水产品等，在欧洲广受欢迎。欧洲国家甚至感到，如果没有英国的制造商，如果没有英国商人提供的香烟、茶、咖啡、食糖、香料及其他热带产品，其人民根本无法进行正常的生活。

（二）确立顺应时代潮流的海洋强国战略目标

建设海洋强国战略目标的确立是一个全局性、方向性的问题。建设海洋强国战略目标一旦确立，往往决定着海上力量特别是海军力量建设定位和战略手段的选择，从而必然对地缘政治态势产生深刻的影响。不同国家有着不同的情况，建设海洋强国战略目标也不会千篇一律，但可以肯定地说，偏移合理、可行的建设海洋强国战略目标将会使国家陷入与地缘政治国家恶性竞争甚至爆发战争的泥潭，更不可能产生外向驱动效应。

合理、稳妥的海洋强国战略目标对于形成外向驱动效应意义重大。17世纪至18世纪，俄罗斯基于发展对外贸易的需要，确立了争夺波罗的海和黑海出海口的战略目标。这一目标源于俄罗斯发展的内在需要，与当时欧洲迅速兴起的贸易潮流相一致，得到英国等地缘政治国家的支持，形成了持续的外向驱动效应，成为俄罗斯建设海洋强国战略顺利实施的重要原因。相反，19世纪末期，德皇威廉二世上台后，提出了建设海洋强国的战略构想，将建设海洋军事强国作为战略目标选择。为此，德国首先积极寻求扩大殖民地，其次大力发展海军，最终引起地缘政治国家特别是英国的强烈反对，诱发战争，导致了建设海洋强国的失败。显然，确立何种战略目标对于建设海洋强国至关重要，它是影响外向驱动效应生成的重要因素。

那么，建设海洋强国应当确立什么样的战略目标才能够促进外向驱动效应？从主要国家建设海洋强国的历史来看，确立建设海洋强国战略目标不仅要考虑自身利益需要，而且要顺利时代潮流，满足时代发展需要。如果海洋强国战略目标得到大多数地缘政治国家的认可，则会获得更多的支持，有助于达成战略目标。如美国在走向海洋过程中，为满足海外扩张需要，大力建设海军，最初引起英国等守成海洋强国的猜疑与阻挠。但由于美国参与了两次世界大战，特别是在第二次世界大战中无法逃避对德、日、意法西斯的战争，其行为顺应了时代的要求，有利于世界和平，因而得到了英法等欧洲国家的支持，形成了发展海洋军事强国的巨大外在推动力。

（三）努力构建地缘政治国家之间的战略互信

建设海洋强国必然改变原有地缘政治态势，导致原有利益格局、权力配置以及安全模式发生变化。建设海洋强国可能会给相关地缘政治国家带来经济上的实惠，也可能使它们产生对地缘政治格局与权力分配的担忧，甚至可能会带来安全上的忧虑。建设海洋强国如果不能有效消除地缘政治国家的这种担忧，则较难形成长久的外向驱动效应。美国建设海洋强国，先后提出并推行"门罗主义"与"门户开放"政策,在美洲赢得了拉美国家对其政策的支持,在中国则较好地化解了英国、德国、法国等老牌殖民国家对其行动的担忧,为其控制美洲和拓展远东市场提供了良好的环境,也为两次世界大战后期美国能够扮演重要角色奠定了信任基础。日本建设海洋强国的过程,在明治维新时期,注重协调与英国、美国之间的关系,发展较为顺利。随着日本战略目标的调整,其与俄罗斯、美国以及中国的矛盾十分尖锐,加之其制订了侵略中国的战争计划,导致其很快处于孤立状态,这成为其战略失败的重要原因。

增强与地缘政治国家的战略互信,将会创造建设海洋强国良好的外部环境,形成强大的外向驱动效应。要做到这一点,首先要定准建设海洋强国的战略目标,突出海洋经济强国的本意,消除对方的地缘安全担忧和恐惧。其次,要加强交流沟通与协调。应当充分利用彼此之间的共同点,如共同的价值观、文化传统以及宗教信仰,增进彼此信任,消除误解误判。对于那些社会制度、价值观念、文化传统差别较大的地缘政治国家来说,也要努力寻找安全需求上的共同点,彼此构建信任与合作机制。最后,要注重承担国际义务,适时提供公共安全产品。在建设海洋强国过程中,针对各类矛盾冲突以及海洋安全威胁,提供相应的支持帮助,既是维护海洋安全的需要,也能够得到地缘政治国家的认同,为外向驱动效应持续作用创造有利条件。

二　善于把握延长机会窗口效应,提高建设海洋强国效率

把握机会,往往事半功倍,对建设海洋强国起到巨大促进作用;无视机会,则会丧失机遇,呈现逆水行舟、不进则退之势,导致海洋强国建设陷入被动、曲折局面。主要国家建设海洋强国的历史证明,凡是成功实现建设海洋强国战略目标的国家,都充分运用了多个机会窗口效应。同时,它们也能够积极主动地创造机会窗口效应。那些没有成功达成建设海洋强国战略目标的国家,总是对机会窗口效应熟视无睹,对稍纵即逝的机遇无动于衷。

（一）努力把握并顺应世界海洋地缘政治大势

世界海洋地缘政治大势是建设海洋强国所处的总体海洋态势，是海洋国家围绕海洋利益、权力和规则在竞争与合作方面形成的一种总体的格局态势。机会蕴藏在地缘政治竞争、协调之中。建设海洋强国只有对世界海洋地缘政治大势做出透彻分析，才能从变化的形势中看到机会并加以运用。美国、英国、俄罗斯之所以实现了建设海洋强国的战略目标，很大程度上在于它们把握了海洋地缘政治大势并加以利用。如欧洲 1618～1648 年的三十年战争对英国来说就是一个重要的战略机遇期。英国利用这一有利的时机，专心致志向海洋拓展，取得了成功。日本、德国建设海洋强国归于失败，原因是多方面的，其中一点是其战略指导思想与当时的海洋地缘政治大势不相适应，导致危机四伏、风险丛生，更谈不上获得建设海洋强国的战略机遇。

准确把握世界海洋地缘政治大势，就是要顺应世界海洋地缘政治大势，使建设海洋强国的战略指导思想与世界海洋地缘政治大势相一致。只有这样，才能拥有更多的机会选择。综合主要国家建设海洋强国的历史实践来看，是否顺应世界海洋地缘政治大势与其对海洋作用的认识紧密相关。15 世纪末至 16 世纪初，人类通过大航海发现海洋作为连接世界通道的战略价值，西方国家在此基础上发展海外贸易与市场，这在当时是顺应世界海洋地缘政治形势的，因而较易获得机遇与成功。从发展角度看，利用海洋而不独霸海洋是世界海洋地缘政治的大势。建设海洋强国把握这一大势，才能更好地利用海洋为人类谋利益。

另外，要善于把握各类海洋地缘政治矛盾。在纷繁复杂的海洋地缘政治竞争中，看清相关地缘政治国家的企图与策略，既要尽量避免深陷其中，也要能够善于利用各类地缘政治矛盾赢得主动。1899 年 9 月，美国为了获得在中国的利益，向英、法、德、俄、日、意等国政府发出了第一次"门户开放"照会，要求"中国的市场要对世界的商业开放"。从当时美国的实力来看，其还不足以支持美国推行"门户开放"政策，但美国巧妙利用了列强在中国的利益矛盾，迫使列强接受了这样一个原则。美国之所以能够在两次世界大战中获利甚多，并能够建成世界性海洋强国，在于其能够充分认识到英、德、法、俄等欧洲列强以及日本为争夺更多殖民地和海外市场，已经陷入地缘政治竞争的泥潭。在这样的形势下，美国选择保持中立，周旋于老牌列强之间，使自己处于最为有利的态势。两次世界大战进入僵持阶段，美国又适时参加战争，既支持了英国、法国，赢得了传统海洋强国对美国崛起的认同，也获得了巨大的地缘战略利益。

（二）既主动遏制危机，也积极利用危机

建设海洋强国过程中必然存在地缘政治竞争，极易引发危机冲突。有效应对各类危机冲突始终是战略指导者面临的一个较为棘手的问题。

从总体上看，必须主动遏制危机，防止危机升级失控。战略指导者只有有效遏制面临的危机，才能保证建设海洋强国拥有和平发展环境，才能争取更多和平发展的机遇。美国走向海洋过程中，与英国、德国、俄国、日本等多个国家产生了地缘政治竞争与矛盾，然而美国都注重遏制危机，避免了不必要的战争。特别是在与英国、德国的矛盾争端中，妥善遏制了"委内瑞拉边境危机""萨摩亚危机"，为美国顺利向海外拓展赢得了主动。

在某些特定的环境和条件下，危机孕育着机遇，危机也意味着转机。从这个层面来看，危机管控既要遏制危机，也要适时利用危机。建设海洋强国过程中，积极利用危机甚至主动制造危机也能够获得机遇，形成机会窗口效应。比如，英国在建设海洋强国过程中，出现了与守成海洋强国西班牙、荷兰等国的地缘战略利益竞争，引发了一系列海上危机。对此，英国基本上都实施了将危机升级为战争的做法。实践证明，这是当时英国解决彼此矛盾冲突的最有效的方法。通过这些战争，英国实现了建设海洋强国的战略目标，这表明英国善于利用危机获取机会窗口效应。美国在建设海洋强国过程中，与西班牙、英国等老牌殖民帝国，与德国、日本等后起军事强国均发生了地缘利益冲突，并诱发了危机。其中，美国在处理与英国的危机时较为谨慎，但美国针对西班牙势力的没落，果断地对西班牙发

动战争，赢得了美西战争的胜利，迅速提升了美国的战略影响力。在第一次、第二次世界大战后期，美国经过分析，判断战争能够为其建设海洋强国提供更多机会窗口效应时，断然放弃中立态度，选择参战。

通过管控危机形成建设海洋强国的机会窗口效应，需要战略指导者掌握高超的危机管控艺术。无论是遏制危机还是适度利用危机，都要在充分分析地缘政治形势的基础上，立足有利于实现建设海洋强国战略目标的总体考量做出科学决策。

（三）突破传统的海洋地缘战略思维

思路决定出路。面对众多的地缘政治竞争与挑战，建设海洋强国的战略指导者如果没有创新的思维，因循守旧，亦步亦趋，就很难取得突破，也难以把握走向海洋的各种机遇。

海洋地缘战略思维的传统与创新是相对而言的，并无可以精确评判的量化标准。然而，新兴国家走向海洋，在战略制定与实施上如果主要沿用以往守成海洋国家成功的思路，那么可以断定它没有突破传统海洋地缘战略思维。德皇威廉二世立志建设海洋强国，但在与英国的海洋地缘政治竞争中，仍然钟情于"殖民扩张与海军实力竞赛"的传统做法与模式，仍然坚持通过实力比拼方式与英国争夺势力范围，这与英国当年海外扩张的做法如出一辙，因而在与英国的战略竞争博弈中难以获得主动，更不用说获得和把握机会窗口效应了。相比较而言，美国走向海洋，不仅大力发展海军，推行海外扩张政策，而且采取了"贸易扩张"加"制定规则"的做法，有效应对了英国等国的阻遏。如美国在远东推行"门户开放"政策，在第一次世界大战后即提出建立国际联盟构想，都与原有老牌海洋强国大肆夺占殖民地的传统做法有较大的不同。

突破传统的海洋地缘战略思维，需要深入系统地研究地缘政治对手的战略思维，树立非对称战略竞争的意识。从海洋地缘政治竞争的一般规律来看，地缘政治对手以及守成海洋强国更注重对海洋战略要点、贸易要道、岛链等的控制与利用。这些传统的地缘政治思维实际上为新兴海洋强国的发展提供了突破的思路与机遇。在海洋地缘战略竞争中，新兴海洋国家通过实施非对称地缘竞争战略，往往能够迅速突破和超越地缘对手的传统地缘战略思维，赢得海洋地缘战略竞争的主动。另外，新兴海洋国家也要充分利用先进的技术去弱化战略要点、岛链等海洋自然地理的功能，获得比对手更为有利的竞争态势。比如，在与英国进行海洋战略竞争过程中，美国充分利用第二次工业革命的成果，大力推动电气化装备设施建设，获得了工业、金融等领域的绝对优势，赢得了发展先机。而德国在与英国的竞争中，基本沿用英国工业革命早期技术，海军建设重点发展战列舰，不仅无法在多个领域形成竞争优势，在海上力量发展方面也始终无法取得新的突破。

三　努力化解对手聚合效应，减少建设海洋强国外部阻力

再强大的个体也很难敌过群体，这是地缘政治竞争与博弈的自然法则。建设海洋强国过程中，必须防止出现对手聚合效应。一旦面临这样的效应，则要采取措施分化瓦解对方的联合，最大限度地减弱这种效应。面对对手聚合效应，那些采取措施积极应对的国家，能够塑造较为有利的地缘政治格局，最大限度地减少建设海洋强国的外部阻力。那些无法有效应对对手聚合效应的国家，则往往处于不利态势，易于分散资源和精力，最终难以达成建设海洋强国的战略目标。

（一）积极化解地缘政治矛盾

建设海洋强国出现对手聚合效应，缘于建设海洋强国行动导致与多个地缘政治国家之间出现利益矛盾。面对地缘政治对手的联合，通过主动化解或者缓和地缘政治矛盾，可以遏制对手聚合效应持续发酵。英国向海洋扩张过程中，先后面临西班牙和葡萄牙的共同反制、法国与西班牙的联合阻击以及"武装中立联盟"的对抗。为了化解相关国家的联合行动以及军事联盟，英国主动寻求与对手的和解，坚持在"谈判协商中给对手一定面子"，尽量缓和利益冲突，避免过分逼迫对方而使自己陷于不利境地。

缓和与化解地缘政治矛盾，需要通过沟通交流了解对方的立场，表达已方的和平意图，消除对方的战略疑虑，在此基础上协调双方关系，平衡各自战略利益需求，最大限度地缓和矛盾。20 世纪 20 年代末 30 年代初，美国在美洲推行霸权，不断干涉拉美国家内政，导致拉美国家对美国反感厌恶，一度出现拉美国家联合抵制美国霸权的趋势。基于拉美国家逐步高涨的反美情绪，美国政府不得已提出"睦邻政策"，力图改善与拉美国家的紧张关系。其间，美国总统胡佛以及继任者富兰克林·罗斯福都加强了与拉美国家的沟通协调，明确宣称美国不再干涉拉美国家内政，避免了美国在拉美国家的形象进一步恶化。

缓和与化解地缘政治矛盾，需要采用灵活的外交手段。要针对不同性质的对手聚合，采取不同的策略。针对不同对手的不同利益诉求，区别对待，利用对手之间的矛盾，分化瓦解，各个击破，有效抑制对手聚合意愿。要加强地缘政治协调与合作，创新具有自身特色的地缘政治外交。其中，构建新的地缘竞争规则、完善地缘政治体系都可以成为开展地缘协调与合作的突破口。某些情况下，与地缘政治对手在某些领域虽然存在矛盾，但如果在另外一些领域存在共同利益，则可以搁置争议、加强合作，以此增进交流、建立互信，平衡并淡化矛盾，从而最大限度地减弱对手聚合效应。

（二）着眼对手地缘政治弱点实施战略牵制

化解对手聚合效应，在策略上还可以利用对手的地缘政治缺陷和不足对其实施战略牵制。美国在建设海洋强国过程中通过实施地缘战略牵制成功应对了对手聚合效应，其措施主要包括制定地缘政治规则、缔结同盟和反制同盟等。

制定地缘政治规则是遏制对手联合行动的有效手段。作为新兴海洋国家，美国控制美洲、拓展太平洋都面临老牌殖民国家的联合阻遏。美国利用老牌殖民国家与拉美国家的地缘政治矛盾以及老牌殖民国家彼此之间的矛盾冲突，推行"门罗主义"与"门户开放"政策，以此规范老牌殖民国家的行为，分化其联合对付美国的意愿，营造了对美国较为有利的地缘政治态势，成为应对对手聚合效应较为经典的实例。

缔结同盟是通过发展与对手盟友的关系来弱化对手聚合效应的一种策略，是一种抵消策略。1902 年，英国为了抗衡俄法两国同盟在远东对其战略利益的侵蚀，与日本缔结了同盟。随着美国向太平洋的拓展，美国与日本之间的矛盾日益加深，而英日同盟对美国来说成为日益明显的障碍威胁。为了拆散英日同盟，美国利用英国在远东日渐式微的地缘劣势，不断对英国施加压力，迫使英国取消这一盟约。1921 年 11 月的华盛顿会议上，根据美国的提议签订了英、日、法、美四强条约①。条约规定，英日同盟从此废除。美国通过与英国缔结条约拆散英日同盟，从而孤立了日本，大大减轻了英日联合遏制美国在太平洋方向行动的阻力。

化解对手聚合效应，还可以建立新的同盟或者合作机制实施战略反制。1917 年，美国选择放弃中立加入协约国，其目的在于防止同盟国获胜形成联合对美的局面。第二次世界大战时，针对德、日、意轴心国在欧洲与亚洲的相互配合，美国加入世界反法西斯同盟，与英、法以及苏联一起，在欧洲和远东形成对德、日、意的战略牵制，有效化解了来自轴心国的聚合效应。

（三）重视军事实力的后盾作用

在积极沟通协调以化解地缘政治矛盾的同时，注重军事力量的威慑和实战运用，以武力威慑方式破解拆散对手联合行动，可以有效化解对手聚合效应，这也是主要国家化解对手聚合效应的基本思路。英国在建设海洋强国过程中，为了化解西班牙与葡萄牙、法国与西班牙以及"武装中立联盟"的对手聚合效应，注重通过协调化解矛盾，但始终没有放弃使用军事手段。通过军事威慑、军事演习、军事存在以及必要时的军事同盟，向对方传递一种可以从容应对的信息，从而使对方知难而退。

在所有化解对手聚合效应的手段中，军事手段是一个保底手段。没有

---

① 李庆余：《美国外交史——从独立战争至 2004 年》，山东画报出版社，2008，第 106 页。

强大的军事实力作为后盾，其他的手段实际上也很难见效。主要国家建设海洋强国成败的历史证明，建设海洋强国应对地缘政治阻力必须有强大的海上军事力量作为后盾。

四　避免出现资源黑洞效应，防止建设海洋强国误入陷阱

建设海洋强国的各类措施、各项活动投入大、见效慢，而海上力量特别是海军建设发展更需要耗费巨大的财力、物力，因此建设海洋强国必须实现资源投入与收益的良性循环。然而，从主要国家建设海洋强国的实践来看，资源黑洞效应是一种易发效应，对建设海洋强国影响极大。面对资源黑洞效应，德国、日本等国没有予以足够重视，没有采取有效措施加以应对，导致建设海洋强国走入陷阱而归于失败，留下极其深刻的历史教训。

（一）进行战略决策要充分考虑自身地缘特征

建设海洋强国的各类决策一旦做出并付诸实施，往往难以调整改变。错误的决策孕育着巨大的风险，往往导致国家陷入被动甚至战争状态。德国、日本在建设海洋强国过程中，都发动了战争，且都归于失败，其中的原因是多方面的，但这两个国家都犯了同样的错误。它们在进行建设海洋强国战略决策时，都没能充分考虑自身所处的地缘特征，所追求的战略目标及采取的战略举措大大超出了国家的能力所及。

德国位于欧洲中部，陆上边境基本无险可守，海岸线沿边缘海分布，没有能够直接进入大洋的出海口，并且其国土面积也不算很大，国内的自然资源比较贫乏，这些地缘特征决定了德国不可能像英国那样集中所有资源发展海权。当威廉二世不顾这一地缘特征执意要与英国争夺全球海权时，德国必然被拖入资源黑洞。日本作为一个国土狭小、人口有限的岛国，财力、工业生产能力都很有限，远逊于美国和英国。20 世纪 30 年代后，日本不顾其地缘特征中的不足与缺陷，不断扩大战略目标，企图控制东南亚和太平洋，并为此不惜与英美开战。日本的资源与实力根本支撑不

了这样的战略目标，随着战争的推进，日本逐步陷入资源黑洞效应，最终归于失败。

（二）合理确定海军建设发展规模及资源投入

建设海洋强国必须发展相应的海军，这是建设海洋强国的应有之义，也是建设海洋强国的坚强保证。随着海洋产业的发展、海外利益的拓展以及海外贸易投资的扩大，必须建设一支能够有效保卫国家海洋战略利益的海军。

海军是高投入军种。没有强大的经济实力作为支撑，海军建设发展很难持续下去。在德国建设海洋强国过程中，威廉二世政府片面运用马汉的"海权论"，提出了"大海军"发展计划，建成了庞大的舰队。"大海军"发展计划引起地缘政治对手英国的恐慌，导致英国"水涨船高"地保持对德国海军的优势，使德国陷入与英国的海军军备竞赛，耗资巨大。与此同时，德国在陆上方向还面临严重的安全问题。陆上、海上两个方向同时发展军事力量，造成德国财政亏空严重，难以为继。德国建设海洋强国的历史实践表明，那种不顾实际需求、不考虑自身地缘特征，超出国家经济承受能力的盲目发展海军的做法，必然导致国家陷入资源黑洞效应。

建设海洋强国，必须合理确定海军建设发展目标，切忌贪大求全。海军建设发展只能是建设海洋强国的重要手段，无论如何不应成为目标。这一点不能本末倒置。任何情况下，海军建设不应是孤立的行动，应当被纳入建设海洋强国的国家大战略进行整体统筹。要加强对海军建设的战略管理，对一些重大项目的建设实施战略评估，确保海军建设科学决策，稳妥推进。

（三）充分发挥海军除军事功能外的其他功能

海军作为军事力量的组成部分，主要功能用于军事威慑和战争，以暴力方式维护国家战略利益。但海军还是战略性、综合性和国际性军种，具有服务经济、支持外交以及参与全球海洋安全治理的突出功能。建设海洋强国，不仅要建设海军，更要善于利用海军。俄罗斯建设海军，主要用于寻找出海口，有力地服务经济发展。美国海军的发展，也维护了美国的海上贸易航线安全，取得了较好的经济效应，形成发展海军与发展贸易的良性循环。这说明，在立足于运用海军军事安全功能打赢战争的同时，充分发挥海军的经济外交功能，支持国家政治外交，使其在增强海洋经济实力、扩大海洋地缘政治影响力方面发挥应有的作用，是避免建设海洋强国出现资源黑洞效应的重要举措。

五　稳妥应对守成海洋强国是规避不利效应、利用有利效应的关键

新兴国家走向海洋必然面对守成海洋强国的遏制，这是历史发展证明的基本趋势。建设海洋强国过程中出现的地缘政治效应，在很大程度上反映了新兴国家与守成海洋强国地缘政治竞争与协调的状态及结局。新兴国家要在建设海洋强国过程中成功规避不利效应、利用有利效应，必须稳妥处置与守成海洋强国的地缘政治关系。那些在建设海洋强国过程中未能稳妥处置与守成海洋强国关系，甚至在条件不成熟时即与守成海洋强国发生正面战争的国家，如德国、日本等，最终都没能真正实现建设海洋强国的战略目标。在美国建设海洋强国过程中，其海外利益扩张不可避免地与老牌霸权国家英国发生摩擦与冲突。面对英国的压力，美国协调关系左右逢源、利益斗争进退有据，较好地处理了与英国的矛盾冲突，最大限度地减少了不利效应，最终迫使英国和平地让出海洋霸主的地位。

（一）避免正面对抗碰撞，减少冲突概率

新兴国家在建设海洋强国过程中，面对的守成海洋强国如果还未极度衰落，则应当努力避免在条件不成熟时发生"硬碰硬"的正面对抗，防止陷入"修昔底德陷阱"，影响建设海洋强国战略目标的实现。尤其要避免在条件不成熟时过早与守成海洋强国彻底摊牌，将国家引入战争状态。一旦出现守成海洋强国的遏制行动与态势，新兴国家要设法就利益矛盾进行

协调，同时建立危机冲突管控机制，减少冲突发生的概率。例如，德国在建设海洋强国过程中，拥有多次与英国协调的机会，但都没有很好地利用，导致诸多不利效应发生，最终走向战争。美国针对英国的阻遏，除了不断与英国进行外交协调外，还选择太平洋作为海洋拓展的主要战略方向，在很大程度上减少了与英国在大西洋方向对抗碰撞的概率，规避了不必要的摩擦与冲突。

（二）找准地缘政治斗争的平衡点，掌控斗争进程节奏

面对守成海洋强国的压制，一味忍让并非万全之策，该反击时还要敢于出手、坚决斗争。面对守成海洋强国的遏制、围堵，新兴海洋国家只有通过斗争才能维护利益，才能赢得地缘政治中的主动，才能赢得尊重。在"委内瑞拉危机"中，面对英国咄咄逼人的行为，美国一方面加强沟通协调，另一方面与之进行相应的斗争，向英国展示了美国对美洲控制的坚定决心，迫使英国政府不得不做出妥协、让步。

新兴海洋国家与守成海洋强国的斗争不应鲁莽蛮干，应讲究斗争策略。要找准与守成海洋强国斗争的平衡点，避免斗争态势失控失衡。要形成清晰、明确的斗争思路原则，重点在把握斗争时空、调节斗争力度、选择斗争方式上做文章，防止急于求成。要准确把握守成海洋强国在对手聚合、资源黑洞、陆海同害等不利效应中扮演的角色，采取针对性措施予以应对。英国对同时期的新兴海洋国家美国和德国都保持了高度警惕，围绕利益竞争也发生了诸多龃龉。斗争过程中，美国以美洲和太平洋为主要经略空间，对大西洋和欧洲保持相对超脱态度，避免对英国形成直接地缘威胁，而德国海外扩张空间与英国海外利益空间基本重合，并且瞄准战胜英国这个目标发展海军，很快突破双方地缘政治竞争的平衡点。最终，英国与美国的地缘政治斗争走向缓和，英国与德国的矛盾竞争则演变成战争。这充分反映了新兴海洋国家与守成海洋国家之间的地缘政治斗争存在平衡点，把握好平衡点对于开展积极有效的地缘政治斗争至关重要。

（三）善于利用对方失误，扭转被动、不利态势

新兴海洋国家挑战守成海洋强国，从历史实践来看，战争不是一个好的选择。新兴国家应当避免与守成海洋强国发生战争。当然，守成海洋强国也不会心甘情愿退出历史舞台，将会死守其原有主导霸权地位。

在与守成海洋强国的战略博弈过程中，新兴海洋国家一方面要保持战略定力，做好长期斗争的思想准备；另一方面，也要善于利用对方失误，及时发现对方困境，积极主动，顺势而为。守成海洋强国要维持其原有地位，守住既有利益"摊子"，往往面临实力不济、资源短缺等方面的不足。为了维持其原有地位，守成海洋强国将会四面出击，从而必然会出现地缘政治斗争失误。新兴海洋国家作为后来者，可以充分利用守成海洋强国的失误，击其软肋，逐步扭转不利态势。如美国在建设海洋强国过程中，就充分利用了英国面临的各类地缘政治挑战，攻其弱项，使其自顾不暇，最终因力不从心不得不做出妥协，在没有进行战争的情况下不得不将海洋霸主座椅拱手让给美国。

六 陆海复合型大国要规避陆压海缩效应，扩大陆海同利效应

与海洋型国家相比，陆海复合型大国建设海洋强国在地缘上既具有突出的优势，也有明显的不足。幅员辽阔的陆地纵深，充裕丰富的战略资源，攻守兼备的回旋空间，这些都是陆上大国所拥有的优势。依靠这些优势，陆上大国即使离开海洋也能生存。然而，陆上大国受陆地地缘政治影响明显，需要协调与周边陆上国家的关系，这在很大程度上会分散陆上大国走向海洋的资源与精力。此外，陆上大国从事海洋产业的人口比例有限，往往缺乏以海为家的海洋精神与主动意识，无法像海洋国家民众那样全身心地热爱海洋、献身海洋，易于在陆地和海洋之间摇摆不定。这不仅影响海洋事业发展，而且会对国家走向海洋形成牵制。陆海兼备型大国建设海洋强国，必须着眼于陆海共同作用的地缘政治特点，积极制造陆海同利效应，主动规避陆压海缩效应。

（一）保持陆上方向的地缘政治稳定

陆海复合型大国走向海洋，不仅要克服来自海洋方向的挑战，还要避免陆上方向出现战略牵制。一旦同时面临陆海方向的战略压力，陆海复合型大国往往很难实现建设海洋强国的战略目标。作为典型的陆海复合型国家，德国建设海洋强国在海上方向面临英国的阻遏，在陆上方向与法国、俄罗斯等国矛盾冲突不断。由于始终没有一个安定的陆上形势，德国难以集中力量拓展海洋，陆压海缩效应逐步放大，其建设海洋强国的梦想注定落空。

陆海复合型大国走向海洋，必须重视发展、改善与完全内陆型陆上邻国以及濒海型陆上邻国的地缘政治关系。完全内陆型的陆上邻国通常不会拥有海洋利益，较少关注海洋，与陆海复合型大国只构成陆上地缘政治关系。濒海型陆上邻国在陆海两个方向与陆海复合型大国相邻，因而在陆上和海上两个方向同时构成地缘政治关系。陆海复合型大国应当根据以上两类不同性质邻国及其地缘政治关系，采取相应对策，最大限度地保持与完全内陆型陆上邻国的和平友好关系，实现与濒海型陆上邻国在陆上边境的稳定可控，最大限度地减轻来自陆地的压力，集中精力向海洋发展。

陆海复合型大国走向海洋，要防范海洋地缘政治对手实施大陆均势政策，分散走向海洋的精力。面对德国建设海洋强国的企图，英国充分利用德国作为陆海复合型大国的地缘特点，先后与法国、俄国结盟，形成遏制德国的陆上均势，使德国难以全身心地走向海洋。德国建设海洋强国惨败的历史表明，陆海复合型大国必须重点防范和积极应对海洋地缘政治对手的陆上均势行动。

陆海复合型大国走向海洋，在主观上要避免在陆、海两个方向同时出击、同时发力。历史证明，所有陆海复合型大国都无法在一段时期内同时做到既发展海权又发展陆权，那些企图在建设海洋强国的同时在陆上方向实施战争的陆海复合型大国，最终都难逃陆压海缩效应的作用与影响。

（二）发挥陆海复合型大国的综合地缘政治优势

与海洋型国家相比，陆海复合型大国有着多方面的综合地缘政治优势。陆地对海洋的战略支撑、丰富的资源、先进的技术、众多的人口等要素，都是海洋型国家所无法比拟的。陆海复合型国家走向海洋，要充分发挥这些大陆地缘政治优势，以有力的陆权带动海权发展，以陆上综合地缘政治优势弥补海洋地缘政治不足。

要注重发挥陆海复合型大国陆地空间对海洋的影响与辐射功能。俄罗斯向波罗的海、黑海发展，发动针对瑞典、土耳其等国的一系列战争，均依靠大陆地缘政治优势。日本是一个岛国，纵深短浅，资源贫乏。为了建设海洋强国，它实施了大陆政策，发动对华战争，意在争取陆上地缘政治优势以弥补海洋地缘政治不足，从一个侧面证明大陆国家相对海洋国家的地缘优势。陆海复合型大国走向海洋，更要善于将大陆空间的政治、军事、经济、文化等优势向海洋空间延伸。

要充分利用陆海复合型国家的非对称地缘空间优势。陆海复合型大国不仅可以在陆地、海洋空间纵横驰骋，也可以借助充足的资源和先进的科技迅速取得新型地缘空间的优势。利用新型地缘空间的优势，可以有效弥补海洋空间的不足，增强陆海同利效应。第二次世界大战中，德国广泛采用潜艇战，从水下击沉大量盟国商船，虽然无法从根本上扭转败局，但体现了非对称地缘空间的优势。太平洋战争中，美国主要使用航空母舰对日作战，大批舰载机掌握了海洋战场制空权，形成空间优势，使航母战斗力得到最大限度的发挥。相比海洋国家，陆海复合型大国有着较大的战略回旋空间选择。当今世界，随着以信息技术为核心的产业革命的不断发展，人类地缘空间呈现向太空、深海以及电磁网络等多维新型领域发展的态势，陆海复合型大国只要善于发挥这种新型地缘空间优势，就可以有效防范、反制海洋国家的遏制。

（三）统筹协调发展陆权与海权

陆海复合型国家建设海洋强国，不可避免地会受到陆权与海权孰轻孰重、孰主孰次问题的困扰。这个问题能否得到有效解决，直接关系到建设海洋强国的目标确立、手段运用与策略选择，进而影响到建设海洋强国整个进程的推进与目标的实现。德国建设海洋强国归于失败，原因是多方面的，但根本原因在于发展海权与维护陆权未能有机衔接，甚至出现矛盾冲突。18、19 世纪俄罗斯建设海洋强国得以成功，原因也是多方面的，但重要的一点就是其始终围绕拓展对外贸易发展海权，做到了海权发展与陆权发展的统筹协调。

海权发展定位是统筹协调发展陆权、海权的首要问题。陆海复合型国家为什么要发展海权？发展什么样的海权？这些问题看似简单，实际上蕴含着丰富的内在逻辑与规律，需要结合自身地缘特点，做出系统深入的考察后才能准确回答。当威廉二世及其支持者将马汉的《海权论》奉为宝典，以狂热、偏执的态度去发展海权时，这意味着德国发展海权并没有与其特殊的地缘政治格局相结合，这样的海权难以促进德国综合实力的提升，也难以形成陆海互利的效应。德国、俄罗斯发展海权的历史告诉我们：陆海复合型大国不能像海洋型国家那样去发展独立的海权，陆海复合型大国应当发展与陆权相匹配的海权。

海权发展方式选择是统筹协调发展陆权、海权的基础性问题。海权发展方式选择因其容易模式化而常常被忽视。然而，陆海复合型大国如果无视自身地缘特点，一味效仿海洋型国家的做法去发展海权，必然不切实际，落得失败的下场。相比较德国与英国争夺海洋控制权，俄罗斯从一开始就将发展海权的方式集中于寻找出海口，体现了陆权、海权协调发展的思路。美国建设海洋强国，也是立足美国本土先向美洲拓展，再向太平洋进发，无论是开凿巴拿马运河还是侵占夏威夷、控制关岛，都力求使海权与陆权发展相互协调、相互统筹。

参考文献

中文文献

1. 中文著作

白海军：《帝国的荣耀：英国海洋称霸 300 年》，江苏人民出版社，2014。

白云真：《马克思〈十八世纪外交史内幕〉研究读本》，中央编译出版社，2014。

北京大学历史系《沙皇俄国侵略扩张史》编写组编《沙皇俄国侵略扩张史》（上卷），人民出版社，1979。

蔡祖铭：《美国军事战略研究》，军事科学出版社，1993。

陈新民：《十八世纪以来俄罗斯对外政策》（上），中央党校出版社，2012。

程广中：《地缘战略论》，国防大学出版社，1999。

董至正：《日俄战争始末》，东北财经大学出版社，2005。

杜小军：《近代日本的海权意识》，南开大学日本学研究中心编《日本研究论集》（总第 7 集），天津人民出版社，2002。

樊亢、宋则行主编《外国经济史》（近代部分下），人民出版社，1965。

方江：《俄罗斯海军教育》，海潮出版社，2003。

方连庆、王炳元、刘金质主编《国际关系史》（近代卷上），北京大学出版社，2009。

封永平：《大国崛起困境的超越：认同建构与变迁》，中国社会科学出版社，2009。

葛汉文：《国际政治的地理基础》，时事出版社，2016。

关捷等总主编《中日甲午战争全史》（第 1 卷），吉林人民出版社，2005。

国际问题研究所编译《国际条约集 1872—1916》，商务印书馆，1986。

海军军事学术研究所中国军事科学学会办公室主编《甲午海战与中国海防》，解放军出版社，1995。

胡杰：《海洋战略与不列颠帝国的兴衰》，社会科学文献出版社，2012。

计秋枫、冯梁等：《英国文化与外交》，世界知识出版社，2002。

蒋孟引主编《英国史》，中国社会科学出版社，1988。

李春辉：《拉丁美洲史稿》（上册），商务印书馆，1983。

李庆余：《美国外交史——从独立战争至 2004 年》，山东画报出版社，2008。

李守民：《另一半美国史》，解放军出版社，2015。

梁守德、方连庆：《国际社会与文化》，北京大学出版社，1997。

廖幸谬、杨耀源：《大国海权兴衰启示录》，人民出版社，2014。

刘娟：《美国海权战略的演进》，社会科学文献出版社，2014。

刘宗绪主编《世界近代史》，高等教育出版社，1986。

刘祚昌、光仁洪、韩承文主编《世界通史》，人民出版社，1996。

陆俊元：《地缘政治的本质与规律》，时事出版社，2005。

吕一民：《法国通史》，上海社会科学院出版社，2002。

米庆余：《近代日本的东亚战略和政策》，人民出版社，2007。

穆景元等：《日俄战争史》，辽宁大学出版社，1993。

齐世荣：《日本：速兴骤亡的帝国》，三秦出版社，2005。

钱俊德：《美国军事思想研究》，军事科学出版社，1992。

沈伟烈：《地缘政治学概论》，国防大学出版社，2005。

宋德星主编《战略与外交》（第 1 辑），时事出版社，2012。

孙成木、刘祖熙、李建主编《俄国通史简编》，人民出版社，1986。

唐晋：《大国崛起》，人民出版社，2006。

唐文权、桑兵编《戴季陶集》，华东师范大学出版社，1990。

陶惠芬：《俄国彼得大帝的欧化改革》，广西师范大学出版社，1996。

汪向荣：《古代中日关系史话》，中国青年出版社，1999。

王道成、王华：《新视角·新思维·新探索——关于地缘与国家安全的思考》，国防大学出版社，2009。

王屏：《近代日本的亚细亚主义》，商务印书馆，2004。

王绳祖主编《国际关系史》（第3卷），世界知识出版社，1995。

王玮、戴超武：《美国外交思想史1775—2005年》，人民出版社，2007。

王玮：《美国对亚太政策的演变1776—1995》，山东人民出版社，1995。

王颜昱：《日本军事战略研究》，军事科学出版社，1992。

王芸生：《六十年来中国与日本》（第1卷），生活·读书·新知三联书店，2005。

吴廷璆主编《日本史》，南开大学出版社，1994。

伍其荣：《美国海军转型研究》，海潮出版社，2006。

《习近平谈治国理政》（第3卷），外文出版社，2020。

《习近平谈治国理政》（第2卷），外文出版社，2017。

《习近平谈治国理政》，外文出版社，2014。

夏继果：《伊丽莎白一世时期的英国外交政策研究》，商务印书馆，1999。

熊志勇等：《美国的崛起和问鼎之路——美国应对挑战的分析》，时事出版社，2013。

徐弃郁：《脆弱的崛起——大战略与德意志帝国的命运》，新华出版社，2011。

徐弃郁：《帝国定型——美国的1890—1900》，广西师范大学出版社，2014。

杨金森：《海洋强国兴衰史略》，海洋出版社，2007。

杨生茂主编《美国外交政策史1775—1989》，人民出版社，1991。

张建华：《俄国史》，人民出版社，2004。

张芝联主编《法国通史》，北京大学出版社，1989。

赵振愚：《太平洋战争海战史1941—1945》，海潮出版社，1997。

中国地图出版社编著《世界地图册》（地形版），中国地图出版社，2011。

2. 中文译著

〔日〕阿川弘之：《山本五十六》，朱金等译，解放军出版社，1987。

〔美〕阿伦·米利特、彼特·马斯洛斯金：《美国军事史》，军事科学院外国军事研究部译，军事科学出版社，1989。

〔美〕艾伦·布林克利：《美国史（1492—1997）》（上册），邵旭东译，海南出版社，2014。

〔日〕安冈昭男：《日本近代史》，林和生、李心纯译，中国社会科学出版社，1996。

〔苏〕安·米·潘克拉托娃主编《苏联通史》（第1卷），山东大学翻译组译，生活·读书·新知三联书店，1978。

〔瑞〕安德生：《瑞典史》，苏公隽译，商务印书馆，1980。

〔德〕奥托·冯·俾斯麦：《思考与回忆》，山西大学外语系译，东方出版社，1985。

〔美〕保罗·肯尼迪：《大国的兴衰》，陈景彪等译，国际文化出版公司，2006。

〔英〕保罗·肯尼迪：《英国海上主导权的兴衰》，沈志雄译，人民出版社，2014。

〔苏〕鲍爵姆金主编《世界外交史》（第1分册），葆和甫、吴祖烈译，五十年代出版社，1950。

〔日〕日本历史学研究会编《太平洋战争史》（第四卷），金峰等译，商务印书馆，1962。

〔苏〕波将金等编《外交史》（第1卷），生活·读书·新知三联书店，1982。

〔美〕E.B.波特主编《世界海军史》，李杰等译，解放军出版社，1992。

〔苏〕勃·恩·波诺马廖夫主编《苏联通史》（第3卷），莫斯科科学出版社，1967。

〔英〕布莱恩·莱弗里：《海洋帝国：英国海军如何改变现代世界》，施诚等译，中信出版集团，2016。

〔苏〕达·梁赞诺夫：《卡尔·马克思论俄国在欧洲的霸权地位的起源》，中共中央马克思恩格斯列宁斯大林著作编译局资料室编《马克思著作编译资料》（第 5 辑），人民出版社，1979。

〔英〕大卫·休谟：《英国史 4：伊丽莎白时代》，刘仲敬译，吉林出版集团，2012。

〔美〕丹尼尔·耶金：《石油·金钱·权力》（上册），钟菲译，新华出版社，1992。

〔德〕恩格斯：《俄国沙皇政府的对外政策》，中共中央马克思恩格斯列宁斯大林著作编译局译《马克思恩格斯全集》（第 22 卷），人民出版社，1965。

〔法〕菲利普·潘什梅尔：《法国》（上册），漆竹生译，上海译文出版社，1980。

〔法〕亨利·特鲁瓦亚：《彼得大帝》，齐宗华、裘荣庆译，天津人民出版社，1983。

〔法〕托克维尔：《旧制度与大革命》，冯棠译，商务印书馆，2009。

〔法〕约翰·霍兰·罗斯：《拿破仑一世传》（下卷），广东外国语学院英语系译，商务印书馆，1977。

〔英〕弗格森：《战争的悲悯》，董莹译，中信出版社，2013。

〔英〕富勒：《西洋世界军事史》（第 2 卷），纽先钟译，中国人民解放军战士出版社，1981。

〔苏〕B.M. 赫沃斯托夫编《外交史》（第 2 卷上），高长荣、孙建平等译，生活·读书·新知三联书店，1979。

〔苏〕亨利·赫坦巴哈等：《俄罗斯帝国主义——从伊凡大帝到革命前》，吉林师范大学历史系翻译组译，生活·读书·新知三联书店，1978。

〔英〕杰弗里·巴勒克拉夫：《泰晤士世界历史地图集》，毛昭晰等译，生活·读书·新知三联书店，1985。

〔德〕卡尔·艾利希·博恩等：《德意志史》（第 3 卷上），张载扬等译，商务印书馆，1991。

〔德〕卡尔·马克思：《十八世纪外交史内幕》，中共中央马克思恩格斯列宁斯大林著作编译局译《马克思恩格斯全集》（第44卷），人民出版社，1982。

〔德〕克里斯蒂安·格拉夫、冯·克洛克科夫：《德意志人在他们的一百年中（1890—1990）》，汉堡，1990。

〔英〕肯尼迪·O.摩根：《牛津英国通史》，王觉非等译，商务印书馆，1993。

〔英〕莱斯特·哈钦森：《马克思〈十八世纪外交史内幕〉1969年英文版的〈导言〉》，中共中央马克思恩格斯列宁斯大林著作编译局资料室编《马克思著作编译资料》（第5辑），人民出版社，1979。

〔美〕劳伦斯·桑德豪斯：《德国海军的崛起——走向海上霸权》，黎艺译，北京艺术与科学电子出版社，2013。

〔美〕理查德·罗斯克兰斯、阿瑟·斯坦主编《大战略的国内基础》，刘东国译，北京大学出版社，2005

《列宁全集》，人民出版社，1955。

〔英〕J.O.林赛编《新编剑桥世界近代史》（第7卷），中国社会科学院世界历史研究所组译，中国社会科学出版社，1999。

〔美〕罗伯特·西格：《马汉》，刘学成等译，解放军出版社，1989。

〔美〕罗纳德·芬德利、凯文·奥罗克：《强权与富足》，华建光译，中信出版社，2012。

〔加〕马丁·基钦：《剑桥插图德国史》，赵辉等译，世界知识出版社，2010。

〔美〕马汉：《海权对法国大革命和帝国的影响（1793—1812年）》，李少彦等译，海洋出版社，2013。

〔美〕A.T.马汉：《海权对历史的影响（1660—1783）》，安常荣等译，解放军出版社，2006。

〔美〕马汉：《海权论》，萧伟中、梅然译，中国言实出版社，1997。

〔美〕内森·米勒：《美国海军史》，卢如春译，海洋出版社，1985。

〔美〕帕尔默·乔·克尔顿、劳埃德·克莱默:《工业革命:变革世界的引擎》,苏中友等译,世界图书出版社,2010。

〔美〕乔治·贝尔:《美国海权百年:1890—1990年的美国海军》,吴征宇译,人民出版社,2014。

〔英〕琼斯:《剑桥插图法国史》,杨保筠等译,世界知识出版社,2004。

〔日〕升味准之辅:《日本政治史》(第2册),董果梁译,商务印书馆,1997。

〔苏〕斯米尔诺夫:《十七至十八世纪俄国农民战争》,人民出版社,1983。

〔英〕A. J. P. 泰勒:《争夺欧洲霸权的斗争1848—1918》,沈苏儒译,商务印书馆,1987。

〔美〕唐纳德·W. 米切尔:《俄国与苏联海上力量史》,朱协译,商务印书馆,1983。

〔俄〕瓦·奥·克柳切夫斯基:《俄国史教程》(第4卷),商务印书馆,2009。

〔俄〕瓦列里·列昂尼多维奇·彼得罗夫:《俄罗斯地缘政治——复兴还是灭亡》,于宝林、杨冰皓译,中国社会科学出版社,2008。

〔日〕外山三郎:《日本海军史》,龚建国译,解放军出版社,1988。

〔美〕威廉·H. 麦尼尔:《竞逐富强——公元1000以来的技术、军事与社会》,倪大昕、杨润殿译,上海辞书出版社,2013。

〔英〕J. R. 希尔:《英国海军》,王恒涛,梁志海译,海洋出版社,1987。

〔日〕信夫清三郎:《日本外交史》(下),天津社科院日本问题研究所译,商务印书馆,1980。

〔日〕依田憙家:《简明日本通史》,卞立强等译,上海远东出版社,2004。

〔日〕依田憙家:《近代日本与中国 日本的近代化——与中国的比较》,卞立强译,上海远东出版社,2003。

〔英〕约翰·吉林厄姆:《克伦威尔》,中国人民大学出版社,1992。

〔美〕詹姆斯·M. 莫里斯:《美国海军史》,靳绮雯、蔡晓惠译,湖南人民出版社,2010。

〔日〕中村隆英:《日本经济史(7)——"计划化"和"民主化"》,厉以平译,生活·读书·新知三联书店,1997。

〔日〕中冢明:《还历史的本来面目——日清战争是怎样发生的》,于时化译,天津古籍出版社,2004。

3. 期刊论文

柏来喜:《代价高昂的胜利——浅析英国在第一次世界大战中的经济损失及其影响》,《兰州学刊》2008年第2期。

高荆民:《"世界政策"——德国现代化特殊性的选择》,《武汉大学学报》2002年第7期。

胡才珍、左昌飞:《论罗斯福的德国政策对德美历史巨变的影响》,《江汉大学学报》2007年第6期。

李成刚:《从欧洲边缘岛国到"日不落"帝国——近代英国崛起的国家安全战略选择》,《中国军事科学》2007年第4期。

刘虹、叶自成:《试论李鸿章的对日外交思想》,《中州学刊》2003年第2期。

梅然:《经济追求相互依赖与德国在1914年的战争决定》,《国际政治研究》2013年第2期。

齐春风:《抗战时期中日经济封锁与反封锁斗争》,《历史档案》1999年第3期。

宋效应:《19世纪末20世纪初美国海军的崛起》,《军事学术》2011年第3期。

孙鹏达:《抗战时期的中外国际交通线》,《纵横》2000年第12期。

邢来顺:《工业化冲击下的德意志帝国对外贸易及其政策》,《史学月刊》2003年第4期。

邢来顺:《略论德意志帝国时期工业主导型经济的确立》,《高等函授学报》（哲学社会科学版）2001年第8期。

徐弃郁：《德国崛起的战略空间拓展及其启示》，《当代世界》2011年第12期。

张江河：《对地缘政治三大常混问题的辨析》，《东南亚研究》2009年第4期。

张君法：《彼得一世的外交思想》，《西安文理学院学报》2009年第4期。

周伟嘉：《海洋日本论的政治化思潮及其评析》，《日本学刊》2001年第2期。

外文文献

1. 英文文献

A. Goodwin, *The New Cambridge Modern History*, Volume Ⅷ: *The American and French Revolutions 1763 – 93*, London：Cambridge University Press，1965.

Arne Roksund, *The Jeune Ecole*：*The Strategy of the Weak*, Leiden and Boston：Brill N. V. , 2007.

A. T. Mahan, *The Influence of Sea Power upon History 1660–1783*, Boston：Little，Brown and Company，1942.

C. W. Crawley, *The New Cambridge Modern History*, Volume Ⅸ: *War and Peace in an Age of Upheaval 1793 – 1830*, London：Cambridge University Press，1975.

F. H. Hinsley, *The New Cambridge Modern History*, Volume Ⅺ: *Material Progress and World – Wide Problems 1870 – 98*, London：Cambridge University Press，1962.

G. R. Potter, *The New Cambridge Modern History*, Volume Ⅰ: *The Renaissance 1493 – 1520*, London：Cambridge University Press，1975.

J. O. Lindsay, *The New Cambridge Modern History*, Volume Ⅶ: *The*

Old Regime 1713 – 63, London: Cambridge University Press, 1966.

J. P. T. Bury, *The New Cambridge Modern History*, Volume X: *The Zenith of European Power 1830 – 70*, London: Cambridge University Press, 1960.

J. S. Bromley, *The New Cambridge Modern History*, Volume Ⅵ: *The Rise of Great Britain and Russia 1688 – 1715/25*, London: Cambridge University Press, 1971.

Michael A. Barnhart, *Japan Prepares for Total War*, Cornell University Press, 1983.

Michael Lewis, *A Social History of the Navy, 1793 – 1815*, London, 1960.

R. B. Wernham, *The New Cambridge Modern History*, Volume Ⅲ: *The Counter – Reformation and Price Revolution 1559 – 1610*, London: Cambridge University Press, 1968.

Rolf Hobson, *Imperialism at Sea, Naval Strategic Thought, the Ideology of Sea Power and the Tirpitz Plan, 1875 – 1914*, Brill Academic Publishers, Inc., 2002.

2. 日文文献

安藤昌益『日本思想大系 45』岩波書店、1977。

北岡伸一『後藤新平』中央公論社、1978。

大山梓『山縣有朋意見書』原書房、1966。

大畑篤四郎『日本外交政策の史の展開』成文堂、1983。

大畑篤四郎「大陸政策論の史的考察」『国際法外交雑誌』68 巻 4 号。

東洋経済新報『明治大正国勢総覧』東洋経済新報社、1975。

渡辺利夫「極東アジア地政学と陸奥宗光」『環太平洋ビジネス情報』7 巻 26 号、2007 年。

高橋文雄「明治 40 年帝国国防方針制定期の地政学的戦略眼」『防衛研究所紀要』6 巻 3 号、2004 年 3 月。

黒川雄三『近代日本の軍事戦略概史』芙蓉書房、2003。

黒羽茂『世界史上より見たる日露战争』致文堂、1960。

井上清『条約改正』岩波書店、1963。

鹿島守え助『日本の外交政策』鹿島研究会、1966。

平間洋一『日英同盟――同盟の選択と国家の盛衰』PHP 研究所、2000。

重光葵『昭和の動乱（上）』中央公論社、1960。

后 记

党的十八大报告提出：提高海洋资源开发能力，发展海洋经济，保护海洋生态环境，坚决维护国家海洋权益，建设海洋强国。在党的十九大报告中，习近平总书记进一步强调："坚持陆海统筹，加快建设海洋强国。"这表明建设海洋强国已经上升为国家意志，成为全民族共同面临的战略任务。新时代建设海洋强国，是中国面对世界百年未有之大变局，特别是海洋政治、经济、科技、安全格局发展变化做出的战略选择，也是中国由大变强、实现中国梦的必由之路。

如何才能更加高效地建设海洋强国？近年来，学术界做了深入的研究，出版了大量书籍，发表了大量文章，提出了诸多建议和对策。我们发现，目前讨论得最多、最热烈的议题和观点主要有以下几个。一是关于海洋意识与海洋观问题，认为：我国历史上的国防重心在陆不在海，国家发展主要依靠陆地而不靠海洋，导致全民族海洋意识相对薄弱；中国建设海洋强国必须加强全民族海洋观教育、强化全体国民海洋意识。二是关于发展海洋军事力量、增强维护海洋安全能力问题，认为：强大的海洋军事力量是保障建设海洋强国顺利实施的前提，也是建设海洋强国的重要内容；国家建设海洋强国必须建设强大的海洋军事力量，并应当以此为手段有力地维护海洋安全和发展利益。三是关于海洋军事与海洋经济协调发展问题，认为：建设海洋强国最根本的目标是建设海洋经济强国，海洋军事力量建设是实现海洋经济强国的重要手段而不是目标，要避免重演 19 世纪末 20 世纪初德国与英国进行海军竞赛引发战争并导致建设海洋强国全面失败的悲剧。四是关于中国海权问题，认为：海权不是西方海洋强国的专利，建设海洋强国必须高度重视发展中国特色海权，中国特色海权是中国作为海洋强国的重要标志。综观以上观点与对策，可以发现新时代中国建设海洋强国的理论准备工作正逐步向前推进，在一些易于引起争论的关键性问题上也已经达成普遍共识。

然而，不可否认，面对日趋复杂的海洋安全形势，面对不断发展延伸的国家海外利益，面对全新的海洋地缘政治态势，建设海洋强国的理论研究还存在短板，还需要持续创新发展。

我们研究发现，建设海洋强国是一个长期的过程。建设海洋强国不可能一蹴而就，往往需要经历提出构想—付诸实践—逐步崛起—走向成功的几个主要阶段。很多情况下，这一进程还可能会因为各种困难和挑战而经历挫折和反复。面对这样一个具有长周期特征的全局性战略行动，阶段性、静止的理论难以解决全程的、动态变化的问题。

我们研究发现，建设海洋强国是一个综合施策的过程。建设海洋强国作为系统工程，涉及多个政府部门，需要在政治、经济、科技、安全、文化等多个领域同时行动。建设海洋强国的综合性要求其理论研究不仅要注重政治、经济、科技、安全等分领域研究，而且要加强综合性研究，引领各部门形成建设海洋强国的合力。过分地强调或者夸大单一领域理论对建设海洋强国的重要性往往会导致实践的偏移，从而影响建设海洋强国根本目标的实现。

我们研究发现，建设海洋强国是一个与地缘国家互动协调的过程。建设海洋强国不能关门搞发展。海洋的开放性、公共性、连通性使得所有的建设海洋强国行动都具有极强的涉外性，都需要考虑相应的国际社会反应。建设海洋强国的各项措施能否顺利推进，很大程度上取决于与相关国家或者国际组织的积极协调与交流沟通。从这一点来看，仅仅立足于解决自身问题的理论难以为在建设海洋强国过程中处理与国际社会的关系提供完美答案。

作为从事海洋安全战略与海军战略理论研究的人员，我们一直致力于寻求一种更具有说服力、更能反映建设海洋强国本质特性与内在规律的理论解释。通过对主要国家建设海洋强国成败历史的研究，我们发现，建设海洋强国成败的背后都涉及一个根本性、全局性问题，这就是："如何稳妥调控建设海洋强国的地缘政治效应？"建设海洋强国可以不搞地缘政治，但必然面对复杂多样的海洋地缘政治态势，必须应对和利用各类海洋地缘政治效应。在建设海洋强国过程中，如果能够重视海洋地缘政治效应，并采取相应措施有效利用、管理控制与积极应对，那么建设海洋强国战略目标达成可期，反之，那些对海洋地缘政治效应熟视无睹或者应对不力的国家，最终都难以圆满实现既定的战略目标，甚至归于失败。

本书在构建建设海洋强国地缘政治效应理论体系基础上，选取美国、英国、俄罗斯、日本、法国、德国六个国家作为对象，分别进行研究。这六个国家都曾经确立建设海洋强国的战略目标并为此付诸实践。其中，美国、英国的海洋强国建设较为成功。俄罗斯通过军事扩张，从一个内陆国家发展成在波罗的海、黑海、北冰洋以及太平洋均拥有出海口的国家，基本达成了建设海洋强国的战略目标。日本通过明治维新取得了对中国的海上优势，利用英日同盟逐步主导西太平洋，发动侵华战争和太平洋战争成为战败国，其建设海洋强国先成功、后失败。法国建设海洋强国虽然间或成功，但屡屡受挫。德国为建设海洋强国做出巨大努力，并建成了"大海军"，但最终归于惨败。本书通过对以上六个国家建设海洋强国历史的分析，研究海洋地缘政治效应的表现形式与作用过程，揭示海洋地缘政治效应作用的机制，寻求建设海洋强国的理论研究的新视角，力图为我国建设海洋强国提供经验借鉴。

本书是国家社科基金重点项目"建设海洋强国的地缘政治效应与对策研究"（2013AGJ001）的专著部分。全书由海军指挥学院庄从勇教授负责选题策划与统稿。各章节著述人分别为：庄从勇著述导言、结语以及第一章；陆军指挥学院王卫东副教授著述第二章；海军指挥学院谢长征讲师著述第三章；海军指挥学院段廷志教授著述第四章；海军指挥学院张勇超副教授著述第五章；北京海鹰科技情报研究所黄鑫博士著述第六章。课题研究及本书著述得到了江南社会学院陆俊元教授，暨南大学郭渊教授，国防科技大学国际关系学院王乔保、葛汉文教授，海军研究院张炜、李亚强、程晓春研究员，以及海军指挥学院张晓林、冯梁、张忠、伍其荣、周德华、高子川、李安民等教授的指导和帮助。他们的学术观点以及宝贵的意见和建议对本书的完成至关重要。海军指挥学院首长和科研机关对课题研究工作高度重视并给予全程指导，在此一并表示谢意！

主要国家建设海洋强国地缘政治效应问题研究内容多、涉及领域广、资料收集困难，该专著研究成果只是冰山一角。由于水平有限，必然存在诸多不足与问题，恳请学术同人不吝赐教！

图书在版编目（CIP）数据

海洋地缘政治效应研究：主要国家海洋强国成败的
历史分析/庄从勇等著 . -- 北京：社会科学文献出版
社，2021.10
ISBN 978 - 7 - 5201 - 8733 - 6

Ⅰ.①海…　Ⅱ.①庄…　Ⅲ.①海洋战略 - 研究 - 世界
Ⅳ.①P74

中国版本图书馆 CIP 数据核字（2021）第 194753 号

海洋地缘政治效应研究
——主要国家海洋强国成败的历史分析

著　　者 / 庄从勇 等

出 版 人 / 王利民
责任编辑 / 赵怀英
文稿编辑 / 郭锡超
责任印制 / 王京美

出　　版 / 社会科学文献出版社·联合出版中心（010）59366446
　　　　　地址：北京市北三环中路甲 29 号院华龙大厦　邮编：100029
　　　　　网址：www.ssap.com.cn
发　　行 / 市场营销中心（010）59367081　59367083
印　　装 / 三河市尚艺印装有限公司

规　　格 / 开　本：787mm × 1092mm　1/16
　　　　　印　张：19.5　字　数：288 千字
版　　次 / 2021 年 10 月第 1 版　2021 年 10 月第 1 次印刷
书　　号 / ISBN 978 - 7 - 5201 - 8733 - 6
定　　价 / 139.00 元